NCS 기반

남성헤어커트&
캡스톤디자인

최은정 · 진영모 · 김광희 공저

光文閣
www.kwangmoonkag.co.kr

PREFACE

예전의 헤어살롱에서 남성커트는 개성이나 외모를 중요시하기보다는 용모 단정의 개념으로 남자답고 깔끔한 획일적인 머리 형태로 머리카락을 잘라 내는 커트의 의미로 생각했다.

그러나 최근 매스미디어의 발달로 유행에 민감한 학생들이나 20~40대 남성들은 다양한 헤어스타일 등을 통해 자유로운 감성과 개성을 추구하고 외모를 관리하고 있으며, 보다 아름답게 보이고 자신을 꾸미는 외모관리가 이전의 여성 중심에서 벗어나 남성들도 외모에 많은 관심을 가지고 있다. 그로 인해 자신의 이미지 관리를 위한 방법으로 의상의 변화뿐만이 아니라 다양한 헤어스타일 연출과 메이크업까지도 시술하고 있다.

유행은 특정한 행동 양식이나 사상 따위가 일시적으로 많은 사람의 추종을 받아서 널리 퍼짐이라는 사전적 뜻으로 유행을 선도하는 사람들은 자신의 신분이나 상황, 장소에 따라 의상, 메이크업, 그리고 헤어스타일을 코디하여 자신의 이미지를 연출하여 변화를 준다.

본 교재는 빠른 트렌드의 변화와 디자인의 다양성, 남성 고객들의 개성에 따른 자기표현과 외모에 대한 관심이 증폭에 맞추어 헤어디자인을 하는데 좀 더 구체적이고 체계적인 책을 엮어 보고자 하였으며, 그리고 최근 산업 현장과 미용 교육에서 창의적 과정을 통해 학생들의 실무 능력을 향상시키고 산업 현장에 대한 적응력을 높이는 '남성헤어 캡스톤 디자인'에 접목하여 기획, 설계, 결과물을 제작하는 창의성을 기르는 방식의 과정을 엮어 보고자 하였다.

이론 편의 1장에서는 이용의 역사, 2장에서는 헤어커트의 개념 및 기술, 3장에서는 도구 분석, 4장에서는 이용 전문 용어 및 테크닉, 5장에서는 트렌드 남성헤어 스타일 분석, 6장에서는 헤어디자인의 이미지 분석을 서술해 보았다.

실기 편에서는 산업 현장에서 많이 시술하고 있는 남성헤어 스타일의 분석을 토대로 작품을 제작하였다.

응용 편에서는 상상력과 창의력을 향상시키는 남성헤어 캡스톤 디자인에 적용하여 남성헤어 스타일과 이미지 분석에 따른 작품을 제작하였다.

PREFACE

[남성헤어 캡스톤 디자인의 프로세스]

기획 단계	필요에 의한 심리적 욕구가 생기는 단계 헤어 캡스톤 디자인 대상의 목표 설정 및 기획, 시장조사(헤어트렌드 조사, 패션쇼, SNS, 인터넷) 및 분석, 소비자 조사가 이루어진다.
조형 단계 (디자인 발상)	구체적으로 시각화하는 단계 디자인의 콘셉트와 테마 설정, 헤어 분석(커트, 컬러, 스타일링), 마인드 맵 구성, 이미지 맵 작성, 헤어 캡스톤 계획서, 헤어디자인을 결정한다.
재료 결정 단계	분석을 토대로 구체적 재료를 사용하는 단계 커트 도구 및 형태 결정(커트 도해도), 컬러 색상과 컬러 기법 결정(컬러 도해도), 스타일링 도구 및 방법 결정을 체계화한다.
작업 단계 (디자인 구현)	선택한 재료 및 시술 방법을 토대로 작업이 이루어지는 단계
디자인 완성 (발표 및 평가)	졸업작품 발표, 작품 전시, 디자인 평가, 경진대회 및 포상

본 교재는 남성헤어커트의 기본과 응용 과정인 이 교재를 마치고 나면 다양한 커트를 시술하는데 유용한 지침서가 될 수 있도록 구성하였다. 끝으로 출간을 위해 심혈을 기울여주신 광문각출판사 박정태 회장님과 임직원들께 감사의 말씀을 드린다.

2020년 1월 저자

CONTENTS

CHAPTER 1. 이론편

CHAPTER 2. 실기편

CHAPTER 3. 남성헤어 캡스톤 디자인

MAN'S HAIR CUT

CHAPTER 1
이론편

01 이용(理容)의 역사

1. 서양의 이용

1) 고대 문명(B.C. 3,000년~A.D. 3세기)

(1) 이집트 시대

이용의 유래는 B.C. 1894년 구라파의 헤브라이(Hebrai)족 족장이 죄인을 벌할 때 모발을 다 밀어 삭발한 후 다시 다 자랄 때까지 죄를 반성하게 하였다는 것으로 시작되었다. 이후 고대 이집트에서는 모발이나 수염을 깎기 위해 날카로운 도구로 도끼 모양의 면도칼을 만들어 사용하였다. 이집트에서 발견된 이러한 유형의 도구들은 금, 은, 동으로 만들었다. 대부분 남자들과 여자들은 가발을 착용하였으며, 남자들은 머리를 다 밀고 여자들은 머리를 짧게 자른 후에 착용하였다.

피라미드의 벽화나 석상 등을 보면 왕족이나 귀족처럼 신분 표시와 위용을 나타내기 위해 권위의 상징이자 장식적인 기능 외에도 사막의 뜨거운 태양 빛으로부터 두피를 보호하기 위해 모자를 대신하여 가발을 착용하였다. 왕족이나 귀족들은 어깨나 허리까지 내려오는 긴 가발을 착용하였으며, 인모나 고급 소재의 가발과 피스를 소재로 사용하였다. 중산층이나 서민들은 짧은 가발을 착용하고, 소재로는 양털을 꼬아서 모아진 형태의 짧은 가발을 착용하였다. 반면 노예들은 가발을 쓰지 않고 자신의 머리를 단발 형태로 유지하였다.

여인들은 나일강 유역의 알칼리 성분의 진흙을 가발에 바르고 막대기로 말아서 태양열을 이용하여 컬을 만들어 착용하기도 하였다. B.C. 1500년경부터는 헤나의 잎 부분이나 뿌리 부분을 이용하여 가발에 염색하였다.

이집트 시대의 헤어스타일

(2) 그리스 시대

그리스의 조각상들을 보면 남자들은 머리 모양에 관심이 많았다. 남자들의 머리나 수염에 여성들은 모발에 컬을 형성하기 위해 2개의 금속 파이프를 사용하였다. 그리스인들은 상중에는 머리를 짧게 잘랐으며, 노인과 노예들은 머리를 단발(短髮)을 했다. 또한, 신부들은 결혼하는 날 진실과 겸손의 의미로 자신의 머리를 잘라 여신에게 봉납하였다.

그리스 여성들은 금발이 신의 은총이라 여겨 금발의 컬이 있는 머리를 좋아해서 잿물이나 노란색 꽃을 우려낸 물에 머리를 감고 온종일 햇볕에 앉아 있기도 하였다.

그리스 시대의 헤어스타일

(3) 로마 시대

로마 시대에는 이발관에서 사람을 만나고 정보를 공유하며 사무를 처리하는 장소로 이용되었으며 머리와 수염 손질, 손톱, 발톱 정리, 털과 구취 제거를 하였다.

로마 시대의 머리 모양은 그리스 시대와 유사하였다. 대부분 남자들은 곱슬거리는 짧은 머리 형태를 좋아하였으며, 제정 시대에는 수염이 유행하기도 하였다.

또한, 남녀 모두 염색 가발이 성행하였다. 상류사회의 여성들은 금발을 좋아하여 황색으로 염색을 하였고, 남성들은 검은색으로 염색을 시술하였다.

로마 시대의 헤어스타일

2) 중세 시대(4~15세기)

중세 시대에는 이발관에서 사람들이 전쟁을 치르면서 두피에 손상을 입어 상처 치료를 위해 모발을 삭발하고 치료해 주는 외과 의사와 이용사의 직분을 겸했는데 이를 '이발외과'라고 하였다. 천주교의 주교나 수도원 원장은 법률에 의해 주로 짧은 머리 형태를 하였고, 교권에 복종하는 의미로 이발을 하였다. 또한, 대머리에 관심이 많아 모발이 자라나는 비법에 대해 연구하였으며, 모발 속에 있는 이를 퇴치하기 위해 헤어브러시를 만들었다. 여성들은 기독교의 금욕주의의 영향으로 인해 화장을 거의 안했는데, 화장은 음탕함, 매춘, 악마의 모습이라 생각하였다. 기독교의 영향으로 신체의 노출을 싫어했기 때문에 의복으로 몸을 감싸고 외관의 존엄성에 그 가치를 부여하였다. 모발은 인두로 컬을 만들어 아름답게 정리한 다음 모자나 베일을 착용하였다.

십자군 전쟁 이후 동양 문물이 전해지고 의학과 과학의 발달로 화장품과 화장에 대한 관심이 상승되어 과도한 출산이나 빠른 노화를 화장으로 커버하였다.

중세 시대의 헤어스타일

3) 르네상스 시대(14~16세기)

이탈리아를 중심으로 번성하기 시작한 르네상스 시대는 남성들의 머리 형태는 단발형이거나 짧은 머리형으로 보닛(Bonnet)이나 캡 형태의 모자를 즐겨 착용했다. 근엄한 수염이 사라지고 모발은 어깨선까지 길렀다. 여성들의 머리 형태는 중세 말기의 머리 전체에 착용한 장식이 없어지자 황금색과 적색 컬러의 염색을 시술하고 머리 분을 사용하여 향기 나고 반짝거리게 하였다. 하류계급은 청색 컬러를 시술하였다.

이용업은 15세기에 접어들면서 마사지와 샴푸, 목욕에 이르기까지 영역을 넓혀 나갔다. 중세 이후 페스트가 만연하면서 공중목욕탕이 금지되고 입욕의 습관이 사라지면서 상류층에서만 사용한 향수가 채취 제거를 위한 향수로써 보급되기 시작했다. 중세의 신본주의 사상이 르네상스 시대에는 인간을 중심으로 하는 인본주의적 사고로 전환되면서 남녀 의상의 실루엣에 많은 변화를 가져왔다. 프랑스의 루이 15세의 정부였던 퐁파두르는 화려한 의상과 머리 형태, 화장법을 유행시켰다.

르네상스 시대의 헤어스타일

4) 바로크 시대(17세기)

바로크 시대의 남자 머리 형태는 가장 여성스럽고 풍성한 모양을 하였다. 가발은 루이 13세 시대에 프랑스 상류층에서 유행하였는데 이것은 젊은 왕이 대머리를 감추기 위해 사용하면서 유행하였다. 17세기 후반에 접어들면서 화려한 의상과 더불어 화려한 형태로 변화하였다. 가발 재료는 자신의 모발이나 염소 털, 말총 등을 사용하였다. 모발에 각종 분을 뿌려 갈색이나 연두색, 회색을 띤 흰색으로 착색하였고, 이를 포마드로 고정시켰으며 향수를 뿌렸다.

17세기 전반에는 깨끗이 면도를 하는 것이 일반적이었으나, 1630년대 이후에는 콧수염과 턱수염을 길렀다. 1637년 12월 이발사와 가발 제조사인 길드(협동조합)가 파리에서 결성되면서 파리 최초의 헤어드레서인 '상파뉴'는 파리의 궁전에서 그 명성을 펼쳤다. 여성들은 루이 13세 시대에 접어들면서 머리 형태는 기교적으로 양옆으로 크게 부풀렸던 과장된 머리형이 사라지고 점차 자연스러워졌다. 머리 위에는 '퐁탕주'라고 하는 새로운 형태의 작고 둥근 캡으로 착용하였다.

바로크 시대의 헤어스타일

5) 로코코 시대(18세기)

18세기 후반에는 남성들의 머리 형태에 가장 큰 변화는 가발에 있었다. 전반부에는 바로크 시대처럼 가발을 착용하였고, 후반부에는 경쾌하고 우아한 모습의 머리 모양을 꾸몄다. 가발의 형태는 높이를 줄이고 길이가 짧아져서 좀 더 편리한 가발의 형태로 변했다. 재료는 사람의 모발이나 소, 염소, 말, 여우 꼬리, 털실 등을 사용되었다. 가발은 루이 16세가 군림할 때 가장 발달하였다. 살롱에서의 에티켓으로 남녀노소 모두 백색, 회색, 밝은 황금색의 밀가루를 과도하게 모발에 뿌렸다. 가장 많이 사용된 색은 흰색으로 1780년이 되자 모발에 뿌리는 용도로 사용하는 자는 "국민의 식량난을 무시하는 적"이라는 낙인이 찍혀 사용하지 않게 되었다.

여성들의 머리 형태는 18세기 초기에는 바로크 시대에 유행한 퐁파두르(Fontange) 헤어스타일이 유행하였다. 1760년에는 '로코코의 여왕'이라 불리는 마리 앙투아네트 시대에는 머리형에 변화가 나타나 점차 머리 형태가 높아지고 그 위에 화려하게 장식을 하였다.

여성들은 머리형을 공들어 치장하는데 오랜 시간이 걸리자 중급 계급의 여인들은 3개월, 상류계층은 10일간 머리를 빗지 않고 그대로 두었다. 로코코 시대의 화장품 제조는 1770년 영국에서 영국 최초의 비누와 화장수 회사가 생겼으며, 1774년 프랑스에서는 향수와 화장품 가게가 생기기 시작했다.

로코코 시대의 헤어스타일

6) 19세기

(1) 엠파이어 시대(1789~1825)

엠파이어 시대는 나폴레옹이 황제에 즉위하여 프랑스를 다스렸던 10년의 기간으로 남자들의 머리 형태는 가장 자연스럽고 편리한 형태인 단발머리로 앞머리를 짧게 커트해서 컬을 하거나 뒤에는 머리를 어깨선까지 길에 늘어뜨리는 스타일인 티투스 스타일과 프시케 스타일이 유행하였다.

남자들은 로마인같이 보이려고 브루스터 커트와 앞머리를 짧게 자른 뱅 스타일을 주로 하였으며, 크라운이 높은 검정이나 회색 모자를 착용하였다. 여자들은 로코코 시대의 귀족 사회의 과장된 실루엣과 화려한 장식에서 벗어나 고전주의 영향으로 인간 본연의 자연스러운 모습을 갈망하여 자연스럽게 머리를 늘어뜨리는 헤어스타일을 하였다.

엠파이어 시대의 헤어스타일

(2) 로맨틱 시대(1800~1850)

나폴레옹이 퇴위하고, 루이 16세의 아우인 루이 18세가 즉위하는 시기로 영국은 빅토리아 시대가 개막되었다. 남성들은 실크 해트를 즐겨 썼는데 크라운의 높이가 굴뚝처럼 높아졌다. 사회의 급진적인 변화를 겪으면서 감성 중심의 낭만주의가 시작되었다.

1818년 외과의사인 쟈크 테나르(Jacques Thenard)에 의해 발견된 과산화수소는 1860년과 1865년 탈색에 사용되었다. 이용사와 의사를 겸직하던 것을 1804년 프랑스인 장 바버

(Jean Barber, 최초의 이용사)가 병원과 이용원을 완전 분리시키고 세계 최초의 이용원을 개원하였다. 현재의 남성 헤어살롱은 그의 이름을 따서 '바버 숍(Barber Shop)'으로 불리고 있다. 이용원의 사인보드는 이용원과 외과에서 사용하던 청색(정맥), 적색(동맥), 백색(붕대)의 사인볼을 외과가 아닌 이용원에서 현재까지 사용하고 있다.

1828년 프랑스에서는 겔랑이 오픈하여 향수를 상업적으로 판매하기 시작하였다. 로맨틱 시대의 여성의 머리 형태는 고전적인 스타일이 사라지고 복잡하고 화려한 헤어스타일이 유행하였다. 의상은 코르셋을 착용하여 허리를 강조하고 소매를 크게 부풀렸다.

로맨틱 시대의 헤어스타일

(3) 크리놀린 시대(1850~1870)

크리놀린 시대는 프랑스의 루이 나폴레옹 3세가 황제로 즉위한 1850년부터 1870년까지의 20년을 말한다. 과학기술의 획기적인 발달과 생활 수준의 향상은 낭만주의에서 리얼리즘으로 이행시키는 요인이 되었다. 남자들의 머리 형태는 짧고 단정하게 정돈된 스타일이 주가 되었다. 모발이 뒷목에 닿지 않을 정도로 짧게 자르고 콧수염과 볼수염을 길렀다. 또한, 중절모자와 굴뚝처럼 높은 실크 해트, 크라운이 낮고 챙이 넓은 모자도 유행하였다. 1860년대 여성들 사이에서는 루이 나폴레옹 3세와 결혼한 스페인 출신 유제니 왕비의 헤어스타일이 유행하였는데, 유제니 왕비와 같은 붉은 갈색을 만들기 위해 염색제와 탈색제를 사용하였다.

쟈크 테나르(Jacques Thenard)에 의해 발견된 과산화수소는 1860년대 나폴레옹의 애인 코라 펄이 과산화수소를 이용하여 처음으로 탈색을 하였다. 1864년에는 호프만이 페닐렌디아민을 발견하였으며, 이는 1883년에 케라틴을 염색하기 위해 사용되어 파리의 모네가 P.P.D를 이용한 모발 염색의 기초를 마련했다.

1850년~1860년대까지 여성들 사이에 크리놀린이 유행하였는데, 이 시대 여성들의 이상적인 허리 사이즈는 14~16인치로 빈혈로 기절하는 사람들이 많았으며, 맨 아래 늑골을 제거하는 성형수술이 성행하였다.

크리놀린 시대의 헤어스타일

(4) 버슬 시대(1870~1914)

버슬 시대는 1870년대부터 1914년 제1차 대전이 일어나기 전까지의 평온하던 시대로 남자들의 머리 길이는 더욱 짧아지고 콧수염과 턱수염을 기르는 것이 일반적 경향으로 되었다.

1875년 파리에서는 '마셀 그라또우'가 마셀 아이론과 사용 방법을 발표하였다. 그는 어머니에게 자연스러운 웨이브의 헤어스타일을 구사하기 위해 미용 기구인 헤어 아이론을 개발하였는데, 열에 의해 일시적으로 모발의 변화를 주어 물결 모양을 만드는 방법으로 '마셀 웨이브'라고 불렀다. 1881년에는 마셀 웨이브의 유행으로 가발의 인기가 사그라졌다. 1905년 영국의 찰스 네슬러는 사교계의 유명한 미용사로 알칼리와 열을 이용한 반영구적 웨이브를 내는 방법을 고안했으며, 롤러를 이용하여 모근에서 시작하여 모발 끝으로 와인딩(스파이럴식 웨이브)을 한 후 열을 가열함으로써 웨이브를 만드는 데 성공하였다.

버슬 시대의 헤어스타일

7) 20세기

1900년대는 권위적이고 우월적인 이미지가 강한 댄디 스타일의 옷차림과 함께 가르마가 없이 올백으로 자연스럽게 넘기는 스타일, 앞가르마를 5:5로 나누어 달라붙게 하는 아비용 스타일이 유행하였다. 이 시대의 헤어스타일은 이마를 모두 들어내고 모발에 파마자유를 도포한 다음 정갈하게 정리한 헤어스타일로 빈틈없고 냉철한 이미지를 표현하였다.

1907년 화학자 유젠슈엘르가 합성 염모제를 개발하였으며, 1925년에는 산화염료를 주원료로 하는 염색약들이 개발되면서 과학적인 염색법이 첫발을 내딛기 시작했다. 1936년에는 크림타입 염모제가 출시, 1950년에는 염색이 세계적으로 알려지기 시작했다.

1950년에는 세계적인 미국의 슈퍼스타 제임스딘과 엘비스 프레슬리의 옆머리를 붙이고 윗머리를 올리는 헤어스타일이 유행하였다. 퍼머넌트의 활성화 시대인 1950년대에는 남자 역시 웨이브 스타일의 대세로 이루었다. 미국인 버나드 아즈 구로(Bernard Az Guro)라는 뉴욕의 미용사가 모발을 짧게 잘라 얼굴 주위를 완전히 드러나게 하는 독특한 스타일을 창작하여 미국뿐만 아니라 세계적으로 두드러진 활동을 하였다.

1960년대에는 경제 발달과 소비, 부, 여가로 인해 미국은 문화적 전성기를 맞았다. 문화와 패션의 아이콘으로 단역 비틀즈를 최고 순위로 꼽을 수 있다. 우리나라에서도 많은 젊은 사람들 역시 히피 문화와 비틀즈 영향을 받아 장발이 주류를 차지하게 되었다.

헤어 패션에 가장 큰 영향을 준 것은 비틀즈, 히피, 그리고 60년대 대표 디자이너 비달사순이다. 비달사순의 등장으로 기하학적인 커트 선을 기반으로 지금까지 끊임없이 유행하고 모방하는 대표적인 스타일로 자리매김하였다. 무겁고 앞쪽이 긴 단발 스타일과 머시룸 스타일이다. 1966년에는 미국 샌프란시스코에서 기존 세대의 반기를 든 히피족이 생겨났다. 청년층을 주체로 시작된 히피 문화는 탈사회적 행동을 하는 사람들을 일컬으며 헤어스타일은 기존 체제에 구속받지 않으려는 자연스러움을 강조했다. 남자들을 주로 장발을 많이 하고 얼굴에 수염을 길렀으며 펜던트(목걸이)와 굵은 벨트에 부츠를 신었다.

세계의 급격한 변화는 1970년대 전후에 이루어졌다. 석유파동으로 세계의 불황이 시작된 가운데 여성의 사회 진출이 확산되었다. 젊은 층이 트렌드의 주도권을 잡아가면서 펑크, 글램룩, 히피, 밀리터리, 양성적인 모습들이 유행하였다. 70년대 후반에는 히피 문화를 뒤쫓아 청소년 하위문화 스타일로서 새로운 펑크족이 탄생하였다. 펑크란 '쓸모없는' 혹은 '보잘것없는'이란 뜻으로 기존 권위에 반항하고자 하였다. 경제 불황으로 미래에 불안해진 젊은 세대들이 주축이 된 펑크족은 현란한 컬러 염색과 머리 형태는 불규칙한 길이의 머리를 빳빳하게 세운 스파이키 스타일, 옆머리를 자르지 않은 채로 머리 가운데 부분으로 머리를 모아 부채살 모양을 젤이나 무스로 세운 폴큐핀 스타일이 유행하였다.

1980년대에는 고도의 경제 성장으로 향락주의, 개인주의가 팽배해지고 자기 관리에 대한 관심이 높아져 다양한 컬러가 강세를 보였다. 1981년 프랑스의 기계 제작회사인 바리캉 마르(Barriquand et Marre)제작소에서 바리캉을 발명되었는데, 바라캉이 발명되면서 남성들 사이에서 일명 맥가이버 헤어스타일이 선풍적인 인기를 가져왔다. 옆머리는 귀가 보이도록 짧고 뒷머리 길이만 길게 기른 레이어 커트 스타일로 당시로는 세련되고 멋스러운 트랜드 스타일로 많은 남자의 선망의 스타일이였다.

1990년대에는 포스트모더니즘, 내추럴리즘, 신복고풍 등 정형이 없는 시기로 헤어커트 외에도 다양한 컬러의 등장과 화려한 색감으로 미용계의 염색이라는 매뉴얼이 다양화되기 시작하였다. 하이라이트 등의 부분 염색과 원색 컬러의 역시 주류를 차지하였다.

2000년대는 심각한 환경문제와 9.11테러 등 크고 작은 문제와 위협이 있는 시기로 그로 인해 정신적 건강을 추구하고 동양의 선과 맞물리며 웰빙, 오리엔탈리즘이 대두 되었다. 꾸민 듯 안 꾸민 듯 자연스러움을 추구하였다. 개인의 개성을 표현하는 다양한 커트 스타일과 매직 스트레이트, 세팅웨이브, 브레이드, 샤기, 댄디, 투 블럭 커트 등 헤어스타일의 재발견과 유행의 흐름이 빠르게 진행되었다.

1900년대 헤어스타일

1920년대 헤어스타일

1950년대 헤어스타일

1960년대 헤어스타일

1970년대 헤어스타일

1980년대 헤어스타일

1990년대 헤어스타일

2000년대 헤어스타일

2. 한국의 이용

1) 고대

(1) 상고 시대

상고 시대의 머리 형태는 긴 모발을 그대로 늘어뜨리는 피발이나 관례를 하지 않은 사내는 모발을 땋아 늘어뜨린 형태의 변발을 하였다. 남자들은 풀어헤친 상투머리를 하여 신분에 따라 다양한 관모의 착용과 머리 모양을 하였다.

(2) 삼국 시대

고구려, 백제, 신라로 나뉘었던 삼국 시대는 머리 형태로 귀천의 차이를 나타냈다. 기혼이나 미혼을 구분하기 위하여 모발을 땋거나 상투를 틀었다. 관례를 올리지 않은 사내는 모발을 땋은 다음 검정 댕기를 사용하여 끝을 묶었다.

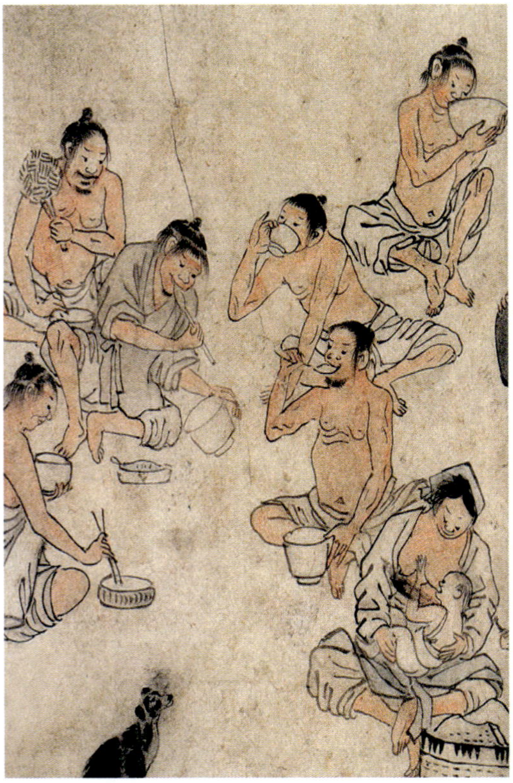

점심을 먹는 남자들의 상투

기방 앞 취객의 상투

물 마시는 남자의 상투

① 고구려: 남자들은 보편적으로 상투머리가 많았으며, 특히 집에서는 머리 좌우의 이마 가까이에 두 개의 상투를 틀어 올린 쌍상투를 하였다. 쌍상투는 머리숱이 많은 장년과 노년들 모두 즐겨하였다. 고구려의 고분벽화를 보면 무용총의 수박희(手搏戲: 두 사람이 맞붙어 손으로 쳐서 상체를 쓰러뜨리는 겨루기)와 삼실총에서 상투가 묶어져 있는 것을 볼 수 있다.

고구려 무용총에서 발굴된 수렵도

고구려 무용총(수박희)

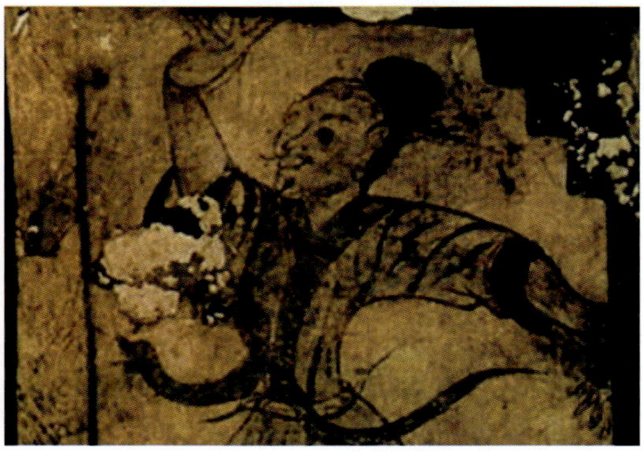

삼실총 장사도

고구려 고분 각저총의 씨름하는 모습

각저총에 나오는 고구려인들의 모습

② 백제: 백제는 일본에 화장품 제조 기술과 화장법을 전수했을 정도로 미의식이 발달했다. 모발을 길고 아름답게 가꾸는 마한의 전통을 계승하여 남자는 상투를 틀었다. 양직공도(梁職貢圖)의 백제국사 초상은 현존하는 회화 자료 중 백제인의 모습을 담은 것으로 백제의 복식과 머리 모양에서 상투를 틀은 것을 볼 수 있다.

삼국 시대 사신들의 모습
백제(좌) 고구려(중앙), 신라(우)

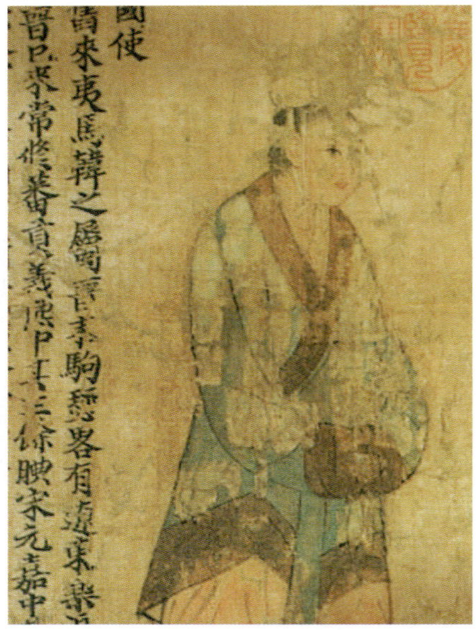

백제 사신도(양직공도)

③ 신라: 신라 시대에는 '아름다운 육체에 아름다운 정신이 깃든다'는 영육일치사상의 영향으로 남·녀 모두 외모에 대한 관심이 높았다. 남자들은 고구려, 백제와 같이 정수리가 뾰족하게 솟도록 하는 수계식 상투와 쌍상투를 하거나 모발을 길러서 감고 검은 두건을 썼다. 또한, 대인은 상투를 소인은 결발(쪽을 찌거나 상투를 트는 머리 형태)를 하였다.

신라 사신도(장휘태자묘 벽화)

순흥 읍내리 고분 벽화

황성동 석실고분의 귀족 남자

외교사절단의 하급 관리

용광동 석실고분의 병사

(3) 통일신라

통일신라는 삼국의 문화가 융합되어 머리 형태가 다양하고 화려했으며, 신라 시대와 같은 머리 모양을 하였다.

경주 용강도 고분의 무사용

(4) 고려 시대

고려 시대에는 관례(冠禮) 전 미혼 남·녀는 모발를 땋아 길게 늘어뜨린 후 여자는 홍라(紅羅)를 남자는 흑승(黑繩)으로 묶었으며, 기혼 남성의 경우 상투를 틀었다. 충렬왕 4년 이후 몽고의 영향으로 머리 모양이 바뀌게 되었는데 일부 남자들은 개체변발(開剃辮髮)을 하였다. 개체변발은 정수리 부분의 모발을 남겨놓고 주변의 머리털을 깎아 나머지 모발을 땋아서 등 뒤로 늘어뜨리는 형태로 몽고어로 겁구아(怯仇兒)라고 불렸다. 공민왕 원년(1389) 이후 본래의 수발 양식인 상투와 얹은머리로 되돌아갔다.

미륵하생경변상도의 추수하는 농부

관원의 복식

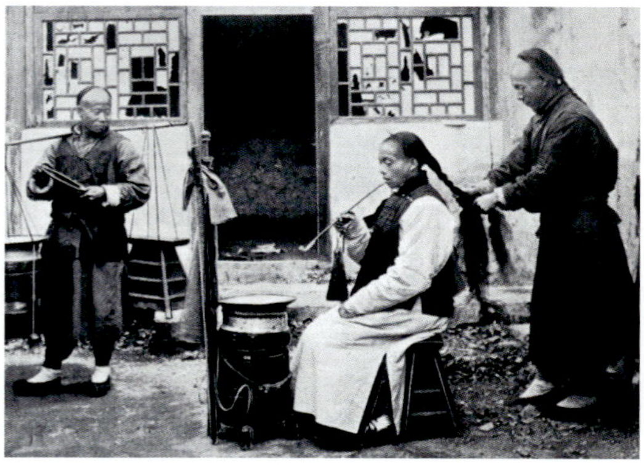

청나라 변발

공민왕의 천산대렵도(개체변발)

14세기 고려 아집도

공민왕과 노국공주

(5) 조선 시대

조선 시대 초기에는 양반과 평민으로 신분제도가 나뉘었으며, 중기에는 세습을 통해 지위가 자식에게 전달되면서 신분 체제는 양반, 중인, 상인, 천민이라는 구조로 변하게 되었다. 상투는 혼인한 남자의 전통적인 머리 형태로 혼인한 사람과 혼인하지 않은 사람 사이에 엄격한 차별을 두었다. 어린아이라도 장가를 들면 상투를 틀고 성인 대접을 받았다. 나이가 많아도 혼인하지 않은 자에게는 하댓말을 썼다. 조선 시대의 화가 김홍도의 『단원풍속도첩』을 보면 남자들의 머리 형태는 양반들을 상투를 틀어 갓을 쓴 모습과 천민들은 상투를 틀고 있는 모습을 볼 수 있다.

조선 시대의 상류층에서는 상투관과 탕건(宕巾)을 사용하였다. 상투관은 양관이나 원유관을 축소시킨 모양이 많았으며 뿔이나 나무, 종이, 가죽에 흑칠을 하여 만들고 머리 정리정돈과 머리 장식품으로도 사용했다. 특히 머리숱이 적은 노인들이 쓸 때에는 검은 종이나 베로 만들었다. 망건을 쓴 다음, 상투관을 쓰며 비녀를 꽂아 상투를 고정시켰다. 탕건은 관직자가 평상시에 망건 위에 쓰는 관모로 속칭 '감투'라고도 하였다. 탕건은 옛날의 건 또는 두건이 중국의 조모(早帽)·복두(幞頭)·사모(紗帽) 등의 영향을 받아 지금의 형태로 완성된 것으로 추측하고 있다. 정자관은 사대부 사회에서 유행한 관모로 망건을 쓴 다음, 다시 탕건을 쓰고 그 위에 덧보태는 것으로 재료는 말총을 사용하였다. 실내나 집에서 갓을 쓰는 번거로움을 덜기 위해 썼다.

『단원풍속도첩(檀園風俗圖帖)』 김홍도, 조선 시대

탕건

상투관

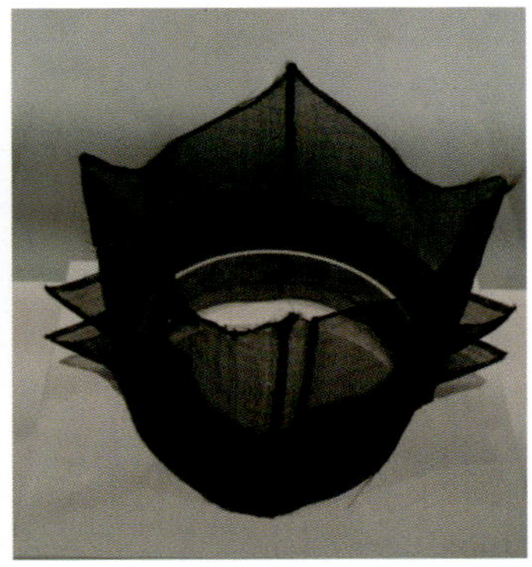

정자관

연행단 수행원들/ 상투머리 (1862년 10월, 청나라)

미군과의 전쟁 과정에서 잡힌 조선인 포로들/ 상투머리(1871년)

조선 별기군 사병 (1881년)

조선왕조 말기의 시민들(1985년)

개화기 이전의 상투머리

조선 시대 형구를 찬 범인들

2) 현대

한국 남성 헤어스타일이 본격적으로 변화되고 발달하기 시작한 시기로 단발령 이후부터 살펴보고자 한다.

(1) 1900~1930년

우리나라에서 이용의 시작은 1881년 신사유람단으로 일본을 건너간 '서광범'이 체류 중에 상투를 풀어 모발을 자른 것이 조선 최초의 기록이다. 갑신정변(甲申政變) 이후인 1885년 무렵에 일본 상인들이 남산 기슭에 자리 잡고 고관대작을 대상으로 이용업을 시작였다.

1894년 7월 김홍집을 위시한 온건 개화파들의 주도 아래 문물 제도를 개혁하려는 일련의 근대화 운동이 추진되었다. 정치·사회·경제 등 제반 분야에 걸쳐서 대대적인 개혁 운동이 전개되었다.

1895년 4월 청일전쟁의 결과로 야기된 삼국 간섭으로 인해 일본의 약점이 노출되자 조정에서는 배일친로정책(排日親露政策)을 표방하게 되었다. 당황한 일본은 8월 20일 을미사변을 일으켜 배일 세력의 핵심 인물로 지목되어 온 명성황후를 시해하는 국제적 범죄를 자행하였다.

을미사변으로 인해 백성들의 반일 의식은 한층 고조되었고, 또 사건을 기만적으로 처리한 김홍집 내각에 대한 불신도 깊어져 갔다.

1895년(고종 32년) 일본의 강요에 의해 고종에게 상투 풍속을 없애고 머리를 짧게 깎도록 강요하였다. 11월 16일 고종은 "국민들에게 앞서 내가 먼저 단발하니 백성들은 내 뜻을 받들어 만국과 병립할 수 있는 대업을 성취케 하라."는 단발령(斷髮令)을 공식적으로 공포하였다.

정병하에게 고종의 상투를 자르게 하고 유길준에게 세자의 상투를 자르게 하였다. 그 이후 대신들의 상투를 강제로 자른 다음, 전국으로 체두관을 보내어 사람들에게 상투를 자르게 하였다. 당시 정부가 단발령을 내린 이유는 '위생에 이롭고 일을 함에 편리하기 때문'이라는 것이었다.

단발 강요에 대한 반감은 개화 자체를 증오하는 감정으로 발전되었고 이는 '일본화'라는 식으로 받아들여져 반일의식으로 이어졌다. 관리들은 칼이나 가위를 가지고 다니면서 거리나 성문에서 사람들의 머리를 강제로 잘랐다.

하이칼라 머리는 단발령 이후 일본을 통하여 국내로 들어와 한때 남자의 일반적 머리 모양을 일컫는 말로 통용되었으며, 신지식인들과 고위 관료들에게 유행하였다. 신식 남자들은 서구식 양복 차림에 하이칼라 머리를 하였다. 하이칼라와 더불어 모자 상점도 발달되었다.

하이칼라 머리는 고도의 기술을 갖춘 이용사가 가위로 양옆과 뒤쪽을 치켜 깎고 윗머리를 자른 스타일로 가르마를 나누거나 올백머리 형태로 젊은 층에서는 가르마를 왼쪽으로 많이 탔다. 시간이 지나면서 가르마가 없는 올백머리가 유행하였다. 일반 국민들은 빡빡머리인 중머리를 하면서 상투머리는 점점 사라지게 되었다.

1901년 인사동 조선 극장 터에 유양호가 개업한 '동흥 이발소'가 영업을 시작하였다. 개업과 동시에 사람들의 입소문에 알려져 인기가 많았다. 이보다 조금 늦게 안종호가 광화문 근처에 '태성 이발소'를 개원하였다. 바리캉의 보급은 1910년경 일본에서 수입하여 우리나라에 전파되었다.

우리나라 최초의 이발사 시험제도는 일본강점기(1923년)에 '야마모토'라는 일본인이 주축이 되어 최초의 강습회를 시작하여 그해 가을 처음으로 국가에서 시행하는 이발사 자격시험을 실시하게 되었다. 시험 출제는 의학박사(醫學博士) 주방주의 저서인 『위생독본』이란 책에서 출제되었으며 위생법규, 생리해부학, 소독법, 전염병학, 구술시험, 실기시험 등을 치렀다.

1924년 6월16일에 조선 이발연합회를 결성하여 각 지역별로 이발조합을 형성하고 휴일과 이발 요금, 위생 교육, 내부조직 업무 등 이용업의 발전을 향상시켰다.

1930년에는 기술 학교를 설립하여 이발업과 기술자격을 홍보하여 지원자를 모집하였다. 1년 이상의 교육과정 수료하면 이발 자격을 부여하였다.

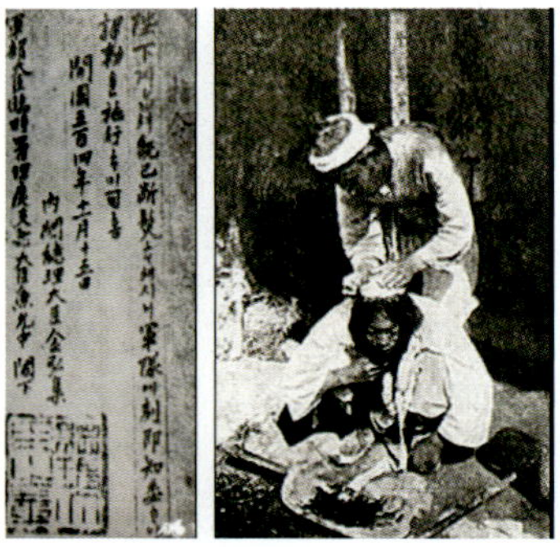

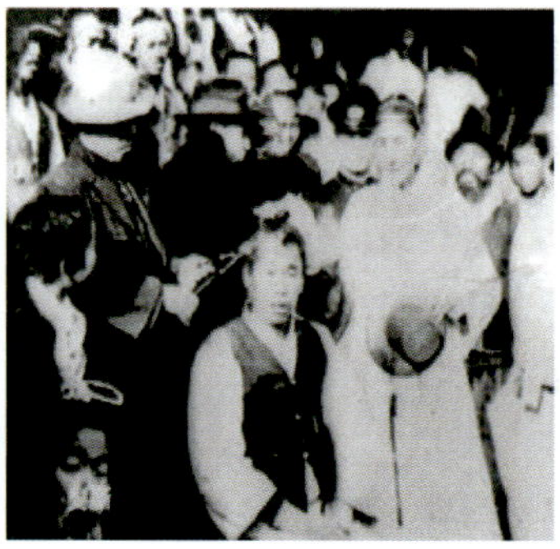

단발령으로 가위를 들고 상투를 자르는 모습

김구 선생님과 윤봉길 의사/
하이칼라 머리

고종 황제

강릉 서당 학생들의 중머리
(1918년)

대한민국 임시정부
임시자료편찬위원회 위원
(1919년), 하이칼라 머리

의병부대(1907년)

후기 위병(1908년), 중머리

조선의 이발소 풍경
(매일신보, 1930년)

(2) 1940년

1940년에는 세계적인 경제 대공황에 이어 나치 히틀러에 의한 2차 세계의 격동과 일제의 민족 말살 정책은 강화되었다. 1941년 7월에 '한글 전보'를 폐지하였다. 1942년 10월의 조선어학회사건은 우리말 말살을 꾀하던 일제가 조선어학회 회원을 검거 투옥한 사건으로 남자는 모두 삭발 스타일로 머리 깎기를 강요당했다. 1945년 제2차 세계대전이 끝나고 8월 15일에 드리어 해방을 맞이하게 되었다.

1946년 한국 이용사 총연합회가 창립되면서 이용업이 더욱 활성화되었다. 해방 이후 머리를 기를 수 있게 됨에 따라 다시 하이칼라 스타일과 상고 스타일이 인기를 얻게 되었다. 광복 후에는 일제강점기에 시행하던 시험 제도를 그대로 유지하다가 1948년 8월 16일, 1회 이·미용업의 자격시험을 같이 시행하면서 자격 조건을 더욱 강화하였다.

부산광역시의 시험은 1954년부터 실시되었으며, 그 이후 내무부 산하 각 시.도에서 이·미용법에 따라 한국직업인력관리공단이 보사부에서 제정한 공중위생법에 의거하여 실시하게 되었다.

조선어학회 회원들(1942년)

8 · 15 해방(1945년)

한국광복군 총사령부 성립 기념 사진(1940년)

(3) 1950년

1950년 해방 직후의 혼란스러웠던 사회, 경제, 정치, 문화 등 각 분야에 질서가 잡혀 다소 안정된 생활을 하던 차에 6·25 동란을 당하게 되었다. 6 · 25전쟁 후 정치, 경제, 사회문화가 전반에 걸쳐 부정, 부패, 부조리가 만연했다. 국내에 상주하게 된 미군과 UN군들에 의해 외국 잡지가 유입되었고, 그들이 가져온 매체와 생활양식 등으로 유행 양식이 바뀌게 되어 사회 문제를 초래하였다.

1956년 5월12일 우리나라 최초의 TV방송국인 'HLKZ'(대한방송주식회사)가 종로에 개국되었다. 1955년 「춘향전」과 1956년 「자유부인」 등의 영화가 제작되고 잡지나 영화배우의 패션과 헤어스타일을 모방하기 시작했다. 이 시기 남성 머리형은 일본의 잔재와 UN군의 영향으로 포마드를 발라 뒤로 넘긴 스타일과 하이칼라의 긴 스포츠머리형, 중머리와 하이칼라의 미디움형인 '모판머리'가 유행하였다. 1950년대 남성 헤어스타일은 강렬하면서도 반항적인 느낌의 이미지을 많은 남성이 선호하였는데, 포마드를 이용한 스타일이 주를 이루었다. 이때 포마드는 끈끈한 기름으로 머리에 광택과 고정력을 주기 위해 사용하는 스타일 제품으로 사람들에게 인기가 많았다.

유엔군 환영가를 가르치는 선생님(1950년)

6.25 당시 고아원의 모습 (1950년)

서울대학교 졸업식 모습 (1952년)

모판머리

포마드를 발라 뒤로 넘긴 스타일

이승만대통령 6.25사변전사 유족각도대표접견 악수 (1956년)

긴 스포츠형 스타일

육군·해군대학졸업식 (1955년)

명동거리(1950년)

(4) 1960년

1960년대는 정치, 경제, 사회, 문화 전반에 많은 변화를 겪었다. 1960년의 4·19혁명과 1961년의 5·16 군사 쿠데타는 사회 전반에 걸쳐 급격한 변화를 초래하였다.

1960년대는 TV의 보급으로 인해 국민들의 의식주의 일부분이었던 복식 문화가 자기를 표현하는 수단인 패션으로 변화시키는 결정적인 계기를 마련했다. 당시 미국에서 가수로 활동 중이던 윤복희가 1967년 미니스커트를 입고 귀국하자 복식 문화뿐만 아니라 나라 전체가 사회적으로 커다란 충격을 주었다.

이 시기 남성 헤어스타일은 하이칼라 머리의 연장선으로 바리캉 없이 자른 긴 스포츠 머리와 상고머리가 유행하였다. 상고머리로 자른 남성들은 가르마를 나누거나 가르마 없이 뒤로 완전히 빗어 넘기는 올백 스타일을 하였다. 가르마를 나눌 경우에는 젊은 층은 왼쪽 가르마를 중년층은 가운데로 나누었다. 그 당시 헤어스타일을 고정하기 위해서는 두발 화장품인 '포마드'가 필수적이었으며, 모든 남성이 포마드를 가지고 다닐 정도로 인기가 높아 이 시기를 '포마드 전성시대'라고 불렀다.

1961년 12월 5일에는 윤보선 대통령이 이용사법을 제정 공포하였다. 이 법의 제정으로 이용 업무에 한 획을 긋는 제도적인 결실을 보게 되어 더욱 활성화되었고, 1986년 5월에는 공중위생법이 공포되었다.

영화관 계 외국인 초청 파티 (1960년)

파월장병 가족 영화관람/하이칼라 머리(1965년)

포마드 스타일(1962년)

명동 거리(1969년)

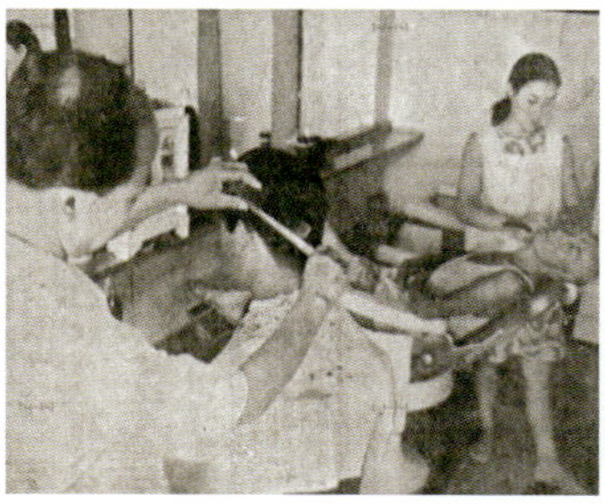

이용업 업무 광경 (경향신문. 1968년)

국제기능올림픽 파견 선수 기념촬영(1968년)

윤복희와 미니스커트

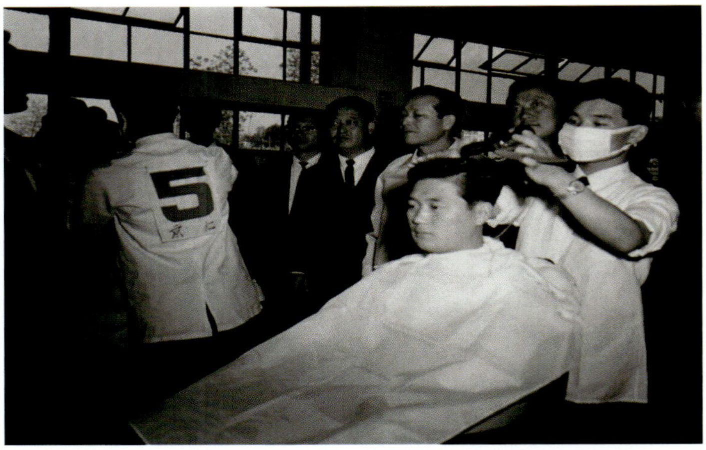

기능올림픽 위원장 현장시찰(1967년)

(5) 1970년

1970년은 권력을 장악한 박정희 정권의 경제개발 5개년 계획과 새마을운동을 추진하면서 농업사회에서 산업사회로의 전환되는 시기이다. 1960년 후반 미국 서부에서 시작된 히피 문화는 전 세계로 확산되었다. 우리나라에서도 히피 문화의 영향으로 장발과 미니스커트, 블루진, 통기타 등이 유행되었다. 이렇게 서부에서 시작된 히피 문화는 군부 정치에 대한 반항으로 정부와 대학생들 간의 사회적 갈등으로 번져갔다. 유신 정부가 군부 정치에 대한 반항의 표출로 인식하면서 다른 사회 갈등 요인이 되어 결국 정부는 경범죄 처벌법이란 명목하에 장발과 미니스커트를 규제하기 시작했다.

남자 대학생들은 히피의 영향으로 귀와 목을 덮을 정도의 장발로 기르는 것이 유행이었으며, 이것 또한 단속 대상이 되어 거리에서 장발 단속에 걸리면 머리 가운데를 고속도로가 지나간 듯이 삭발이 진행되었다. 1971년 박정희 대통령은 히피족에 대한 TV 방송 출연 금지를 지시하는 등 매스미디어에 대한 통제를 강화하였다.

남성의 헤어스타일은 장발 외에 상고머리, 스포츠머리, 바람머리 스타일도 많이 하였다. TV 방송과 미군부대에서 유행하던 라틴음악의 열풍 속에 맘보, 차차차, 지루박 등의 라틴 아메리카 리듬과 함께 통이 좁고 몸에 맞는 맘보바지가 유행하면서 이용업에서도 아이론을 사용해서 앞머리에 웨이브를 연출하는 맘보머리가 유행하였다.

1976년 12월 16일 고등기술학교에서 이 · 미용사 양성 과정을 이수한 자에게 별도로 시험을 실시하던 규정이 삭제되었으며, 고등기술학교 졸업자들은 무시험으로 면허를 받기 시작하였다.

헤어스타일(1974년)

맘보머리(1976년)

장발 단속(1976년)

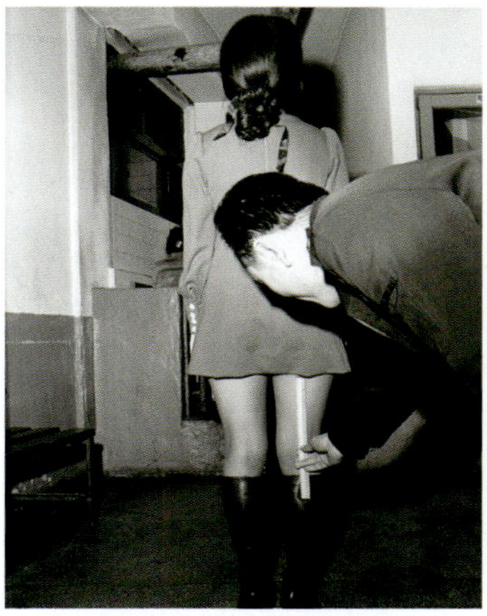

미니스커트 통제

대학생들의 장발과 미니스커트

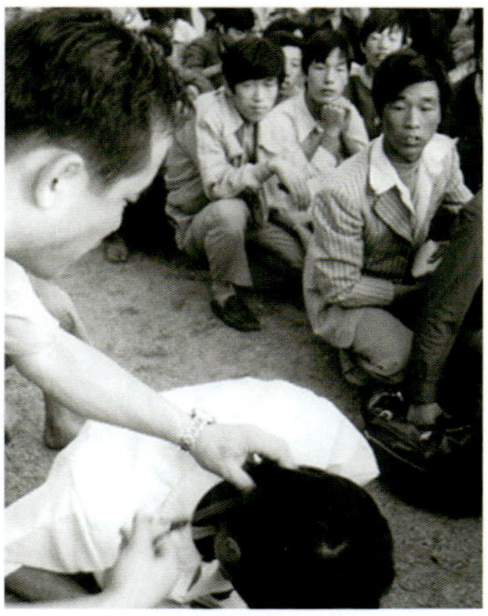

장발 단속 풍경(1970년)

(6) 1980년

1980년 12월, 컬러 TV의 방영은 우리생활 모든 면에서 '색채혁명'을 낳았다. 패션계는 섬유산업이 호황을 누릴 뿐만 아니라 광고 디자인, 인테리어 디자인 등 디자인 문화를 급성장시켰다. 1986년 아시안 게임과 1988년 서울올림픽의 성공인 개최와 더불어 외국 여행 자유화와 수입 자율화 등 국제 교류는 물론 외국과의 문화 접촉 기회를 증가시키는 계기가 되었다.

이 시기 남성들의 헤어스타일은 일본의 잔재인 교복 자율화와 두발 규제가 완화되면서 획일적인 머리 모양에서 스타일이 다양화되었다. 아직 히피 감성으로 중간 길이의 내추럴한 웨이브나 양옆을 단정하게 빗어 넘기고 윗머리에 볼륨만 주는 스타일, 펑크스타일이 인기가 있었다. 1980년대 중반부터 남성들도 미용실에서 머리를 시술하기 시작하여 상고 스타일과 스포츠 스타일을 주로 많이 하였다. 또한, 남성들은 미용실에서 핀컬 파마를 시술한 다음, 컬과 볼륨을 강조한 웨이브 스타일을 하였다. 이 시기부터 스타일을 연출하기 편한 두발 제품이 보급되었는데 무스, 젤, 웰라폼, 스프레이 등이 다양했으며, 다소 인위적인 '닭 벼슬 머리'와 '자존심 머리' 등도 유행했다.

명동 거리 인파(1983년대)

이태원 거리(1988년)

남학생들 헤어스타일(1985년)

남학생들 헤어스타일(1988년)

박남정
(아! 바람이여, 1988년)

김혜성
(경아, 1986년)

송골매
(어쩌다 마주친 그대, 1982년)

(7) 1990년

1990년대는 정치, 경제, 사회적 변화가 많았던 시기이다. 1991년 남북한 유엔 동시 가입과 1996년 경제협력개발기구(OECD)에 가입함으로써 세계화, 국제화 시대의 발판을 마련하였다. 한국 사회는 정부의 개방화와 외국 수입 자율화 정책은 고급 소비 지출이 증가되고 사치성 소비는 결국 1997년는 IMF 외환위기를 초래하였다.

젊은 층 문화에서는 '서태지와 아이들'을 시작으로 청소년 층에 힙합 패션과 랩이 유행하면서 개성을 중시하는 X세대의 등장과 함께 힙합 스타일이 각광을 받았다.

남성 헤어스타일은 커트 외에도 다양한 컬러의 변화가 크게 작용하였다. 하이라이트의 부분 염색(블리치)과 원색 컬러 시술이 주류를 차지하면서 미용 시장에서 염색이라는 메뉴얼이 필수적인 한 분야로 정착되었다. 또한, 남성 고객들의 니즈가 더욱 다양화되고 염색 시술이 보편화되면서 무분별한 블리치 시술로 모발 손상이 많았다. 1998년에는 남성 전용 미용실인 블루클럽과 Mr 바리캉의 프랜차이즈 형태로 등장하여 남성 커트 전문점이 블루오션(Blue Ocean)으로 떠오르기 시작하였다.

미용 시장의 변화는 1972년 런칭한 프랜차이즈 미용실 이가자 헤어비스를 비롯하여 준오헤어(1979년), 박준미장(1981년), 박승철 헤어스투디오(1983년), 이철헤어커커(1988년) 등 전문 프랜차이즈 헤어살롱을 중심으로 변화가 시작되었다. 한편 1994년 미용 시장의 개방과 함께 외국의 프랜차이즈 자끄데상쥬가 들어와 대형화, 고급화가 진행되어 미용의 국제 경쟁 시대의 막을 열었다. 1998년에는 헤어 월드 챔피언십이 서울에서 개최되었고, 우리나라 미용인들이 세계의 흐름을 접할 수 있는 계기가 되었다.

남성 헤어스타일은 학생들은 바리캉을 이용한 짧고 단정한 스타일과 레이저(Lazor)를 사용하여 모발 끝부분을 가볍게 하는 불규칙한 커트가 유행하였다. 헤어월드 개최 이후 남성들의 헤어스타일은 대담해져 밝은 컬러의 영구적인 염모제나 산성 염모제인 코팅을 시술하였다.

서태지와 아이들
(1집. 난 알아요, 1992년)

서태지와 아이들(4집,
Come Back Home , 1995년)

신화
(2집, T.O.P, 1999년)

(8) 2000년 이후

2000년대는 뉴밀레니엄 시대의 개막과 동시에 남성들의 헤어스타일은 커트와 파마의 전성시대로 커트의 비율과 질감, 컬러의 다양화로 다양한 패션의 스타일이 유행하기 시작했다. 남성미를 강조한 샤프한 이미지를 선호하는 짧은 스포츠 커트와 상고 스타일에 하이라이트 염색 시술, 스타일링에 변화를 주어 자유로운 분위기가 더해져 새로운 디자인이 창출되기 시작했다. 남성들의 헤어스타일은 매직 스트레이트나 웨이브 파마, 디스커넥션 커트와 샤기 커트, 울프 커트, 댄디 커트 등으로 남성들의 라이프 스타일에도 변화를 가져왔다. 최근에는 복고 열풍으로 투 블록 커트와 비대칭 커트 스타일이 다시 부활하여 대중적으로 많은 사랑을 받고 있다.

2013년에는 이용사 국가자격 실기시험에서도 변화가 생겼다. 실기시험 시술 시 모델은 사람에서 마네킹으로 바뀌게 되었고 학생들과 청년들이 이용에 관심을 갖게 되었다. 또한, 한국산업인력공단 NCS 학습모듈의 이용 분야가 완성되어 각 대학에서는 교과과정에 남성커트 수업이 진행되고 있다.

2019년 1월에는 이용사 국가자격 실기시험에서 과제 및 세부 작업명이 NCS 및 현장 친화적인 용어를 기반으로 변경되었다. 과제명은 보통조발에서 보통머리, 장교형 조발에서 상고머리, 라운드브로스스타일에서 둥근스포츠로 바뀌었다.

세부 작업명은 기구정비 및 소독술에서 이용기구소독, 조발술에서 헤어커트, 면체술에서 면도, 세발술에서 샴푸·트리트먼트, 정발술에서 정발, 아이론에서 아이론 펌으로 변경되었으며, 염색과 탈색이 추가되었다. 총 과제시간도 이용기구 소독 작업의 내용 변경과 탈·염색 작업의 추가로 이전 1시간 30분에서 2019년 1월. 1회 시험부터 2시간~2시간 10분으로 늘어났다.

H.O.T
(1집, 캔디, 2001년)

파란
(2집, 다섯걸음, 2006년)

SG 워너비
(3집, 내 사람, 2006년)

빅뱅
(2집, 거짓말, 2008년)

윤도현 밴드
(8집, 공존, 2009년)

윤도현 밴드
(2017년)

신화
(13집, TOUCH, 2017년)

빅뱅
(2013년)

방탄소년단(2019년)

PART

02 헤어커트의 개념 및 기술

1. 헤어커트의 기초 개념

1) 헤어커트의 정의

헤어커트는 헤어스타일을 만드는데 기초가 되는 기술로 헤어 세이핑이라고도 하며 '머리 형태를 만든다'라는 뜻이다. 인커트(In Cut)와 아웃커트(Out Cut) 조합에 의해 만들어진다.

2) 헤어커트의 목적

헤어커트는 모발의 길이를 정리하는 것으로 모발의 밀도를 정리하여 머리 모양을 완성시키기 위한 헤어스타일의 기초를 만드는 것을 목적으로 한다.

3) 헤어커트에 사용되는 도구

헤어커트에 사용되는 도구는 가위(Scissors), 레이저(Razor), 빗(Comb), 클리퍼(Clipper)가 있다.

① 가위

- 웨트 커트(Wet Cut): 모발에 수분을 적셔서 시술한다.
- 드라이 커트(Dry Cut): 모발에 수분을 적시지 않고 마른 상태에서 시술한다.

② 레이저

커트 시 모발에 수분을 충분히 적시어 시술해야 하는데, 이는 모발이 팽윤되어 부드럽게 되고 시술자가 커트하기 쉬운 상태가 되어 모발을 당겨도 모델이 쉽게 아픔을 느끼지 않기 때문이다.

③ 빗

커트 시술 시 정확하게 모발을 분배하고 조절하거나 모발을 빗어 결을 매끄럽게 정리하는 데 사용된다.

④ 클리퍼

남자 커트와 여성의 짧은 머리(쇼트 커트)에 많이 사용된다.

2. 헤어커트 디자인의 요소

헤어디자인 분야는 미적인 표현뿐만 아니라 개성적인 표현으로도 만족시켜 주는 응용예술로써 창조적 디자인을 위한 구성 요소로 형태(Form), 질감(Texture), 컬러(Color)를 헤어디자인의 3요소라고 한다. 디자인 과정에서 창의성과 조형성이 결부되어 있는 모든 디자인 분야에서 기초가 되는 과정으로 헤어디자인의 영역은 형태적 표현에 있어 분석에 대한 개념은 매우 중요하다.

1) 형태(Form)

형태란 시각과 촉각을 통해서 지각되고 경험되어지는 대상물의 본질적인 특성으로, 자연물이나 조형물은 물론 우리의 시각과 촉각으로 지각되는 모든 물체는 형태를 지니고 있다. 헤어디자인에서 길이, 넓이, 깊이를 포함한 3차원적인 입체를 의미하며, 하나의 형태 내에서는 점, 선, 방향, 모양에 이르는 모든 요소를 포함하고 있다.

〈선 + 방향 + 모양 = 형의 3요소〉

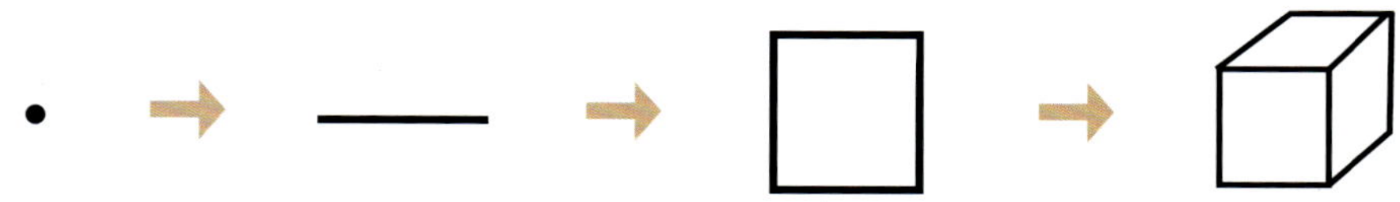

| 점 |　　| 1차원 |　　| 2차원 |　　| 3차원 |

① 선: 형의 가장 기초가 되는 구성 요소로 직선 또는 곡선의 연속된 점들의 집합체이다. 선은 점보다 강한 효과를 내며 방향에도 영향을 미친다.

② 천체축: 직선과 곡선, 각도, 방향을 정의하는 기호이다.

- 4가지 기본 직선은 수평선, 수직선, 우대각선, 좌대각선 등이다.
- 주요 각도는 0°, 45°, 90° 등은 선이 교차될 때 만들어진다.

③ 방향: 선의 진로이며 기본 방향인 수평 방향, 수직 방향, 사선 방향(좌대각, 우대각)으로 결정된다.

- 직선: 천체축의 의한 4가지 기본 직선인 수평선, 수직선, 우대각선, 좌대각선 등이다.
- 곡선: 컨케이브(Concave), 컨백스(Convex)
- 역곡선: 움직임이 반대되는 두 개의 곡선이 연결된 선으로 곡선의 경사도나 비율에 의해 속도를 표현할 수 있다.

④ 모양: 길이와 넓이를 가진 2차원(평면)적 표현으로 헤어디자인은 구조와 형태 선의 방향으로 이루어진 모양에 깊이를 더해서 3차원인 형태를 만든다.

- 시작점에서 만나는 선에 의해 생기는 평면적 공간(삼각형, 사각형, 원형)
- 헤어디자인의 모양은 형태 선이라는 외곽의 경계 선이나 실루엣에 의해 결정된다.

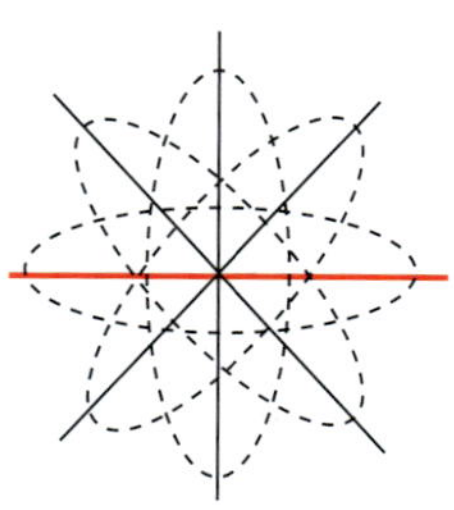

| 수평 방향 |

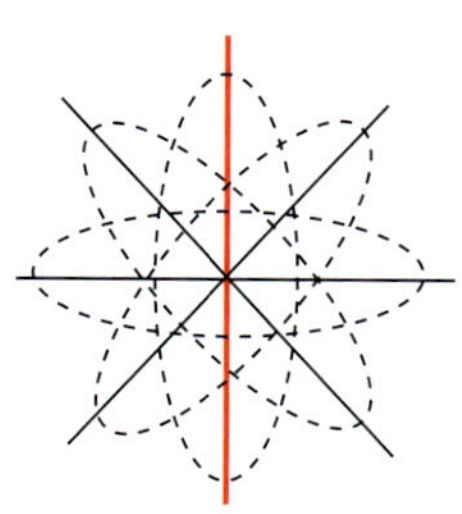

| 수직 방향 |

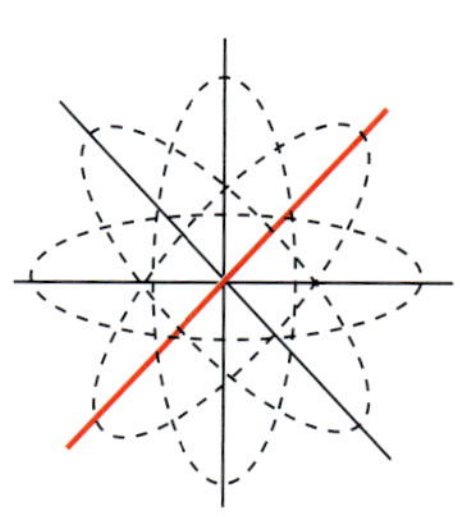

| 좌대각 방향 |

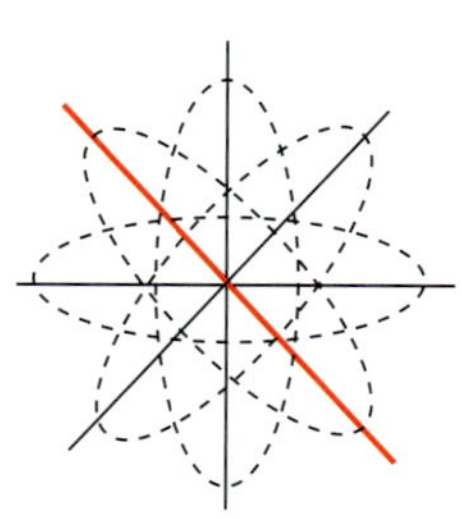

| 우대각 방향 |

(1) 형의 분석

자연 시술각 (중력에 의한 각도/ 천체축 기준)	일반 시술각 (두상의 각도)
중력에 의해 모발이 자연스럽게 늘어 떨어지는 각도 (원랭스, 그래쥬에이션)	두상으로부터 모든 모발이 90° 들려 졌을 때 각도 (유니폼 레이어)
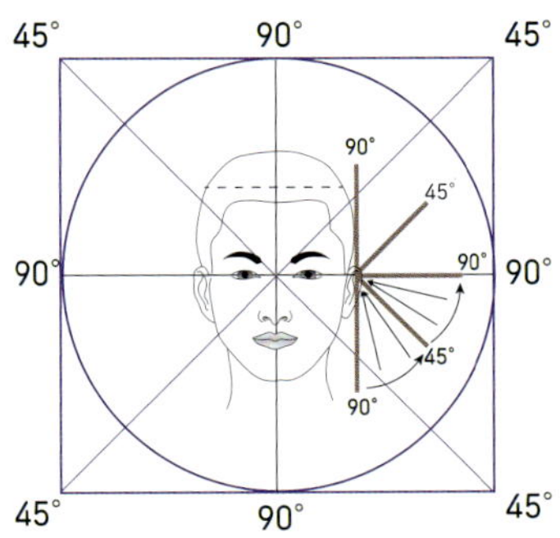	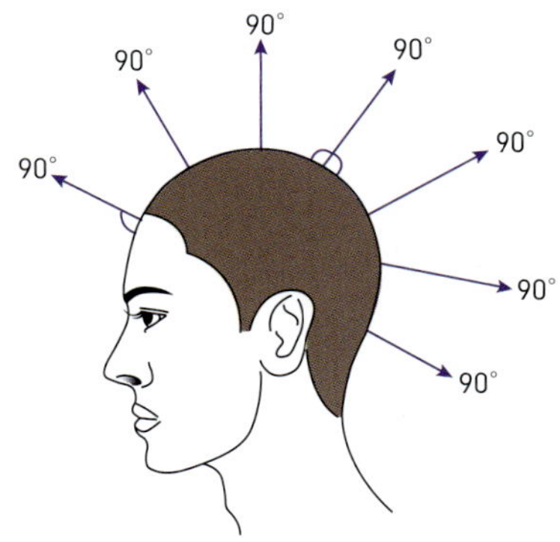

2) 질감(Texture)

질감은 표면의 모양, 형태, 색채 등 보이는 면을 나타내는 요소로서 물체의 조성 성질을 의미하며, 헤어디자인의 머릿결을 의미한다. 따라서 질감은 실제로 만져 볼 수 있는 질감(촉각)과 눈으로 보는 물체의 차이를 구별할 수 있는(시각) 질감으로 관찰된다. 질감은 잘린 모발 끝이 보이지 않는 매끈한 질감(Un Activated)과 잘린 모발 끝이 보이는 거친 질감(Activated), 매끈한 질감과 거친 질감 등 두 가지 질감이 혼합되는 혼합형 질감으로 구분된다.

① 엑티베이트(Activated) : 잘린 모발 끝이 보이는 질감

(활동적인 질감- 유니폼 레이어, 인크리스 레이어)

② 언엑티베이트(Un-Activated) : 잘린 모발 끝이 보이지 않는 매끄러운 질감

(비활동적인 질감- 원랭스)

③ 혼합형(Combination) : 엑티베이트와 언엑티베이트의 두 가지 질감이 혼합

(그래쥬에이션)

3) 컬러(Color)

컬러는 물리적 현상인 색이 감각기관인 눈을 통해서 지각되거나 그와 같은 지각 현상과 마찬가지의 경험 효과를 가리키는 현상을 말한다. 본능적으로 접적인 표현의 요소로서 일생생활에서도 매우 밀접한 관련이 있다. 사물의 형태를 나타내는 경계선을 서로 다른 밝기와 색채를 가지는 부분들을 구분할 수 있는 시각적인 효과로 길이와 부피감, 머릿결, 움직임과 방향감에 영향을 미친다. 또한, 생동감과 방향감에 대한 착시를 일으키게 하여 특정한 부분에 시선을 집중시키는 효과를 준다.

3. 두상의 포인트와 헤어라인 명칭

1) 두상의 15포인트 명칭

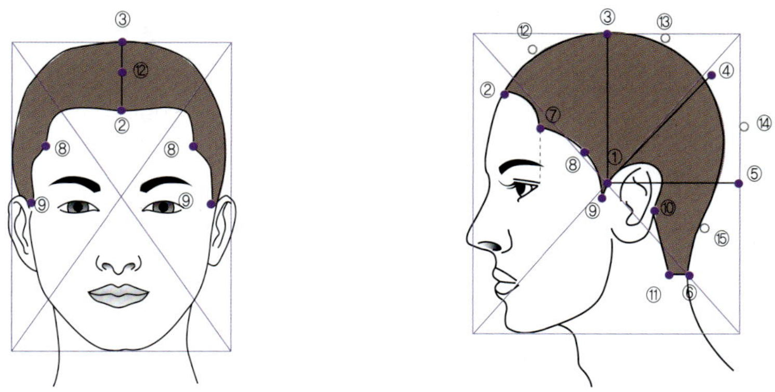

번호	약자	명칭
1	E.P	이어 포인트(Ear Point)
2	C.P	센터 포인트(Center Point)
3	T.P	톱 포인트(Top Point)
4	G.P	골덴 포인트(Golden Point)
5	B.P	백 포인트(Back Point)
6	N.P	네이프 포인트(Nape Point)
7	F.S.P	프런트 사이드 포인트(Front Side Point)
8	S.P	사이드 포인트(Side Point)
9	S.C.P	사이드 코너 포인트(Side Cernir Point)
10	E.B.P	이어 백 포인트(Ear Back Pont)
11	N.S.P	네이프 사이드 포인트(Nape Side Point)
12	C.T.M.P	센터 톱 미디엄 포인트(Cent Top Medium Point)
13	T.G.M.P	톱 골덴 미디엄 포인트(Top Goilden Medium Point)
14	G.B.M.P	골덴 백 미디엄 포인트(Golden Back Medium Point)
15	B.N.M.P	백 네이프 미디엄 포인트(Back Nape Medium Point)

2) 두상의 분할 라인

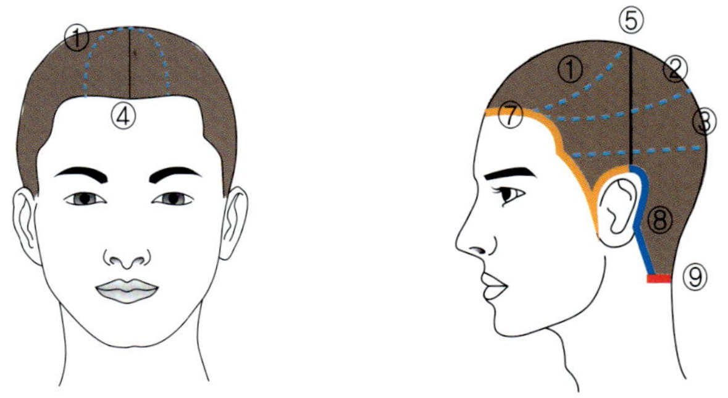

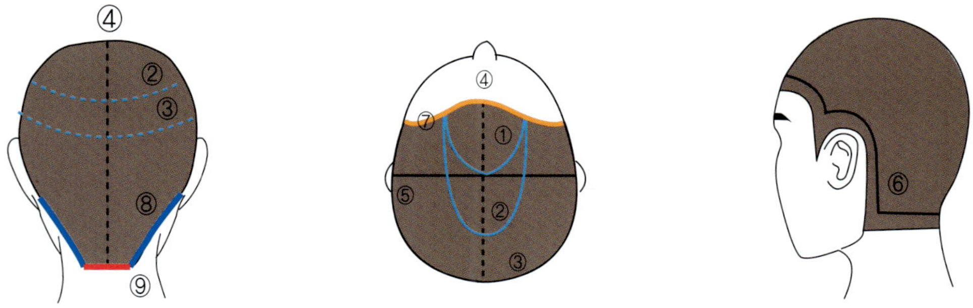

번호	명칭	내용
1	앞머리 영역	F.S.P~T.P~반대편 F.S.P을 연결하여 나눈 앞부분 영역
2	U라인 영역 (측두선)	F.S.P~G.P~반대편 F.S.P을 연결하여 나눈 앞부분 영역 (눈 끝을 위로 측중선까지 연결한 선)
3	크레스트 (Crest Area)	두상의 가장 넓은 부분
4	센터 라인(Center Line), 정중선	C.P~T.P~G.P~B.P~N.P를 연결한 선 (두상 전체를 수직으로 가른선)
5	이어 투 이어 파트 (Ear to Ear Part), 측중선	E.P~T.P~반대편 E.P를 연결하는 선
6	햄라인(Hem Line)	전체적으로 머리카락이 나기 시작한 선
7	페이스 라인(Face Line)	얼굴 정면에 모발이 나기 시작한 선 E.P~S.C.P~S.P~F.S.P~C.P~반대편 F.S.P~S.P~S.C.P~E.P를 연결한 선
8	이어 백 라인 (Ear Back Line)	E.P~E.B.P~N.S.P를 연결한 선
9	네이프 라인(Nape Line)	목덜미의 선, N.S.P~N.P~반대편 N.S.P까지 연결한 선

3) 두상의 분할 용어

① 인테리어(Interior): 크레스트 윗부분의 명칭

② 엑스테리어(Exterior): 크레스트 아랫부분의 명칭

③ 크레스트(Crest Area): 두상의 가장 넓은 부분의 명칭

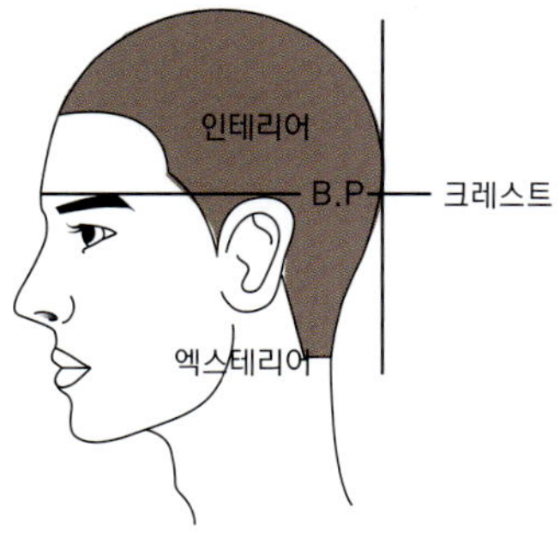

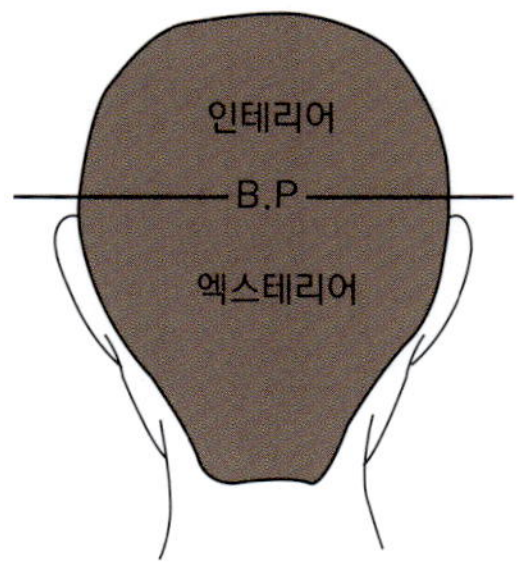

4) 두상의 부위별 명칭

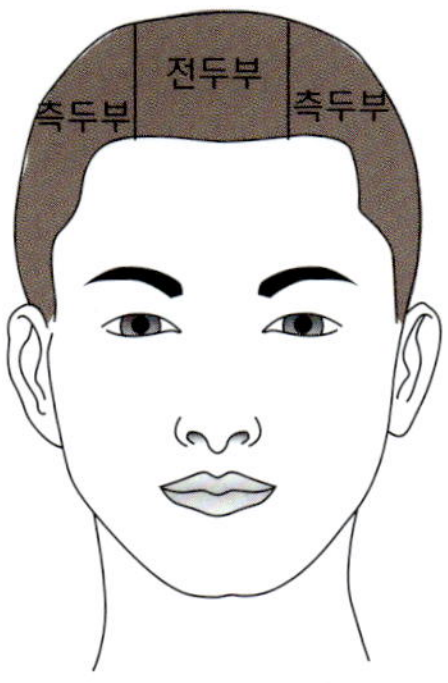

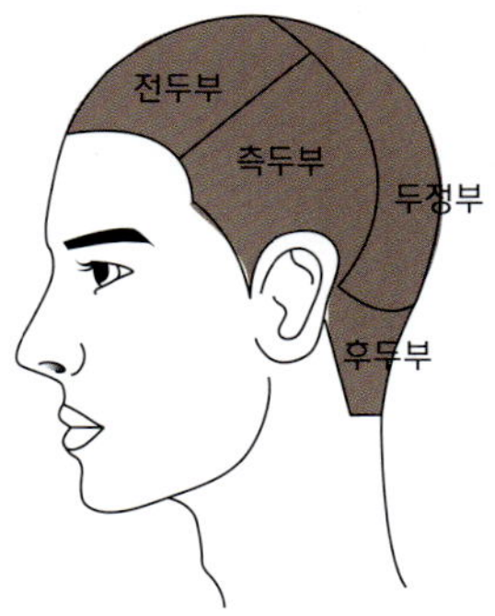

① 전두부(Front)는 얼굴 주위와 밀접한 관계를 가지고 있으며 얼굴의 전체적 균형에 많은 영향을 미친다.

② 측두부(Side)는 옆선의 이미지를 연출되는 곳으로 사이드나 아웃라인의 모양, 질감을 형성하는 곳이다. 짧은 모발은 이곳에서 얼굴형의 이미지가 결정된다.

③ 두정부(Crown)는 두상에서 가장 높고 넓은 영역으로 헤어스타일의 전체적인 질감이나 볼륨, 형태를 좌우한다.

④ 후두부(Nape)는 커트의 형태를 결정 짓은 영역으로 두상에서 가장 낮은 곳에 위치하고 있으며, 두상의 아웃라인이나 길이를 결정하는 곳이다.

4. 남성 헤어의 형태 분석

1) 원랭스(One Length) 커트

(1) 원랭스 커트의 형태 분석

원랭스(One Length)란 '동일한 선상에서 모발을 자른다'라는 뜻으로 모든 섹션을 자연 시술각 또는 0°로 자연스럽게 빗어 내린 후 단차를 주지 않고 같은 길이로 잘라 가지런히 한 스트레이트 커트의 머리형을 말한다. 모발의 길이는 네이프에서 톱으로 갈수록 길어지기 때문에 주변 머리에서 최대의 무게감이 생긴다.

① 원랭스 커트의 유형

원랭스 커트는 형태선에 따라 패럴렐 보브, 이사도라, 스파니엘, 머시룸 커트로 나뉜다.

- 패럴렐 보브(수평 라인)

네이프 라인의 모발 끝을 기준으로 커트 라인이 수평으로 일직선인 스타일이다.

- 이사도라(후대각 라인)

커트 라인이 네이프보다 앞머리가 짧아지는 스타일이다.

- 스파니엘(전대각 라인)

커트 라인이 네이프보다 앞머리가 길어지는 스타일이다.

- 머시룸

커트 라인이 얼굴 정면에서 네이프 쪽으로 일직선인 스타일이다.

수평 라인	전대각 라인	후대각 라인	컨케이브 라인	컨백스 라인
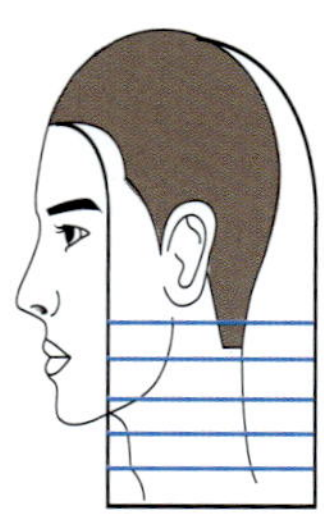	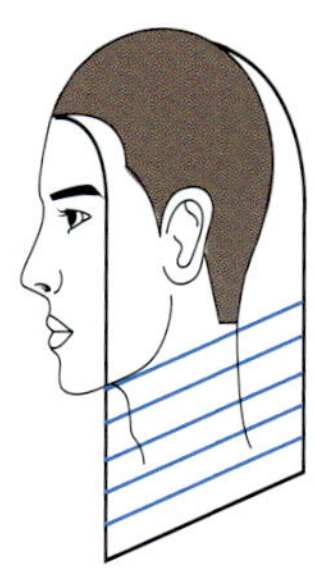	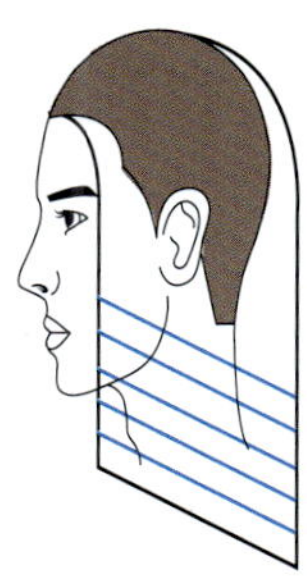	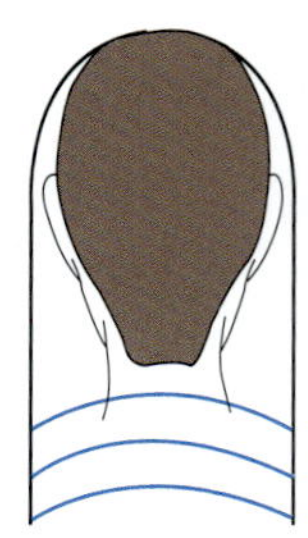	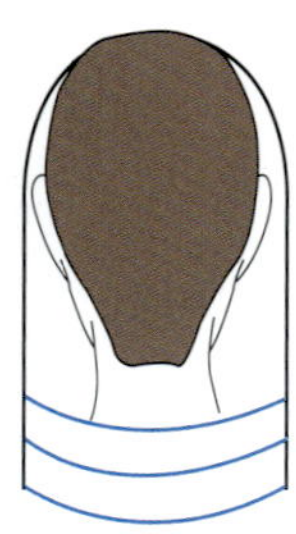

구분	패럴렐 보브 (Parallel Bob)	이사도라 (Isadora)	스파니엘 (Spaniel)
특징	• 앞머리와 뒷머리 모발 길이가 같이 바닥면과 평행한다. • 평행 라인	• 커트 선이 앞머리보다 뒤쪽의 머리가 길다. • 후대각 라인	• 커트 선이 뒤쪽보다 앞쪽의 모발 길이가 길다. • 전대각 라인
도해도	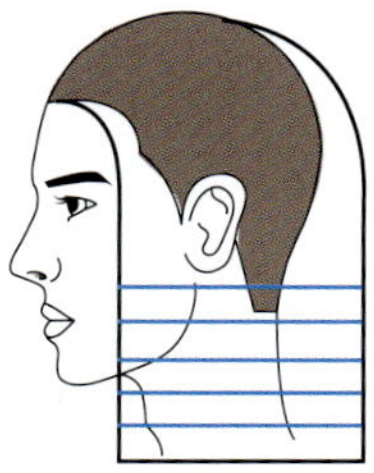	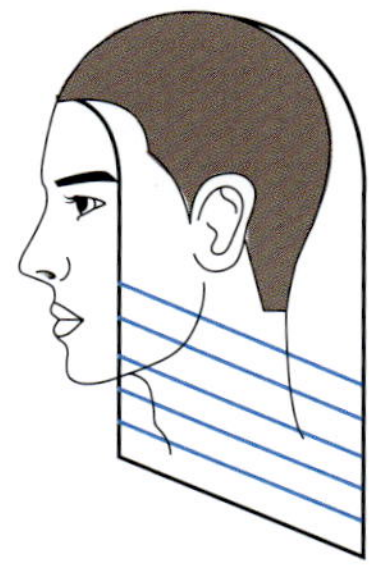	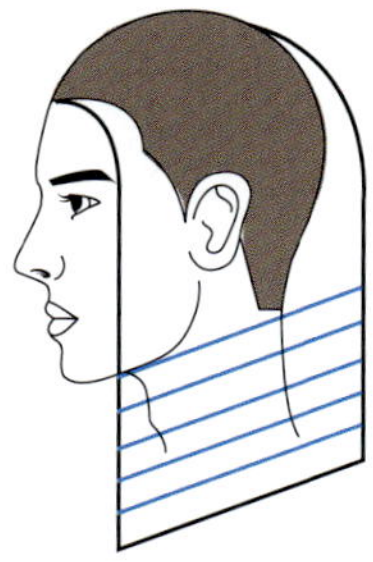
구조	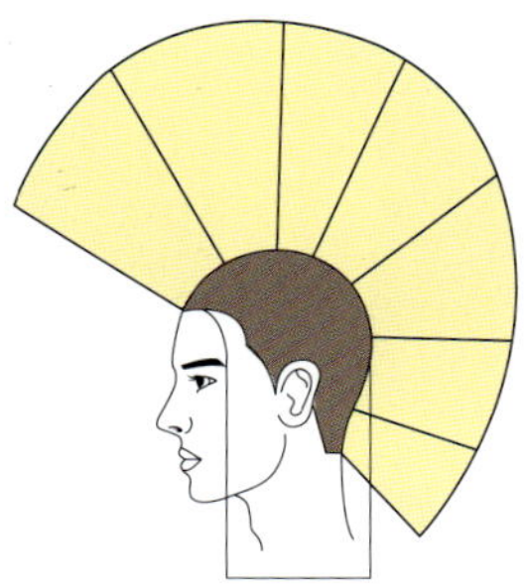	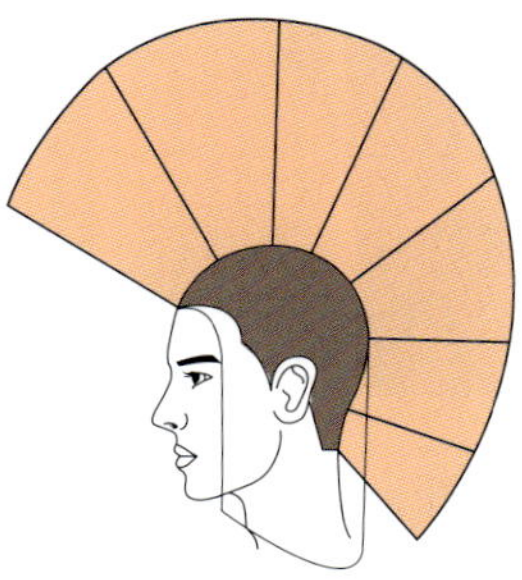	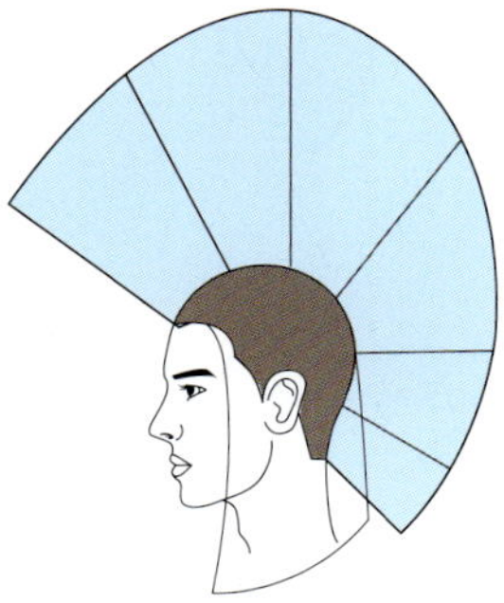

② 원랭스는 일직선으로 모든 섹션(Section)을 아래로 자연스럽게 빗어 내린 후 가로 선과 일직선상으로 자른 단발머리 스타일로서 길이가 같은 모양과 비활동적인(Un-Activate) 질감을 형성한다. 특히 달걀형의 얼굴에 잘 어울리는 스타일로 보는 사람으로 하여금 얼굴의 전체적인 안정감을 주지만, 반대로 강하고 차분하며 무거운 느낌을 갖는다.

(2) 패럴렐 보브 커트

① 완성 사진

② 시술하기

(시술 방법)

① C.P~N.P, T.P~E.P까지 섹셔닝한다. 수평 섹션, 자연 분배, 자연 시술각 0°로 커트한다.

② 사이드는 E.P의 모발을 가이드에 맞춰 수평 섹션으로 커트한다. 좌 · 우의 길이가 동일한지 확인한다. 전체적으로 매끄럽게 빗질 후 텐션 없이 자연 시술각으로 시술한다.

(3) 이사도라 커트

① 완성 사진

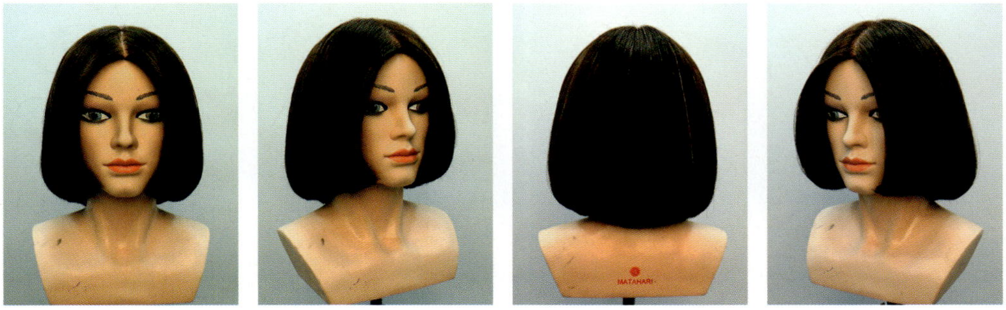

② 시술하기

(시술 방법)

① C.P~N.P, T.P~E.P까지 섹셔닝한다. 후대각 섹션, 자연 분배, 자연 시술각 0°로 커트한다.

② 사이드는 E.P의 모발을 가이드에 맞춰 후대각 세션으로 커트한다. 좌・우의 길이가 같도록 주의하면서 시술한다. 완성 후 컨백스의 형태선이 되도록 한다.

(4) 스파니엘 커트

① 완성 사진

② 시술하기

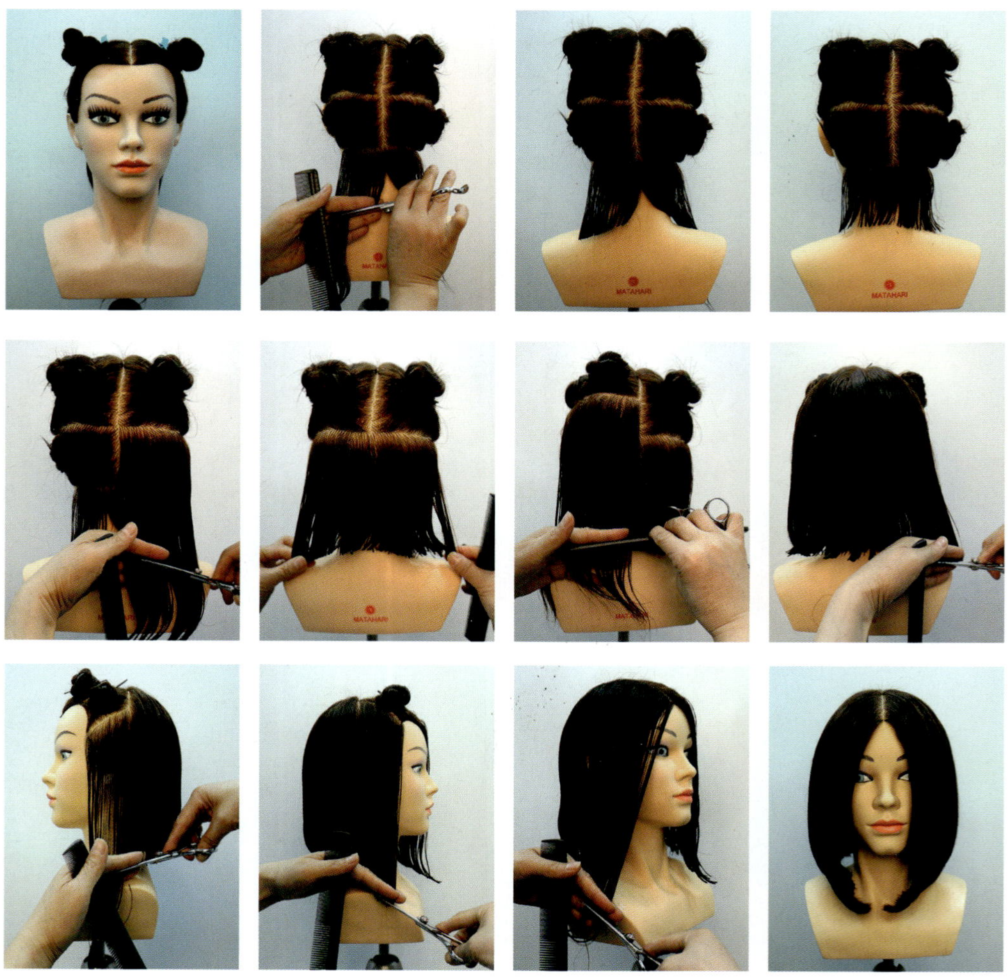

(시술 방법)

① C.P~N.P, T.P~E.P까지 섹셔닝한다. 전대각 섹션, 자연 분배, 자연 시술각 0°로 커트한다.

② 동일한 방법으로 시술하며 컨케이브 형태선이 되도록 커트한다. 사이드는 E.P의 모발을 가이드에 맞춰 전대각 세션으로 커트한다. 좌・우의 길이가 동일한지 확인한다.

2) 그래쥬에이션(Graduation) 커트

(1) 그래쥬에이션 커트의 형태 분석

그래쥬에이션은 톱보다 네이프의 모발 길이가 짧은 모양이 되도록 모발의 길이에 미세한 층을 주는 커트로 입체적인 헤어스타일 연출에 매우 효과적이다. 머리 길이의 가이드 라인과 두상에서 내려오는 두 점이 만나는 이 점을 각도를 이루게 되는데, 이것을 웨이트 라인이라고 하며 시술각에 의해 경사선이 생기고 무게 지역, 무게선, 릿지 라인이 있다.

그래쥬에이션은 웨이트 라인에 의하여 결정되는데 낮은, 중간, 높은 그래쥬에이션으로 나눌 수 있다. 이것은 커트 각도를 1°에서 90° 이하의 각도를 이용하여 시술하는 방법으로 낮은 그래쥬에이션은 가이드라인이 비스듬하게 만나면서 마름모를 형태로 얼굴의 형태가 퍼져 보여 얼굴이 작고 마른 사람에게 어울린다. 중간 그래쥬에이션은 얼굴이 작은 사람에게 어울리며, 높은 그래쥬에이션은 얼굴형과 관계없이 개성적이며 세련된 스타일을 연출할 때 효과적이다.

그래쥬에이션에서 커트 시술각도와 섹션의 방향은 스타일을 이루는 기본 요소로 이때 섹션의 방향은 수평, 사선, 곡선으로 구분된다. 수평 방향은 일자라인의 형태이며 수직 방향과 곡선 방향은 경사도에 따라 달라지면서 전체적으로 사선의 형태를 이루는 것을 특징으로 한다.

① 그래쥬에이션 커트의 유형

그래쥬에이션 커트은 시술각의 변화에 따라 낮은 그래쥬에이션(1~30°), 중간 그래쥬에이션(31~60°), 높은 그래쥬에이션(61~89°)으로 시술각이 낮아지면 낮은 경사선과 무게 지역이 네이프 부분에 형성되며, 시술각이 높아질수록 높은 경사선이 형성된다.

② 그래쥬에이션 커트의 응용 헤어스타일

우리가 흔히 생각하는 대부분의 커트 라인들은 그래쥬에이션의 응용 스타일로서 다른 어떠한 커트 디자인보다 사람들의 이미지 변화를 섹션과 시술각, 스타일링의 방법에 따라 변화시킬 수 있다. 즉 시술 방법에 따라 사람의 인상을 부드러운 이미지에서 시크하고 강한 이미지로 연출할 수 있다.

| 그래쥬에이션 커트의 유형 |

구 분	낮은 그래쥬에이션	중간 그래쥬에이션	높은 그래쥬에이션
도해도	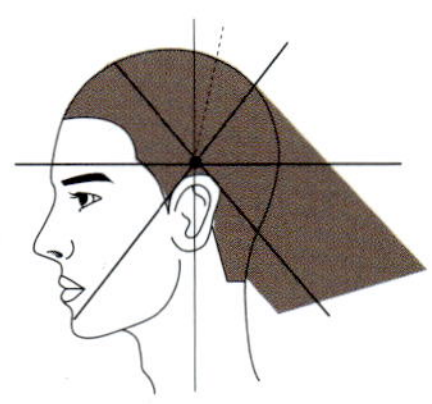	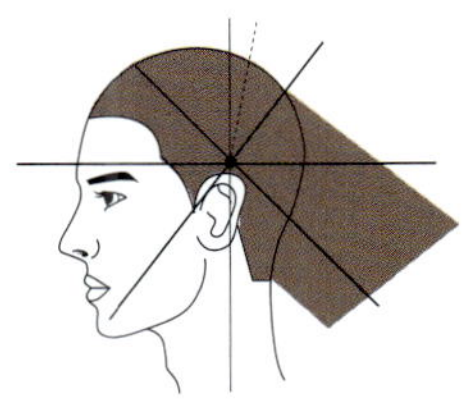	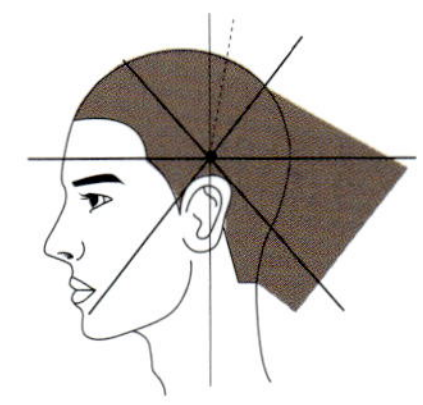
구조	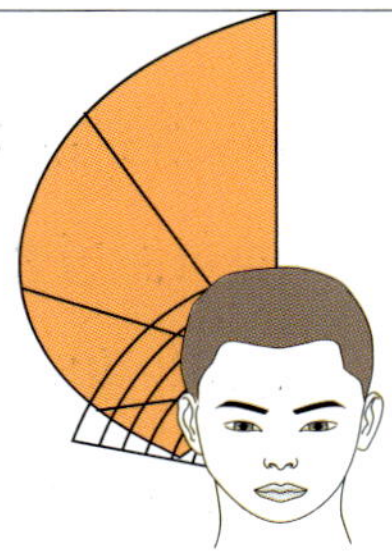	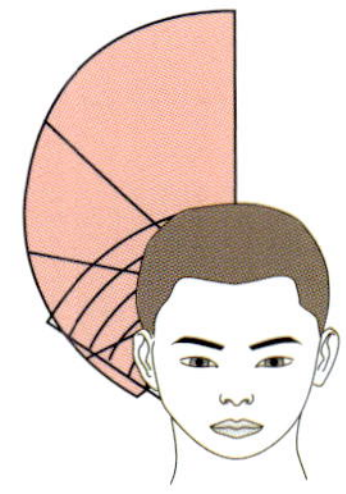	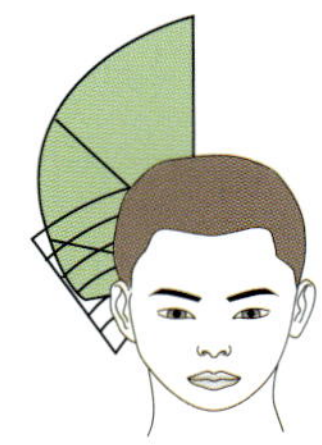
특징	시술각도 1~30° 볼륨이 낮은 위치에 생성	시술각도 31~60° 볼륨이 중간보다 낮은 위치에 생성	시술각도 61~89° 볼륨이 높은 위치에 생성

(2) 그래쥬에이션 커트

① 완성 사진

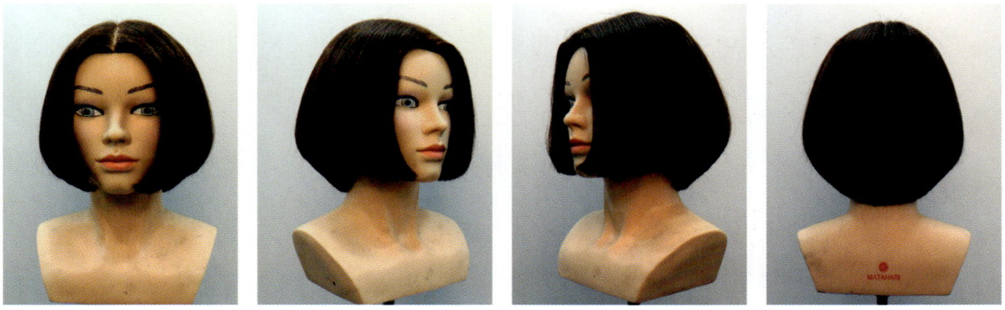

② 시술하기

(시술 방법)

① C.P~N.P, T.P~E.P까지 섹셔닝한다. 후대각 섹션, 직각 분배, 45°로 커트한다.

② 다음 단도 동일한 방법으로 이동 가이드라인, 직각 분배로 시술한다. 사이드는 E.P의 모발을 가이드에 맞춰 후대각 섹션으로 45°를 유지하면 시술한다. 좌・우의 길이가 동일한지 확인한다.

3) 레이어(Layer Cut) 커트

(1) 레이어 커트의 형태 분석

① 레이어 커트는 인크리스 레이어과 유니폼 레이어으로 나뉜다. 인크리스 레이어는 하이 레이어로 모발 길이가 톱은 짧고 네이프로 갈수록 길어지는 스타일로 90° 이상의 각도를 적용한다. 전체적으로 큰 단차가 나며 가볍고 거친 느낌이 강하다. 유니폼 레이어는 세임 레이어라고도 하며, 머리 전체의 길이를 동일하게 자르는 방법으로 두상의 시술각도 90°가 적용되며 무게 지역이 없는 것이 특징이다.

② 인크리스 레이어의 길이 배열은 톱 부분은 짧고 네이프 쪽으로 갈수록 모발의 길이가 길어져서 무게감이 없이 끝부분이 가늘어지고 가벼워진다. 톱 부분의 모발 길이와 두상의 커브 각도에 따라서 다양한 층을 만들 수 있는 장점이 있다. 반면 잘린 모발 끝부분이 보이기 때문에 질감이 차분하지 않고 끝부분이 들뜨고 거친 느낌을 준다. 인크리스 레이어형은 역삼각형의 얼굴에서는 앞머리를 내려 넓은 이마를 커버하고, 9:1의 가르마를 활용하면 얼굴이 작아 보이는 효과가 있다. 또한, 웨이브를 넣으면 시선을 분산시킬 수 있다. 각진 얼굴형은 강렬한 인상을 주기 때문에 7:3 비율로 가르마를 타고 굵은 웨이브를 주면 부드러운 인상을 주어 단점을 커버할 수 있다.

구 분	인크리스 레이어	유니폼 레이어
레이어의 종류	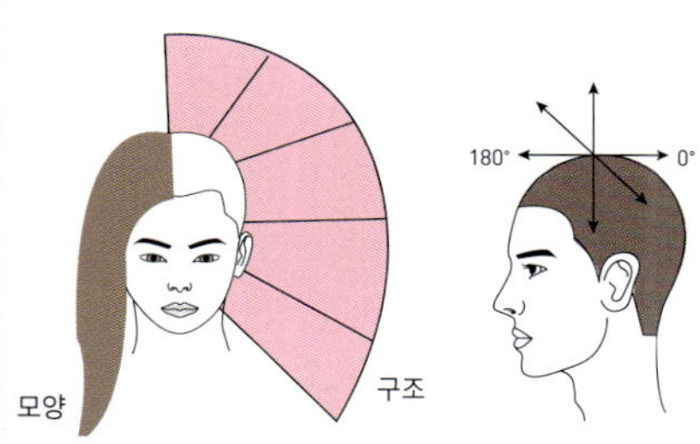	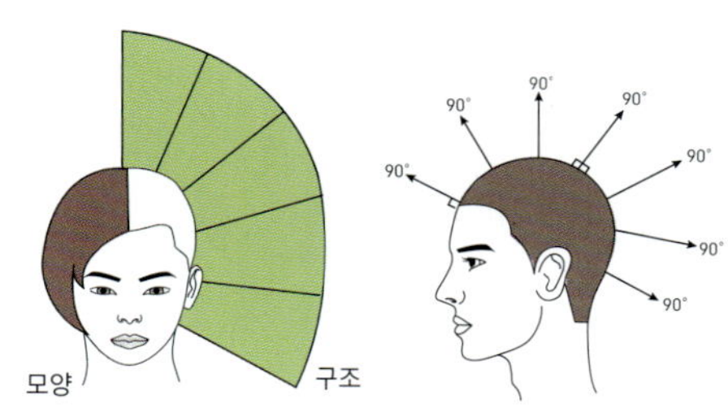

(2) 인크리스 레이어 커트

① 완성 사진

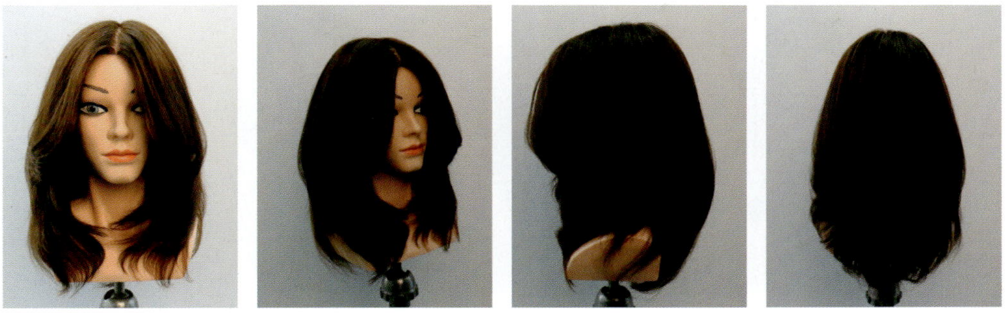

② 시술하기

(시술 방법)

① 크레스트로 섹셔닝한 다음, 이어 투 이어로 나눈다. 아웃사이드는 수직 섹션, 온 더 베이스, 90°로 커트한다.

② 사이드는 수직 섹션, 손가락은 섹션과 비평행하여 턱선을 기준으로 가이드를 설정하여 슬라이드 커트하여 자연스럽게 연결한다.

(3) 유니폼 레이어 커트

① 완성 사진

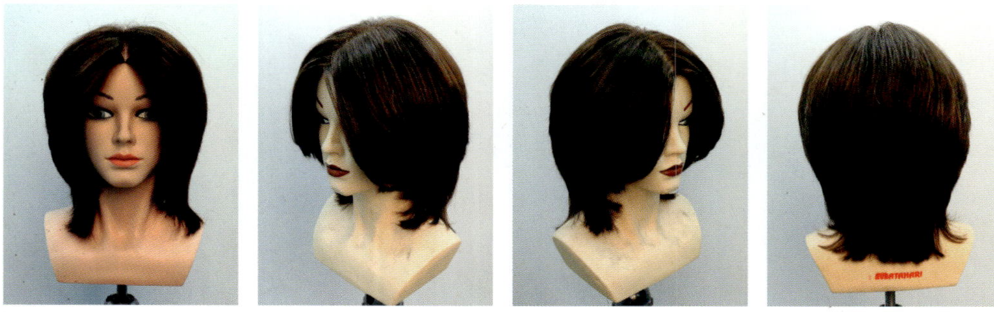

② 시술하기

(시술 방법)

① C.P~N.P, T.P~E.P까지 섹셔닝한다. 후대각 섹션, 직각 분배, 두상 90°로 커트한다.

② 인테리어는 버티컬 섹션으로 두상의 곡면을 따라 90°로 시술한다. 사이드는 E.P의 모발을 가이드에 맞춰 후대각 세션으로 커트한다. 좌・우의 길이가 동일하도록 주의하면서 시술한다.

5. 헤어커트를 위한 기술

1) 시술각도(Angle)

헤어 커트 시 두상으로부터 모발을 들어 올려 펼치거나 내려진 상태로 커트하는 각도를 말한다.

① 자연 시술각(Natural Fall)

- 중력에 의해 모발이 자연스럽게 떨어지는 각도(0°)
- 천체축 기준 각도

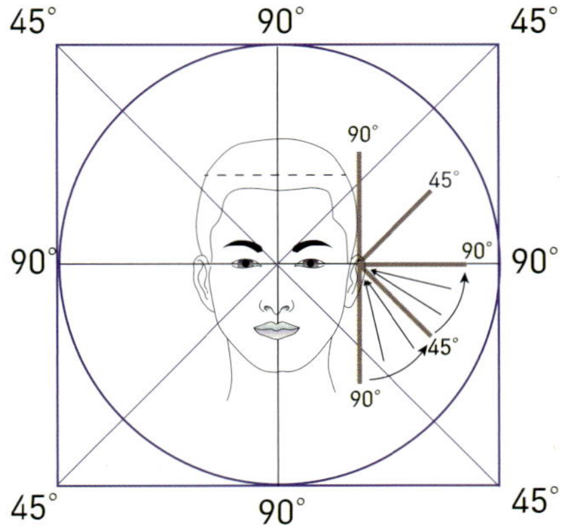

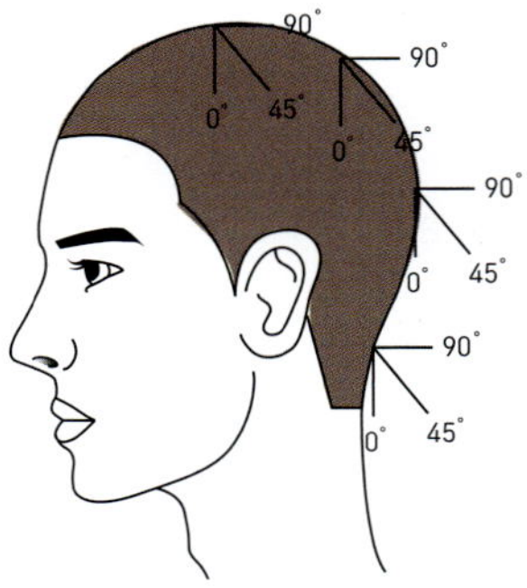

② 일반 시술각(Normal Projection)

- 모발을 두상에서 들어 올려 펼쳐 빗었을 때 나타나는 각도로 베이스의 모발을 빗어 잡았을 때 두상의 둥근 접점을 기준으로 한 각도를 말한다.
- 두상의 곡면을 따라 둥글게 굴려져 모발이 들리는 각도

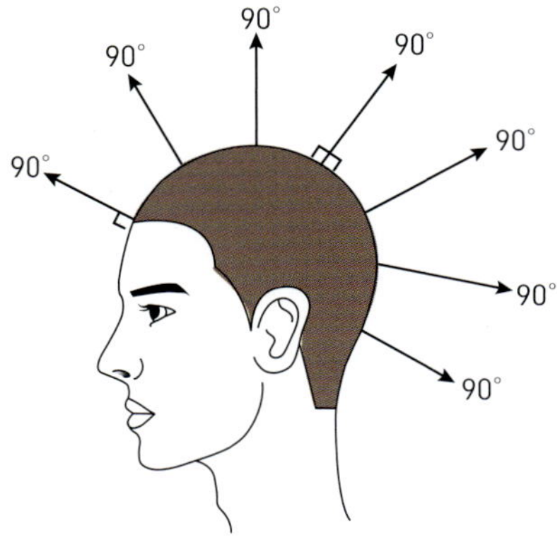

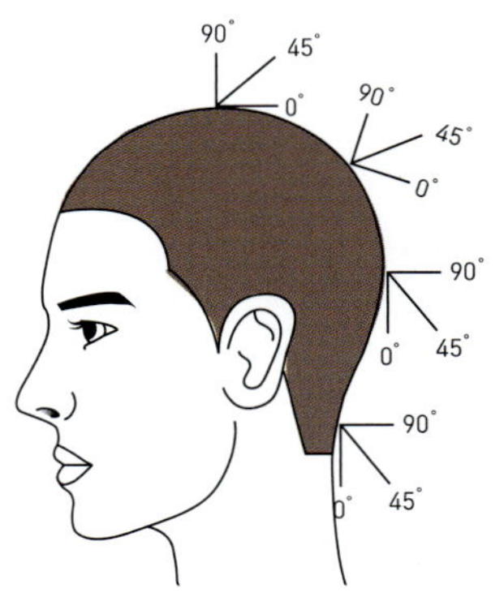

2) 형태(Form)

종 류	특 징	
① 원랭스형 (One Length Form)	• 모발 길이가 한 레벨로 떨어진다. • 주변 최대의 무게감이 생긴다. • 시술각 : 0°, 자연 시술각 • 모양: 종형 • 질감: 100% 언 엑티베이트 • 가이드 라인: 고정 디자인 라인	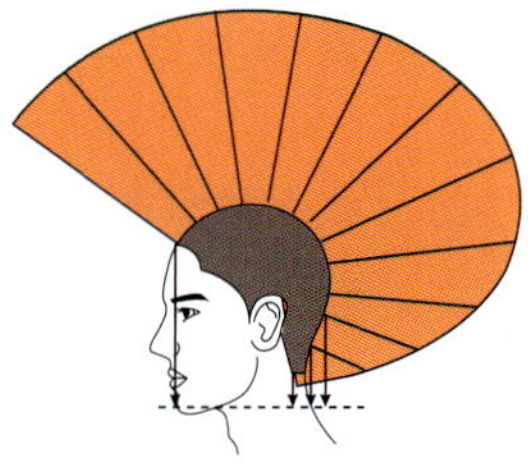
② 그래쥬에이션형 (Graduation Form)	• 네이프에서 톱 쪽으로 갈수록 모발 길이가 증가한다. • 시술각에 의해 경사선, 무게 지역, 무게선, 릿지 라인이 형성된다. • 시술각 : 1~89° • 모양: 삼각형 • 질감: 혼합형 • 가이드 라인: 크레스트를 중심으로 엑스테리어는 이동, 인테리어는 고정	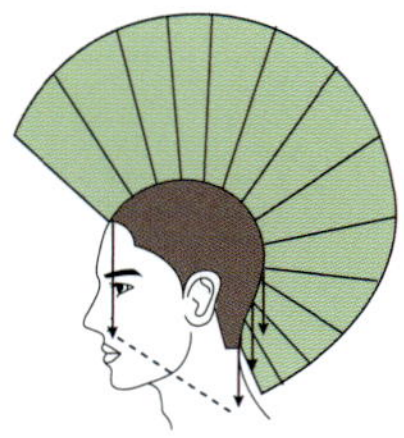
③ 유니폼 레이어형 (Uniform Layer Form)	• 시술각 :두상에서 90° • 모든 모발의 길이가 동일하다. • 모양 : 원형 • 질감 : 100% 엑티베이트 • 가이드라인: 이동 디자인 라인	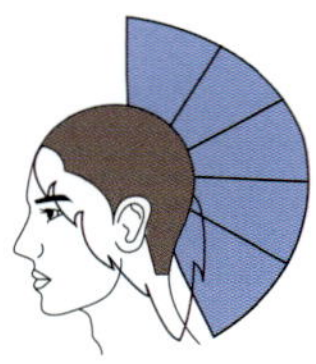
④ 인크리스 레이어형 (Increase Layer Form)	• 톱이 짧고 네이프로 갈수록 모발이 길어진다. • 시술각 : 90° 이상 • 모양 : 타원형 • 질감 : 엑티베이트 • 가이드라인: 고정 디자인 라인	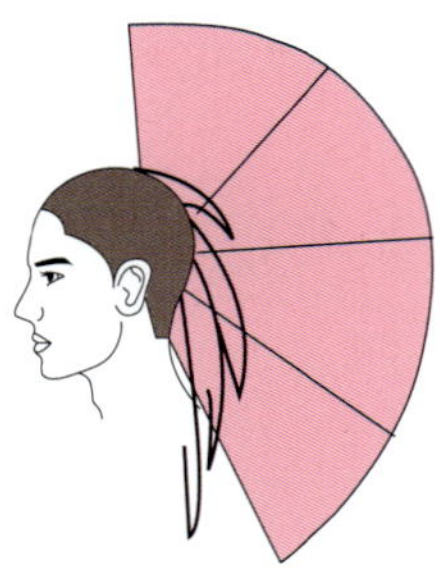

3) 섹션(Section)

커트 시술 시 두상에서 블로킹을 나눈 후 블로킹 내에서 다시 작은 구역을 나누는 것을 말한다.

종 류	특 징	
① 가로 섹션 (Horizon Section)	• 가로 또는 수평 • 원랭스, 그래쥬에이션 커트 시 사용된다.	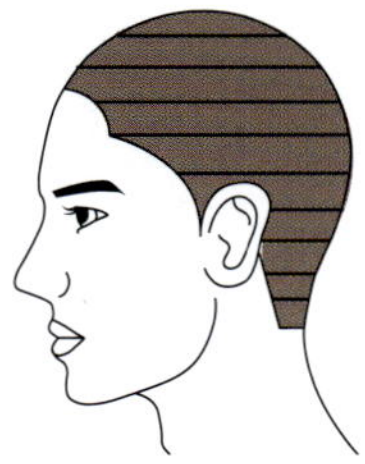
② 세로 섹션 (Vertical Section)	• 세로 또는 수직 • 그래쥬에이션형, 레이어 커트 시 사용된다.	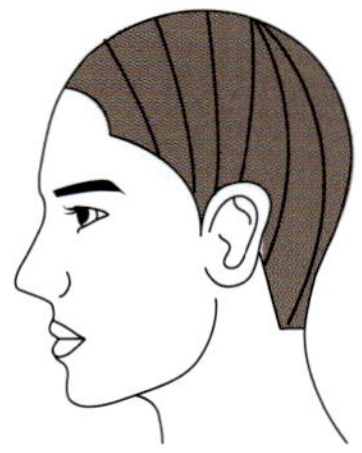
③ 사선 섹션 (Diagonal Forward Section) - 전대각	• 두상의 뒤쪽에서 얼굴 방향으로 사선 방향 • 스파니엘 커트 또는 A라인 스타일 커트 시 사용된다.	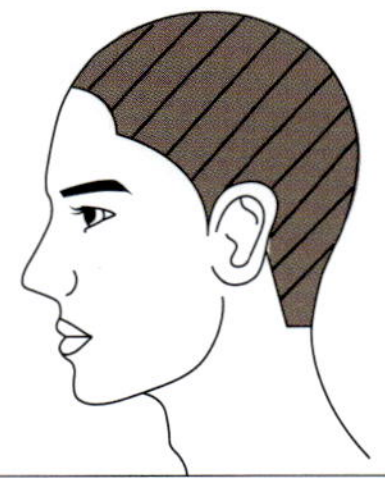
④ 사선 섹션 (Diagonal Backward Section) - 후대각	• 두상의 뒤에서 얼굴 방향으로 사선 방향 • 앞쪽 방향으로 모발은 짧아진다. • 이사도라 커트 또는 U라인 스타일 커트 시 사용된다.	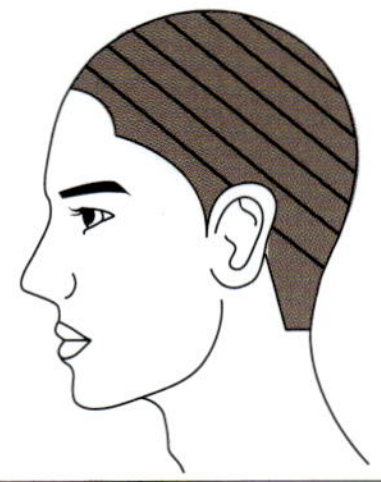
⑤ 방사선 섹션 (Pivot Section)	• 파이 섹션, 오렌지 섹션이라고도 불린다. • 두상의 피벗에서 똑같은 크기의 섹션을 나누기 위해 사용된다. • 레이어 커트 시 사용된다.	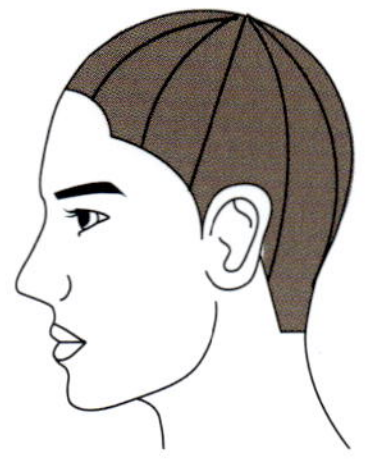

4) 분배(Distribution)

분배란 섹션과 두상에 관련하여 모발을 빗질하는 방향이다. 분배에는 자연 분배, 직각 분배, 변이 분배, 방향 분배가 있다.

종 류	특 징	
① 자연 분배 (Natural Distribution)	• 모발이 두상 곡면에서 중력방향으로 자연스럽게 떨어지는 방향(0°)을 의미한다. • 중력과 자연 모발의 성장 패턴이 방향에 영향을 미친다. • 원랭스와 그래쥬에이션 커트 시 사용된다.	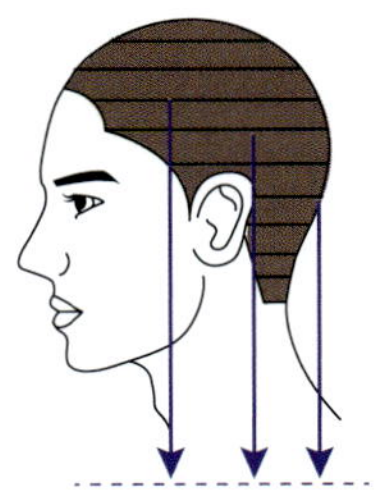
② 직각 분배 (Perpendicular Distribution)	• 섹션에 대해 모발이 직각(90°)으로 빗겨지며, 수직 분배라고도 한다. • 그래쥬에이션, 레이어 커트 시 사용된다.	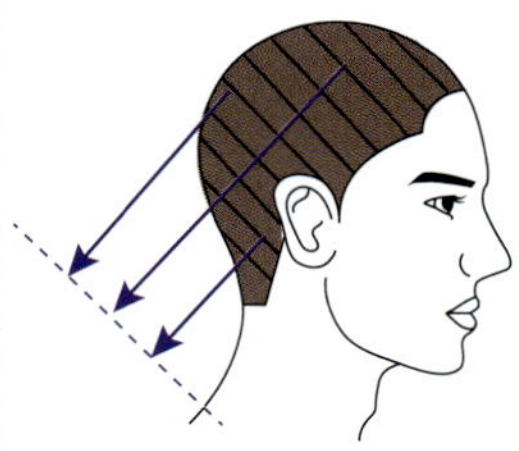
③ 변이 분배 (Shifted Distribution)	• 섹션에 대해 모발이 임의의 방향으로 빗겨지며, 자연 분배나 직각 분배가 아닌 다른 모든 방향으로 빗질한다. • 긴 머리와 짧은 머리를 연결할 때 사용된다. • 원랭스를 제외한 모든 커트에서 사용된다.	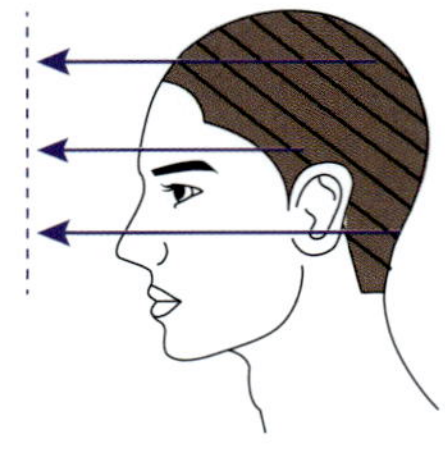
④ 방향 분배 (Directional Distribution)	• 일관성을 유지하기 위해 특정한 방향을 정해두고 모발을 빗는다. • 섹션과 상관없이 한 방향으로 빗질한다. • 두상의 곡면으로 인해 길이가 길어지는 결과를 가져온다.	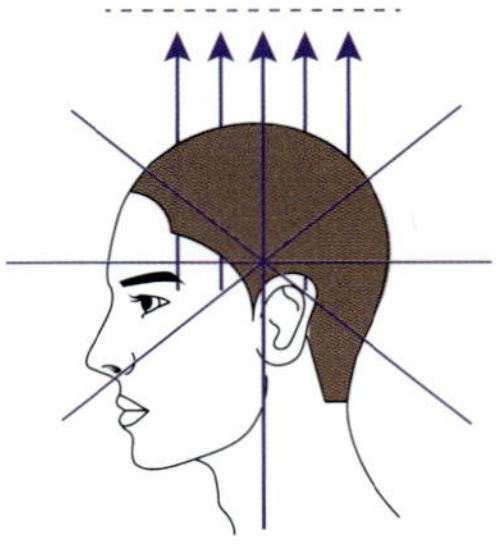

5) 베이스(Base)

헤어스타일의 형태 선을 만드는 중요한 시술 형태로 섹션과 패널의 자리로 길이의 변화를 가질 때 사용된다.

종류	특징
① 온 더 베이스 (On the Base)	• 커트 시 좌·우 동일한 길이로 커트할 때 사용된다. • 베이스의 중심에서 슬라이스 라인에 직각(90°)으로 모아 커트한다. • 베이스의 폭은 2~3cm가 적당하며, 동일한 베이스의 폭으로 슬라이스 하지 않을 시 길이의 단차가 생긴다. 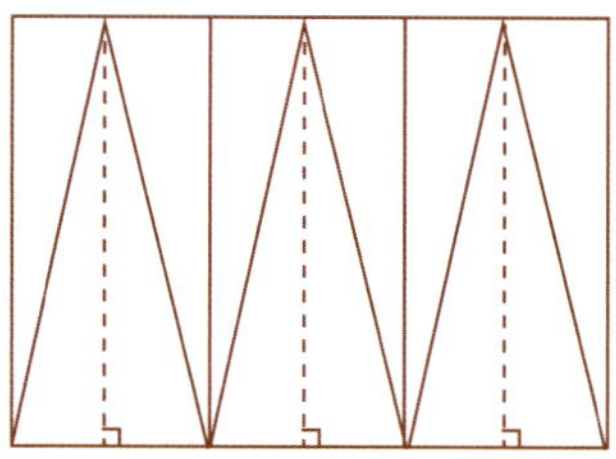 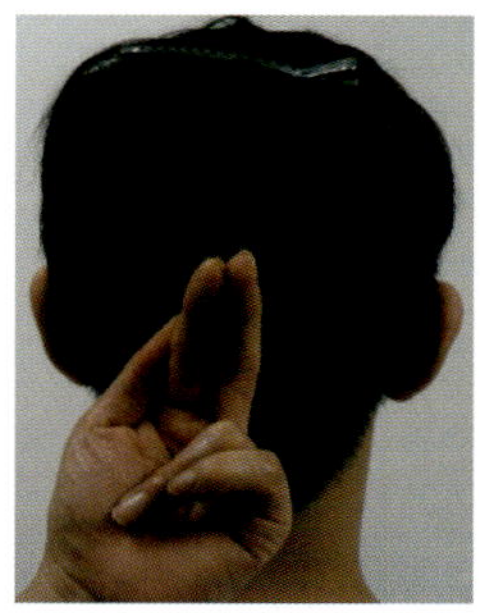
② 사이드 베이스 (Side Base)	• 커트 시술 시 패널을 잡았을 때 한쪽 변이 90° • 커트 시 베이스의 중심이 우측 변 또는 좌측 변으로 선정하고 그 기준을 중심으로 모발의 길이가 점점 길게 또는 짧게 된다. 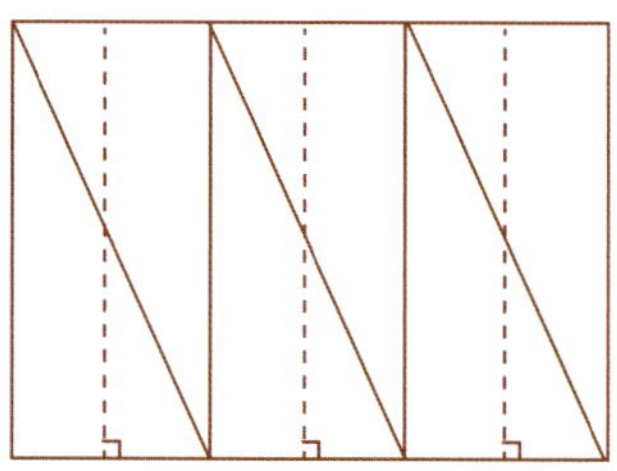 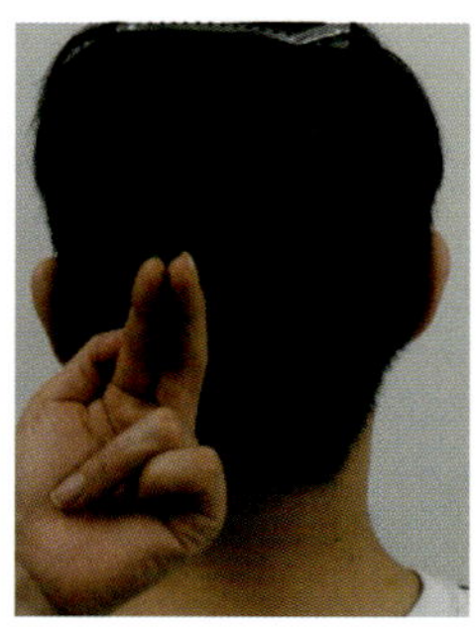

③ 오프 더 베이스 (Off the Base)	• 헤어커트를 하려고 패널을 잡았을 때 한 변이 90° 이상으로 베이스를 벗어나 밖으로 나가는 것을 말한다. • 시술자의 의도에 따라서 사이드 베이스의 기준선을 넘어서 일정한 각도를 끄는 것을 말한다. • 우측 또는 좌측으로 얼마만큼 당기는지에 따라 사선의 경사도가 달라지므로 급격한 모발의 변화를 요구할 때 사용된다. 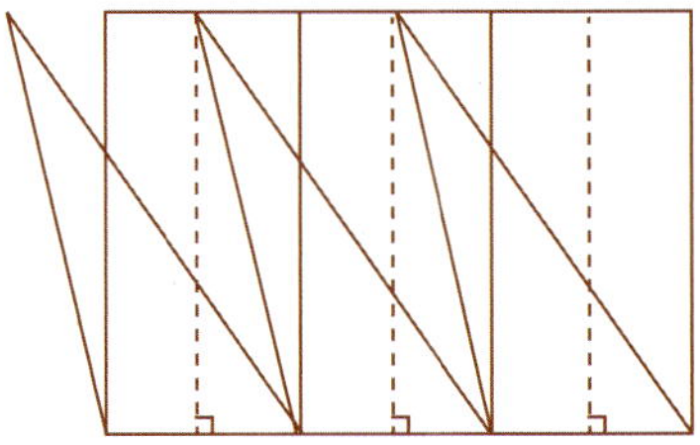 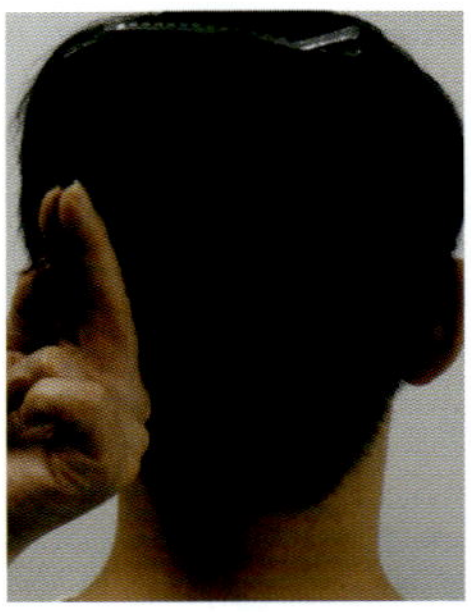
④프리 베이스 (Free Base)	• 온 더 베이스와 사이드 베이스의 중간의 베이스를 말한다. • 모발 길이가 두상에서 자연스럽게 길어지거나 짧아지게 자를 때 사용된다. 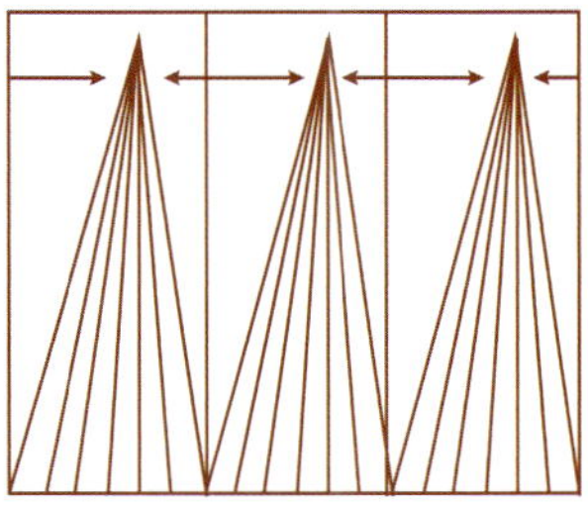 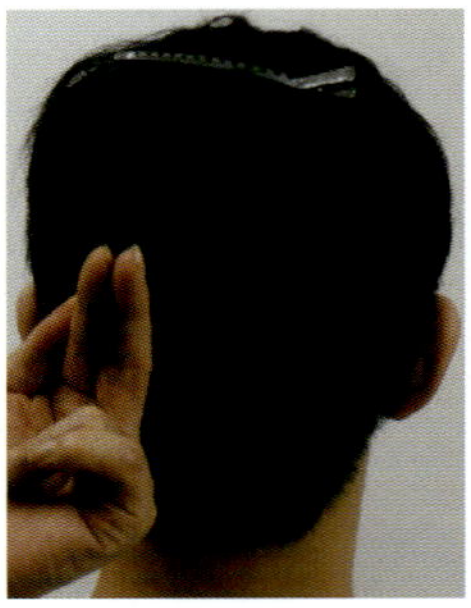
⑤트위스트 베이스 (Twist Base)	• 프리 베이스 상태에셔 비틀린 모양으로 잡아 자를 때 사용된다. 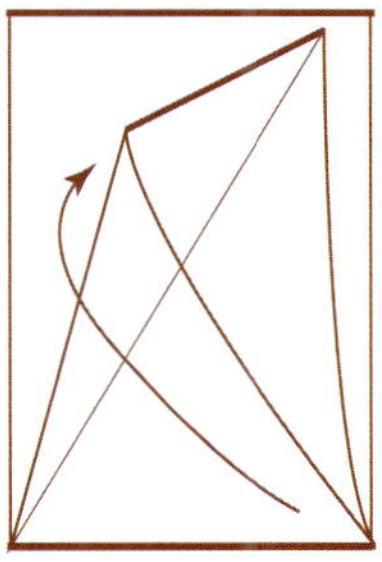 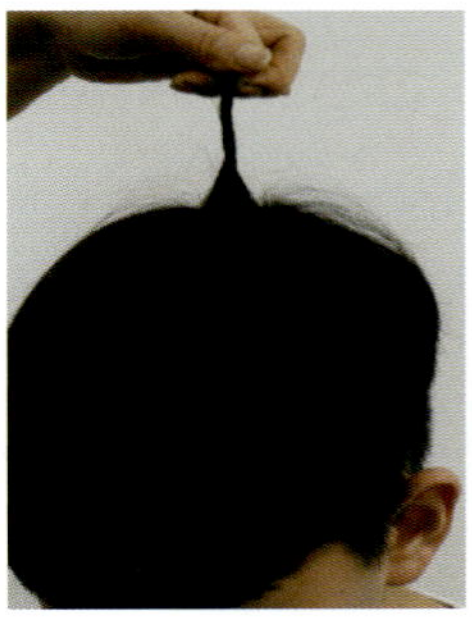

6) 두상 위치(Head Position)

두상 위치는 머리 형태의 결과에 직접적인 영향을 주며, 머리 질감이나 커트 라인의 방향에 영향을 준다. 두상의 위치는 똑바로(Up-Right), 앞 숙임(Forward), 옆 기울림(Tilted) 등이 있다.

종 류	특 징	
① 똑바로 (Up Right)	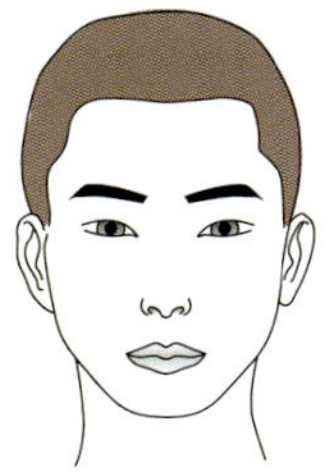	• 가장 자연스럽고 고른 효과 • 똑바로 한 상태에서 커트할 경우 가장 자연스럽다. • 원랭스 커트에 많이 사용된다.
② 앞 숙임 (Forward)	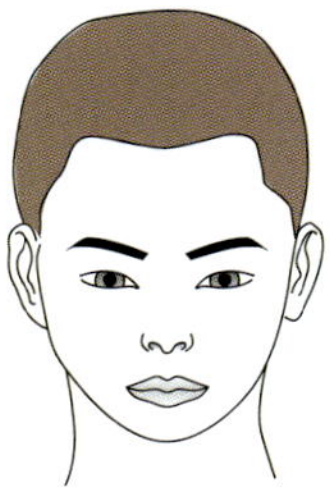	• 주로 형태 선의 끝마무리로 많이 사용된다. • 그래쥬에이션, 레이어 커트 시 많이 사용된다.
③ 옆 기울임 (Tilted)	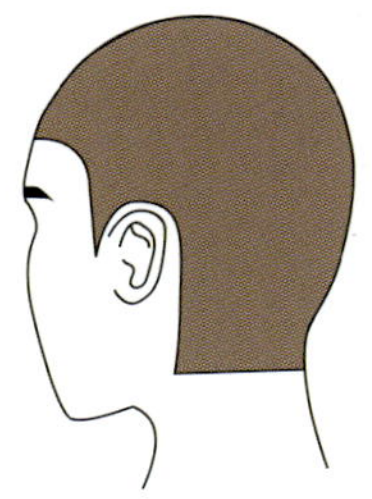	• 형태 선의 쉬운 마무리를 위해 사용된다. • 사이드가 짧은 디자인 라인을 만들려고 할 경우 사용된다.

7) 가이드 라인(Guide Line)

커트할 때 사용되는 머리의 모양 패턴이나 길이 가이드, 디자인 라인이 형태 선이 될 수도 있으며 고정, 이동, 다중(혼합) 디자인 라인이 있다.

종류	특징	
① 고정 디자인 라인 (Stationary Design Line)	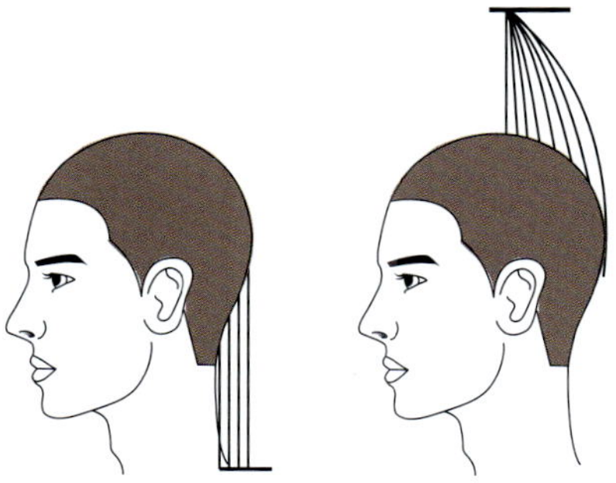	• 디자인 라인이 이동하지 않는다. • 처음 가이드 라인에 맞춰 커트한다. • 반대편의 모발의 길이가 점차적으로 증가를 원할 때 사용된다. • 원랭스, 인크리스 레이어 커트 시 사용된다.
② 이동 디자인 라인 (Mobile Design Line)	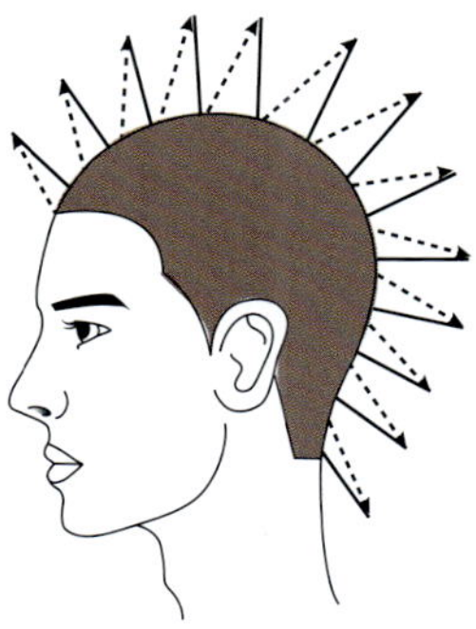	• 커트하는 길이 가이드가 움직인다. • 이전에 커트된 모발의 일부분을 다음 커트할 섹션의 길이 가이드로 사용한다. • 그래쥬에이션, 유니폼레이어 커트 시 사용된다.
③ 다중 디자인 라인 (Multiple Stationary Design Line)	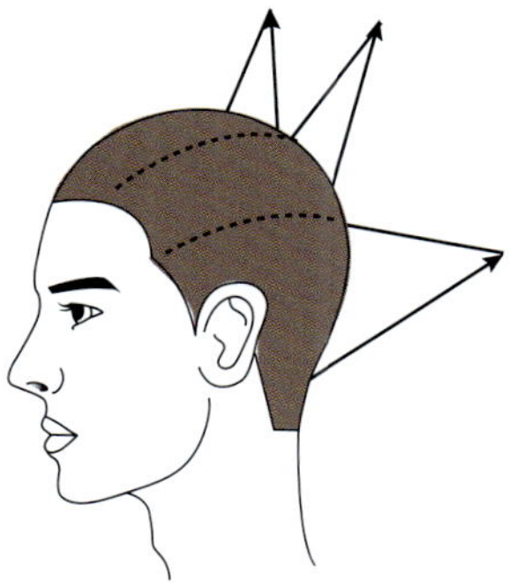	• 전체적으로 층이진 모발의 질감을 원하지만 네이프 부분의 모발 길이가 충분하지 않을 때 새로운 디자인 라인을 만들어 사용한다. • 인크리스 레이어 커트 시 사용된다.

8) 손가락 위치(Finger Position)

종류	특징	
① 평행 손가락 자세 (Parallel Finger Position)	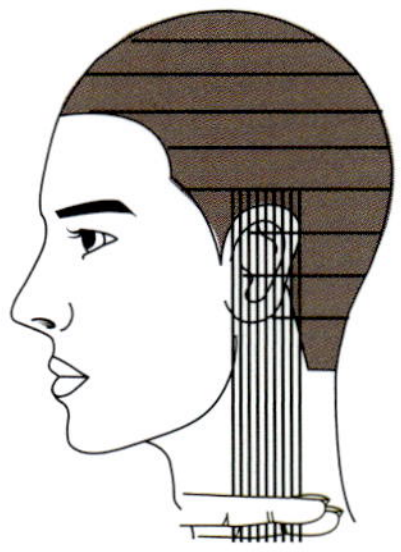	• 모발을 조절하는 손가락은 베이스 섹션에 평행하게 놓여지고 의도한 선을 가장 완벽하게 만들 수 있다. • 손가락, 가위 모두가 평행인 상태를 말한다.
② 비평행 손가락 자세(Non Parallel Finger Position)	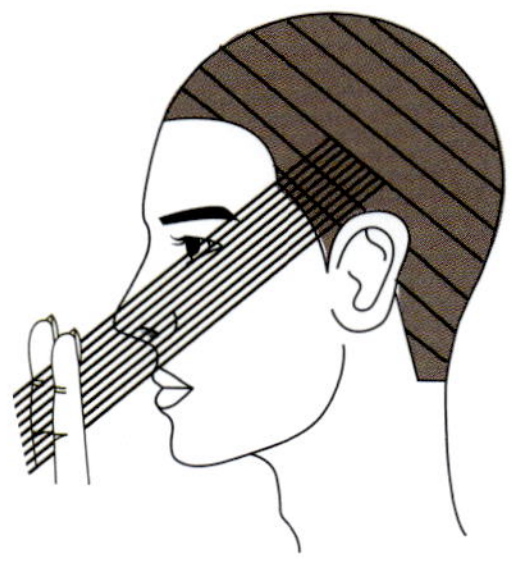	• 손가락이 비평행하게 놓인 상태를 말하며, 과장된 길이 증가와 대조되는 길이 간의 연결 시 사용된다.

03 도구 분석

헤어디자인 결정에 따라 커트할 모발 형태와 사용할 기법이 결정된다. 어떠한 도구를 사용할 것인가는 도구에 대한 숙련 정도와 어떠한 결과를 원하느냐에 따라 다르다. 선택된 도구는 형태 선에서 질감의 변화를 가져올 수 있다.

1. 가위(Scissors)

가위는 지레의 원리를 응용하여 만들어진 도구로써 커트 시술 시 가위의 선택은 개인적인 선호나 원하는 결과에 따라 다르게 선택한다.

1) 가위의 구조

가위는 이동날(동인)과 고정날(정인), 조임쇠(선회축)로 구성되어 있다.

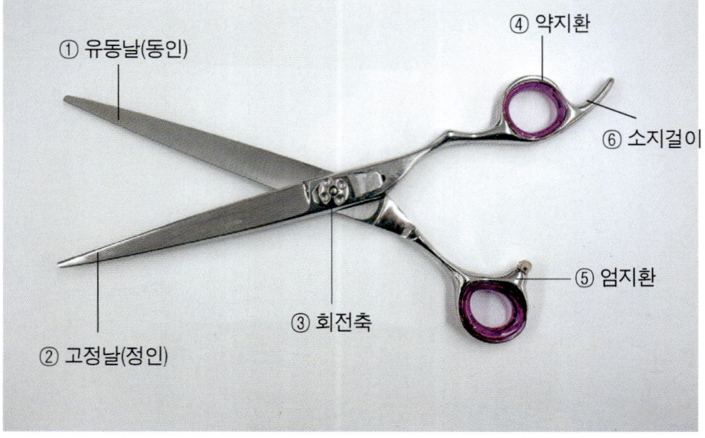

| 가위의 구조 |

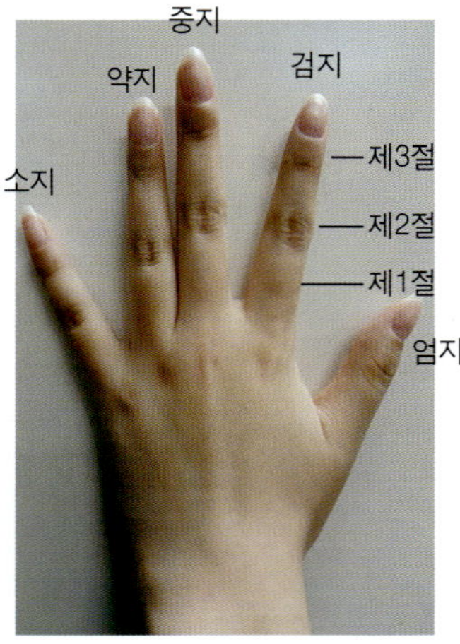

| 손의 각부 명칭 |

① 이동날(Moving Blade) : 엄지손가락에 의해 조작되는 움직이는 날

② 고정날(Still Blade) : 약지손가락에 의해 조작되는 움직이지 않는 날

③ 조임쇠(Pivot Point) : 가위를 느슨하게 하거나 조이는 역할

④ 약지환(Finger Grip) : 정인에 연결된 원형의 고리로 약지손가락을 끼워 넣는 곳

⑤ 엄지환(Thumb Grip) : 동인에 연결된 원형의 고리로 엄지손가락이 위치하는 곳

⑥ 소지걸이(Finger Brace) : 약지환에 이어져 있으며 새끼손가락을 걸기 위한 곳

2) 가위의 종류

가위는 재질에 따라 착강 가위와 전강 가위로 구분되며, 사용 목적에 따라 일반 가위, 틴닝 가위, 스트록 가위, 곡선 가위, 미니 가위로 구분된다.

(1) 재질에 따른 분류

① 착강 가위 : 협신부에 사용되는 강철은 연강, 날은 특수강

② 전강 가위 : 전체가 특수강

(2) 사용 목적에 따른 분류

① 일반 가위 : 일반적으로 헤어커트에 사용되며 가위의 길이에 따라 4~7인치 정도로 구분된다.

② 틴닝 가위 : 틴닝 가위는 숱 가위라고도 불린다. 모발의 길이를 자르지 않고 모량을 조절하는데 사용한다.

③ 스트록 가위 : 스트록 커트 시 많이 사용되며 모발의 길이와 양을 동시에 표현한다.

④ 미니 가위 : 4~5.5인치 까지의 범위에 속하는 가위로 정밀한 블런트 커트 시술 시 사용한다.

(3) 가위 선택 시 주의점

① 협신(鋏身)으로 갈수록 날 끝이 약간 안쪽으로 자연스럽게 구부러진 것이 좋다.

② 양쪽 날의 견고함이 동일해야 좋은 날이라 할 수 있다.

③ 날이 얇고 허리가 강한 것이 좋은 날이라 할 수 있다.

④ 도금된 것은 강철의 질이 좋지 않으니 금하는 것이 좋다.

⑤ 시술자의 손에 편하고 조작하기 쉬워야 한다.

⑥ 잠금 나사가 뻑뻑하거나 느슨하지 않아야 한다.

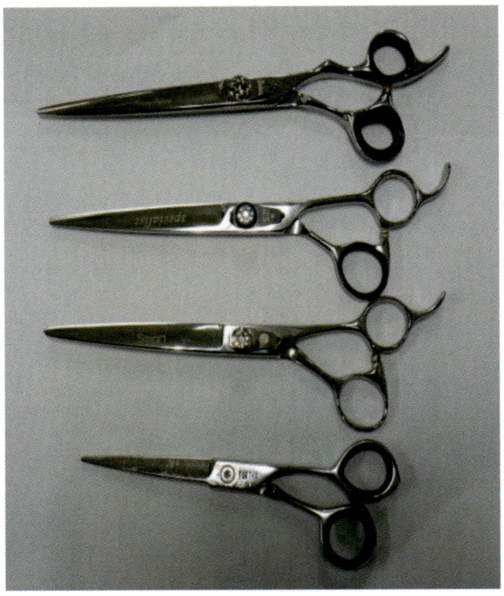

| 일반 가위의 종류 |

(4) 가위 잡는 방법

① 가위의 회전축(잠근 나사)이 위로 보이도록 하고 약지손가락의 중간 매듭과 검지 손가락의 첫 번째 매듭 사이에 사선으로 가위는 놓는다.

② 가위가 사선이므로 손목이 밖을 향해 45° 기울기로 비튼다.

③ 가위 끝이 좌측으로 오게 하고, 소지손가락 버팀대는 오른쪽 위로 향하게 한다.

④ 엄지손가락을 엄지환에 엄지손톱의 1/3을 넘지 않게 살짝 걸쳐 놓는다.

⑤ 소지손가락 끝부분을 얹고 곧게 펴준다.

⑥ 엄지손가락만을 사용해서 유동날을 움직여 커트한다.

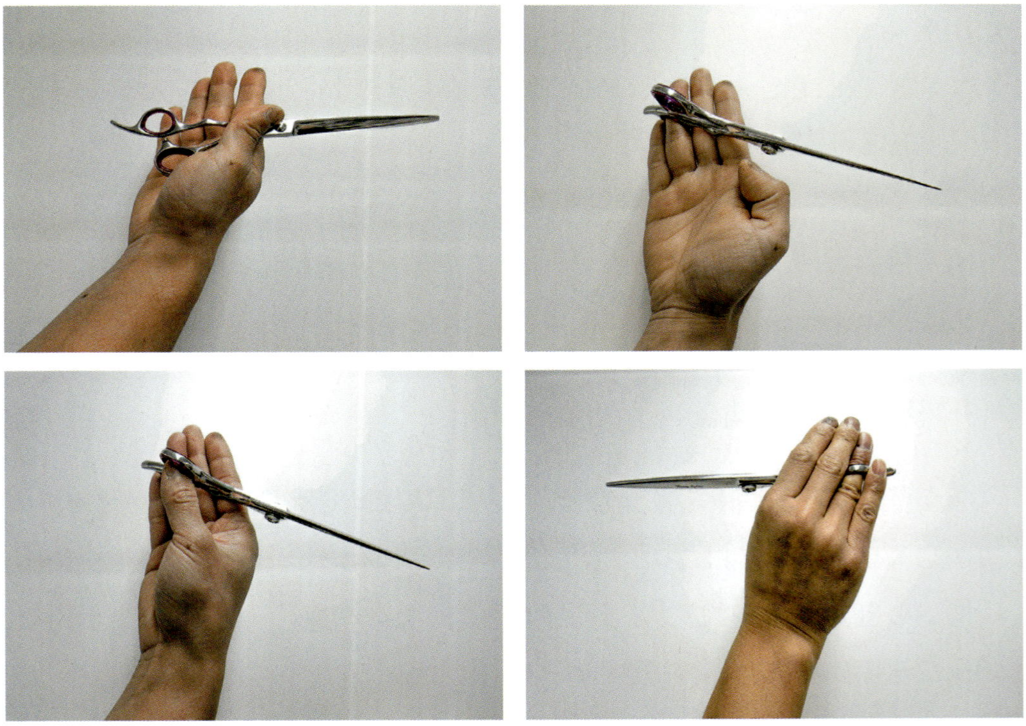

(5) 빗과 가위의 조작법

① 빗살 끝을 위로 하고 빗 등 아래에 가위의 고정날을 수평으로 놓는다.

② 오른손 엄지손가락만을 사용해서 가위의 유동날을 개폐한다.

③ 빗이 위쪽으로 진행되면서 가위는 빗을 따라 움직인다.

④ 가위와 빗은 평행을 유지한다.

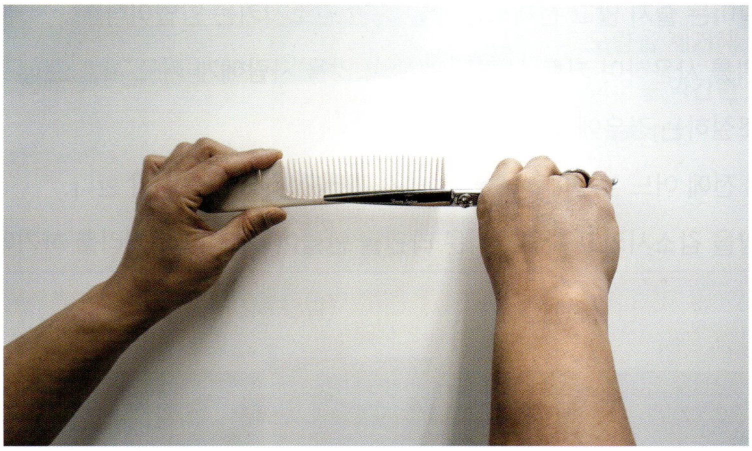

(6) 신문 용지로 연속 깎기 기법

가위의 고정날은 빗 등에 최대한 밀착시키고 빗 등에 나온 종이를 자른다.

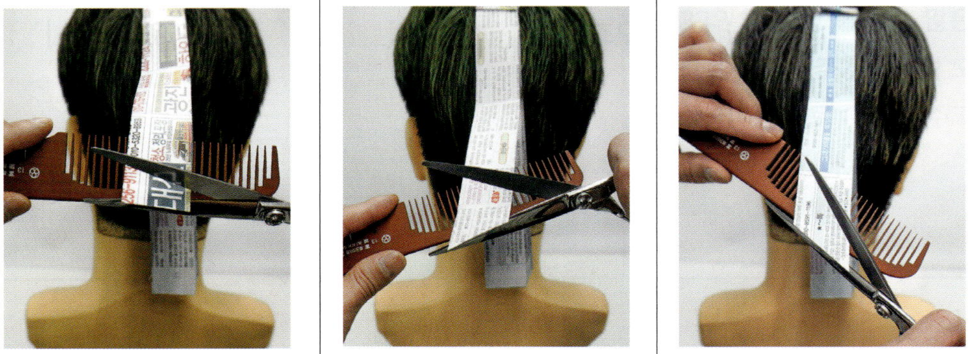

후두부, 두정부, 측두부에 연속 깎기 기법이 사용된다.	우측 후두부의 네이프 라인에 연속 깎기 기법이 사용된다.	좌측 후두부의 네이프 라인에 연속 깎기 기법이 사용된다.

(2) 틴닝 가위로 가로와 세로 패널 잡는 방법

① 양감을 균일하게 할 때 사용하며, 틴닝 가위를 단독 사용 시 라인에 자국이 남음으로 다른 테크닉과 조합하여 사용하면 좋다.

② 틴닝 가위를 개폐하면서 커트해 나가고, 한 번에 몇 번씩 같은 부분을 자르면 자국이 확실히 나므로 주의한다.

틴닝 가위로 패널 잡는 방법		특징
틴닝 가위를 가로로 넣을 때	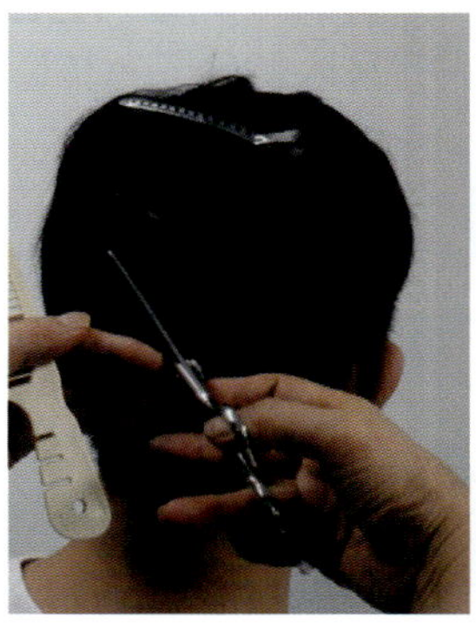 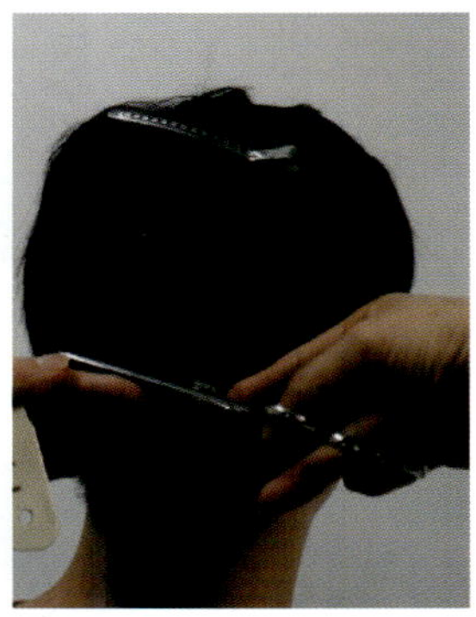	모량을 균일하게 감소하고 싶을 때 사용된다.
틴닝 가위를 세로로 넣을 때	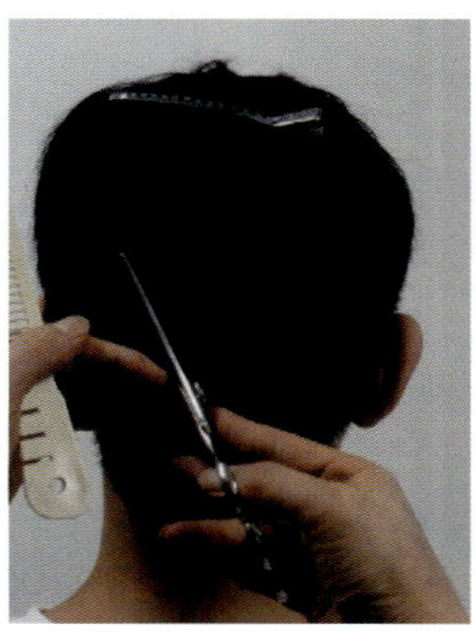 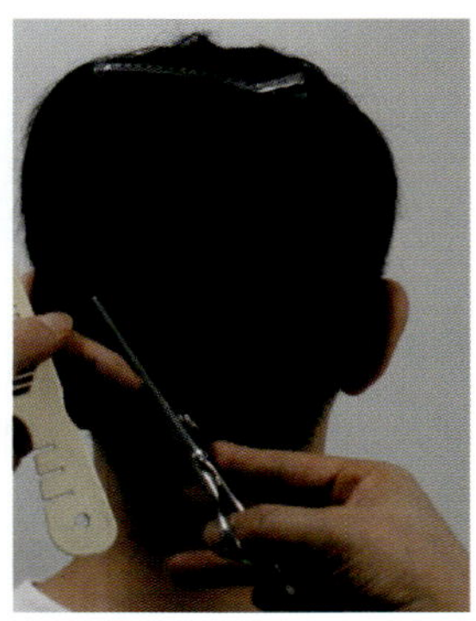	아우트라인과 잘 융합되게 하고자 할 때, 가위의 개폐 수에 따라 모량을 조절한다.

3. 빗(Comb)

1) 빗의 구조

① 빗살

빗의 가장 중요한 부분으로 고르고 균일된 것이어야 한다.

- 모발 길이가 긴 경우 : 빗살 간격이 넓고 빗살 길이가 긴 큰 빗을 사용한다.
- 모발 길이가 짧은 경우: 빗살 간격이 좁고 빗살 길이가 짧은 빗을 사용한다.

② 빗살 끝

두피에 직접 닿는 부분이며 모발을 두피로부터 끌어당겨 세우는 부분으로 끝이 너무 날카롭거나 둥글면 좋지 않다.

③ 빗 몸

빗 전체를 지탱해 주는 역할을 하며 너무 매끄럽거나 반질거리지 않으며 안정성이 좋아야 한다.

④ 빗 등

빗 등의 두께는 균일하고 전체가 삐뚫거나 구부러지지 않아야 한다.

⑤ 빗 머리

빗 머리의 가장자리는 모발이 걸리지 않고 손질하기 쉽도록 끝이 둥근 것이 좋다.

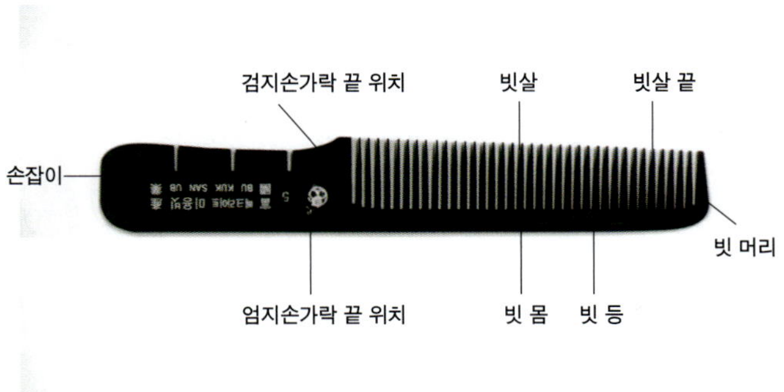

| 빗의 구조 |

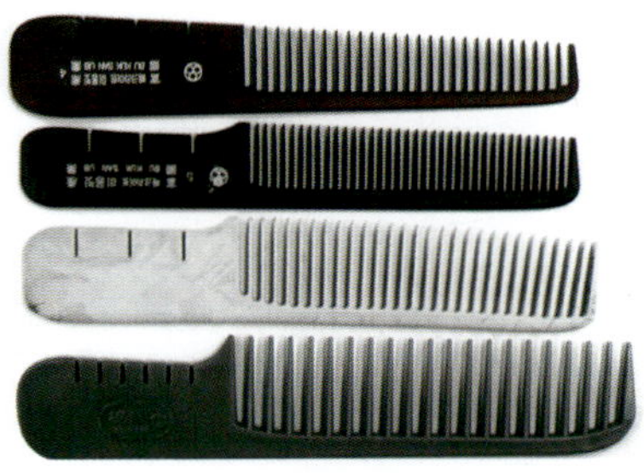

| 빗의 종류 |

2) 빗의 종류와 기능

구 분	내용	
빗(大)	모량이 많거나 곱슬머리와 엉키는 모발, 모발이 긴 머리에 주로 사용하며 거칠게 깎기와 떠올려 깎기에 적합하다.	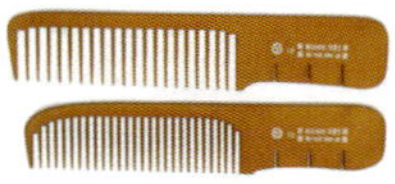
빗(中)	커트 시 가장 일반적으로 사용한다. 연속 깎기(싱글링)에 적합한 빗으로 스타일링과 정발 빗으로도 사용한다.	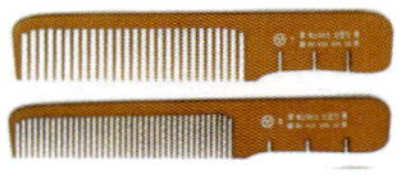
빗(小)	네이프와 이어라인의 짧은 부분과 정교하게 커트 시 사용하며 소밀 깎기에 주로 사용한다.	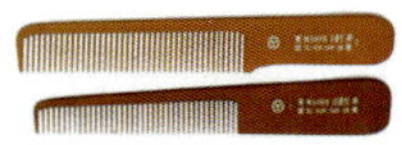

3) 싱글링 시술 시 빗 잡는 방법

① 빗살 끝부분을 위로 향하게 하고 왼손으로 잡는다.

② 약지와 소지손가락 사이에 빗을 올려놓는다. 엄지손가락을 이용하여 빗 등을 받쳐 준다. 검지손가락을 빗살 끝을 잡은 다음 활 모양으로 만든다.

③ 중지손가락 가운데 마디를 밑으로 살짝 접는다.

④ 약지와 소지손가락을 밑으로 향하게 한다.

⑤ 빗은 두상 방향으로 빗 등은 시술자 쪽으로 60° 정도 경사지게 한다.

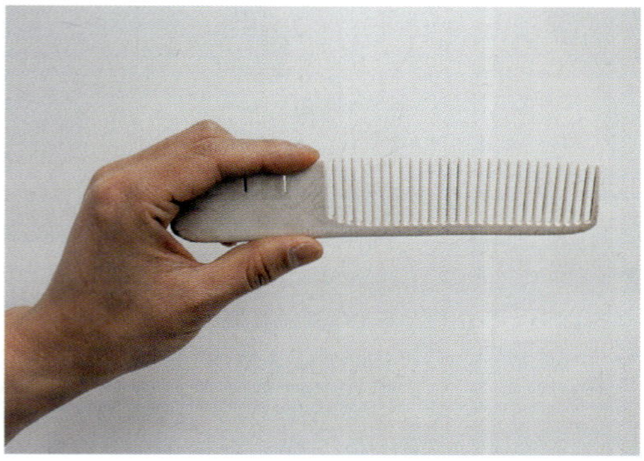

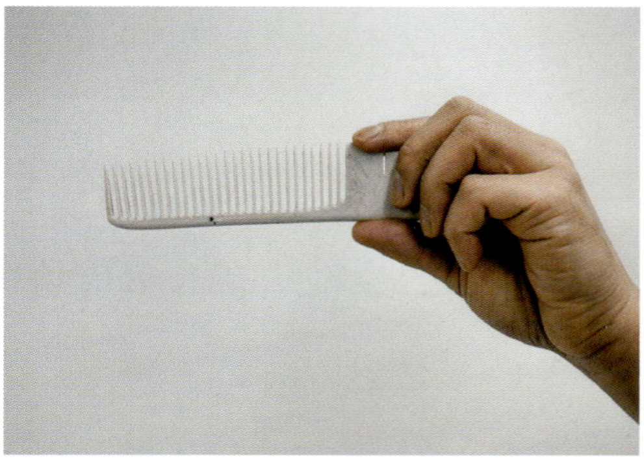

4) 모발 빗질 시 빗 잡는 방법

① 손바닥을 편 상태에서 네 손가락에 빗을 올려놓는다. 엄지손가락은 빗의 손잡이를 감싸고 빗살을 아래로 향하게 한다.

② 빗 등 위에 검지손가락을 얹고 아래로 향하게 한다.

③ 중지, 약지, 소지손가락을 밑으로 살짝 접는다.

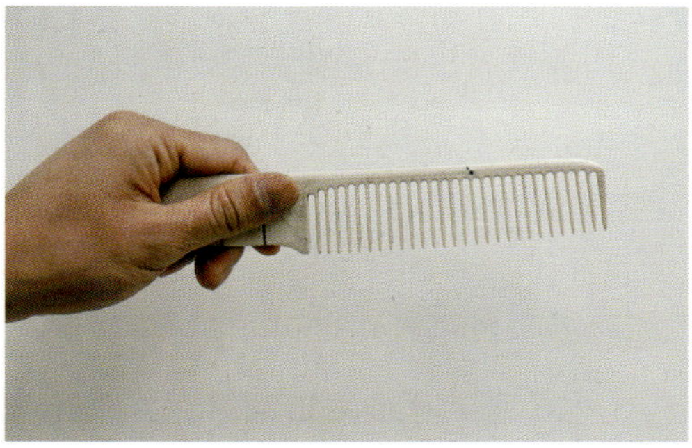

4. 레이저(Razor)

레이저는 모발을 자르기도 하지만 사용 목적에 따라 질감 커트를 동시에 할 수 있다. 가위로 표현할 수 없는 미세한 부분을 질감 처리하며 모선의 가벼움, 매끄러움, 율동감을 주며 여성스러운 아름다움을 연출하기도 한다.

1) 레이저의 구조 및 종류

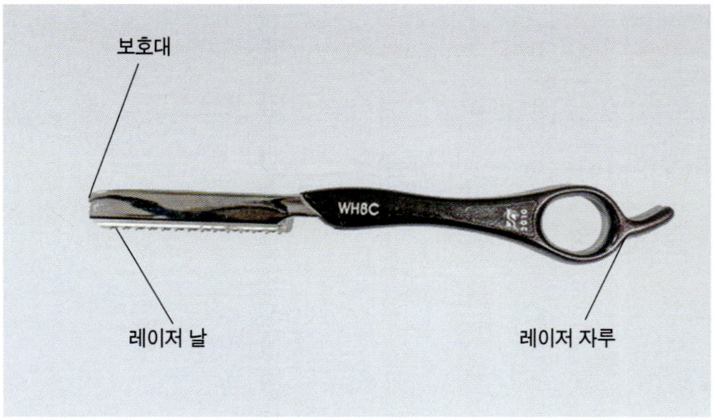

| 레이저의 구조 |

| 레이저의 종류 |

(1) 레이저의 종류

① 일반 레이저(Ordinary Razor)

- 일반적인 레이저의 유형
- 시간상 능률적인 작업에 좋지만 너무 자를 수 있는 위험성이 커서 숙련자에게 적당하다.

② 세이핑 레이저(Shaping Razor)

- 일반 날 또는 양면 날의 유형
- 톱니식으로 되어 있어 안전성이 높으며 초보자에게 적합하다.
- 시술 시 시간이 오래 걸려 비능률적이다.

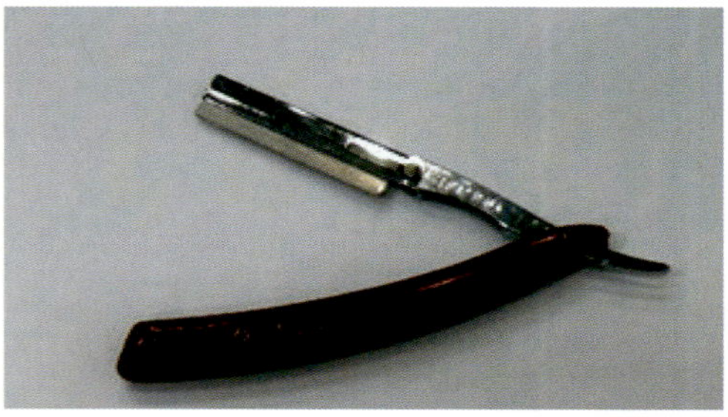

| 일반 레이저 |

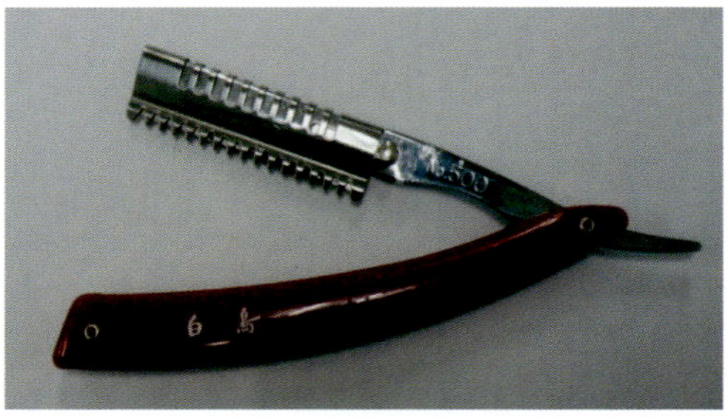

| 세이핑 레이저 |

2) 레이저의 특징 및 커트 방법

(1) 특징

① 레이저를 사용하여 모발에 테이퍼링 할 경우 모발 끝에 생동감과 부드러움을 줄 수 있다.

② 모발 끝이 가늘고 부드럽게 약간 확장된 형태 선 만든다.

③ 전체 커트나 질감 처리 시 모두 사용이 가능하다.

(2) 레이저 커트의 방법

① 웨트 커트(Wet Cut)로써 물기는 전체적으로 균등하게 분무한 다음 시술한다.

② 수분이 고르게 분무되지 않을 때는 머리카락이 당겨져서 아픔을 준다. 마른 모발을 레이저로 커트 시 모발의 손상을 줄 수 있다.

③ 모발의 테이퍼 함에 따라 모발의 겹침에 변화가 생겨 새의 깃털처럼 부드럽고 가벼운 질감을 가진다.

④ 레이저를 이용하여 모발을 자르는 것을 테이퍼링(Tapering)이라고 한다.

⑤ 날과 스트랜드의 각도는 예각이 되도록 한다.

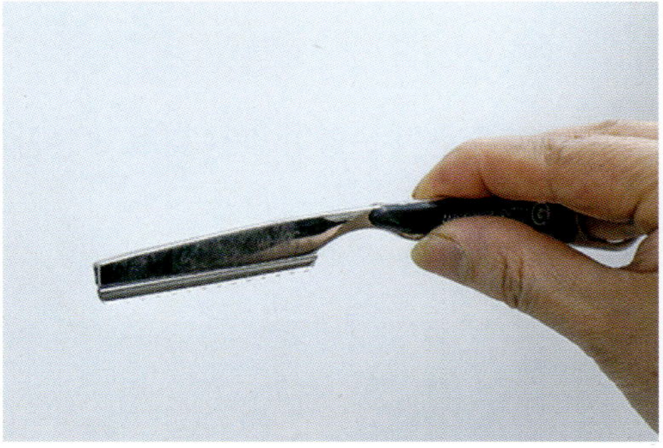

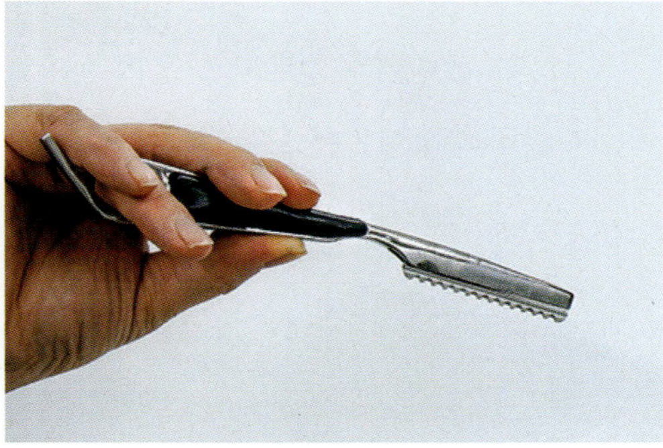

| 커트할 경우 |

| 테이퍼링 커트할 경우 |

| 모량을 정리할 경우 |

5. 클리퍼(Clipper)

클리퍼는 코터의 동력에 의해 이동날이 좌우로 빠르게 이동함에 따라서 모발을 절단하는 도구로, 1871년 프랑스의 바리캉(Barican)에 의해 발명되어 보통 바리캉이라고 부른다. 우리나라는 1910년에 일본으로부터 수입하여 보급되었다.

1) 클리퍼의 구조 및 종류

(1) 클리퍼의 구조

① 윗날(이동날, Moving Blade): 좌우로 움직여서 밑날과 함께 모발을 절단하는 작용을 한다.

② 밑날(고정날, Fixed Blade): 윗날과 함께 모발을 자르는 역할 및 모발을 같은 길이로 간추리는 빗의 작용을 한다.

③ 몸체(핸들, Body): 클리퍼는 몸체에는 전원 스위치가 있으며, 날을 조정하는 스위치가 있는 클리퍼도 있다.

④ 클리퍼의 날판은 모두 형태가 비슷하지만 자루와 손잡이 모양이 각각 다르고 날판의 부피에 따라 5리기와 1분기, 2분기, 3분기 등으로 구분된다.

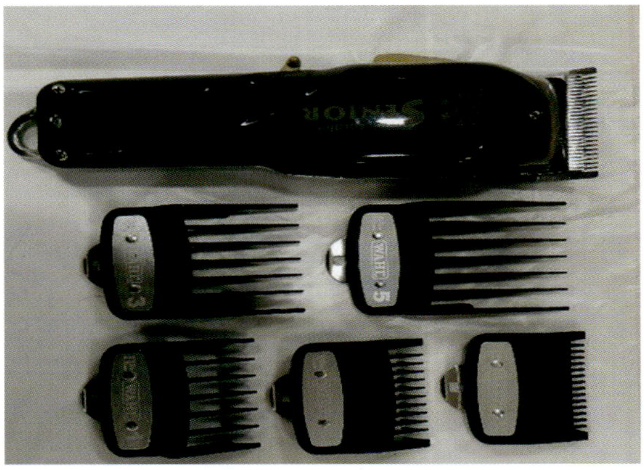

| 클리퍼의 구조 |

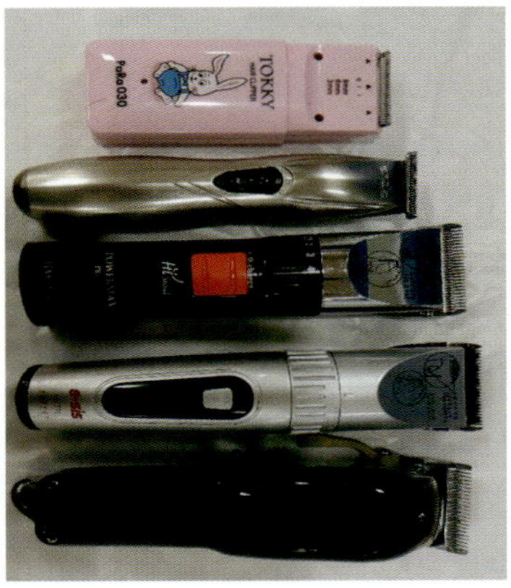

| 클리퍼의 종류 |

구 분	특 징
5리기	• 날판이 가장 얇은 것으로서 모발 길이를 1mm 정도만 남기고 잘린다.
1분기	• 커트 시 사용되며 모발 길이를 2mm 정도 남기고 잘린다.
2・3분기	• 브로스(스포츠) 커트 시 모발 길이를 3~12mm 정도 남기고 싶을 때 사용한다.

| 클리퍼 밑날의 두께 |

(2) 클리퍼의 종류

① 수동식 클리퍼

주로 이발소에서 많이 사용되며 수염과 짧은 남성 커트, 네이프 부분의 모발을 짧게 싱글링 할 때 사용된다.

② 전동식 클리퍼

남성, 여성 커트 모두 사용되며 눈썹 정리 정돈 시 사용된다.

2) 클리퍼의 관리와 시술 시 잡는 방법

(1) 클리퍼의 선정과 관리

① 헤어 클리퍼를 선정할 때에는 디자이너의 체형과 손에 맞고 섬세한 작업을 할 때 안정감을 줄 수 있도록 클리퍼의 무게도 고려하여야 한다.

② 너무 무거우면 장시간 작업 시 피로감을 줄 수 있고, 너무 가벼울 경우 착용감이 떨어져 손의 떨림 현상이 발생할 수 있다.

③ 클리퍼는 전기를 이용하여 커트하는 전자 제품으로 사용 전 충분히 충전한다. 커트할 때는 충전기와 분리하여 사용한다.

④ 클리퍼의 종류에 따라 두상에 남겨지는 머리카락의 길이와 조절 방법이 상이할 수 있으므로 클리퍼 사용법을 숙지하여 사용한다.

⑤ 클리퍼의 관리는 작업 후 날을 본체와 분리하여 기계 안으로 들어간 모발을 전용 솔로 제거하고 날에 클리퍼용 또는 미용 가위용 오일을 충분히 발라 주어 보관한다.

(2) 클리퍼 잡는 기법

① 한 손 기법

- 조금 올릴 때 사용한다.
- 엄지손가락은 클리퍼 위에 얹는다.
- 검지손가락은 클리퍼 뒷날 선에 놓고 중지와 약지, 소지 손가락은 뒷면에 자연스럽게 얹는다.

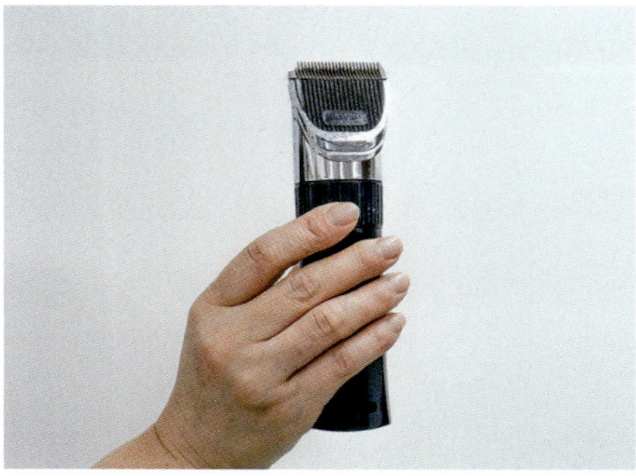

② 양손 기법

- 클리퍼 시술 시 가장 많이 사용한다.
- 양손 엄지손가락은 클리퍼 위에 검지손가락은 클리퍼 옆에 놓는다.
- 남은 손가락은 클리퍼 밑부분을 잡는다.

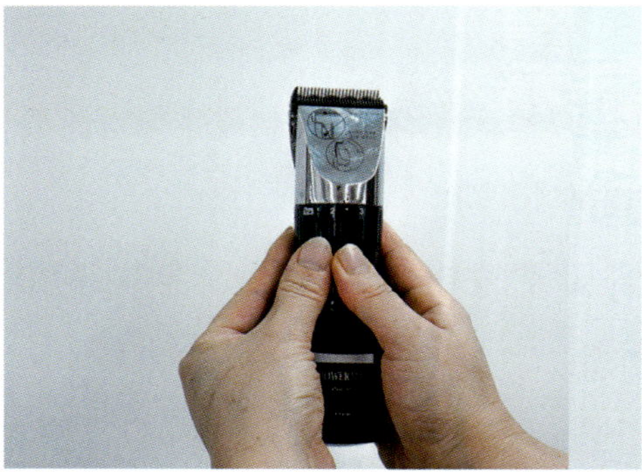

③ 펜슬 기법

- 크라운과 톱 부분에 주로 사용한다.
- 펜을 잡듯이 팔목의 스냅을 이용해서 커트한다.

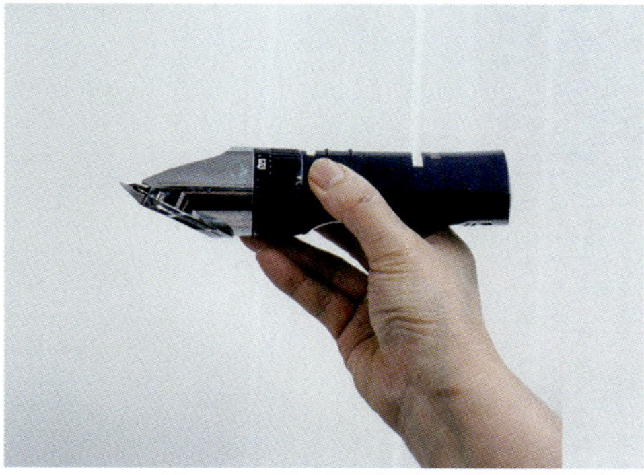

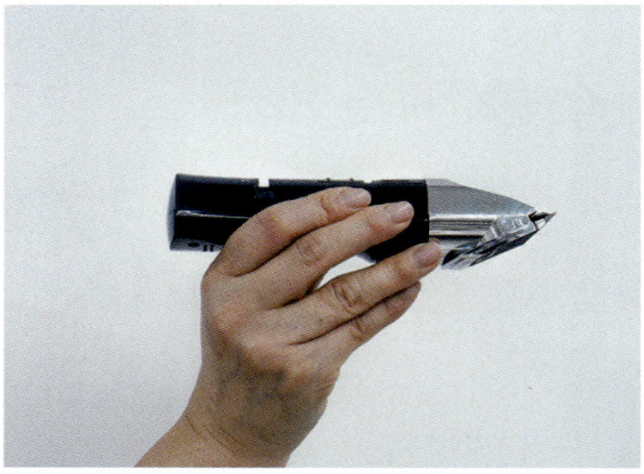

3) 클리퍼 시술 시 빗 잡는 방법과 커트 시술 방법

(1) 클리퍼 시술 시 빗 잡는 방법

① 클리퍼 사용할 때의 빗 잡는 방법 1

- 빗살 끝부분을 위로 향하게 하고 왼손으로 잡는다.
- 약지와 소지 손가락 사이에 빗을 올려놓는다.
- 엄지손가락으로 빗등을 받치고, 검지로 빗살 끝을 잡은 다음 활 모양으로 만든다.
- 나머지 세 손가락으로 빗을 가볍게 오므려 쥔다.

| 클리퍼 사용할 때의 빗 잡는 방법 1 |

② 클리퍼 사용할 때의 빗 잡는 방법 2

- 빗살 끝부분을 위로 향하게 하고 왼손으로 잡은 다음 엄지와 검지손가락으로 활 모양으로 빗을 잡는다.
- 엄지손가락으로 빗등을 밀거나 당겨서 빗을 반 회전시킨다.
- 빗 등 위에 검지손가락을 얹고 빗살이 아래로 향하게 한다.
- 중지, 약지, 소지 손가락을 밑으로 살짝 접는다.

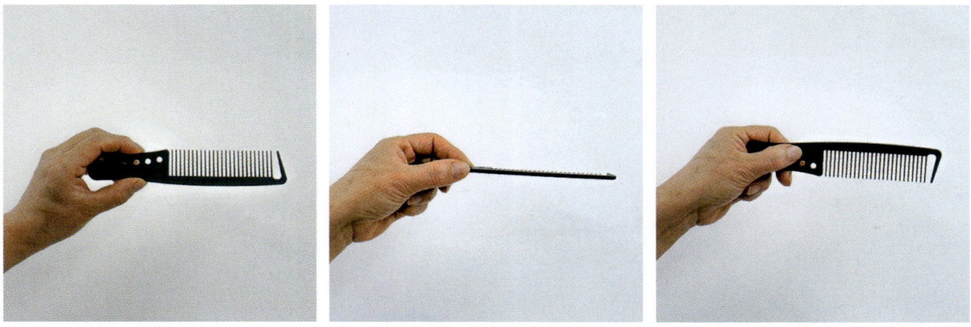

| 클리퍼 사용할 때의 빗 잡는 방법 2 |

(2) 클리퍼와 빗 사용 시 커트 시술 방법

클리퍼를 사용하여 커트를 시술할 경우 빗살에 클리퍼를 밀착시키듯 스치며 빗을 잡은 손 쪽으로 미끄러지듯 이동하며 빗살 위로 튀어나온 모발을 자른다. 시술 시 커트 빗을 잡은 손에 의해 시술 각도나 모발 길이를 조절할 수 있다.

① 빗은 자 역할을, 클리퍼는 자를 댄 모발을 정확히 자른다.
② 빗, 시술각과 클리퍼의 각도는 동일하게 한다.
③ 빗을 정확히 대기 위해 손가락은 지지대 역할을 한다.

| 커트 시술 방법 1 |

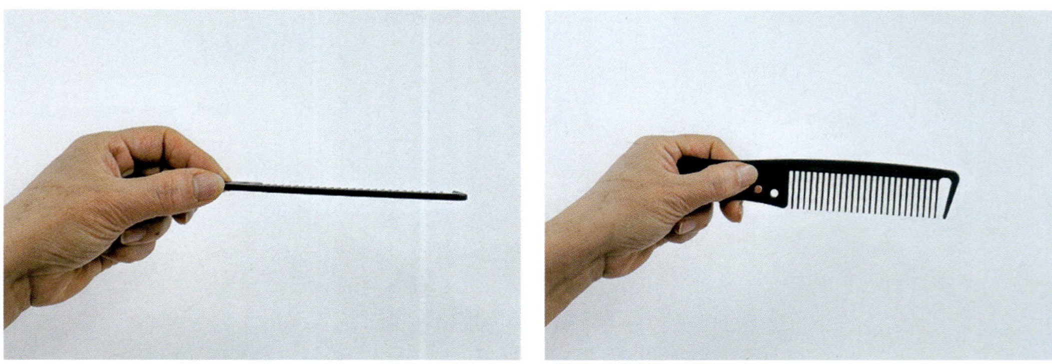

| 커트 시술 방법 2 |

04 이용 전문 용어 및 테크닉

1. 이용 전문 용어

① 발제선: 얼굴과 두피의 경계 부분인 헤어라인

② 분발선: 가르마

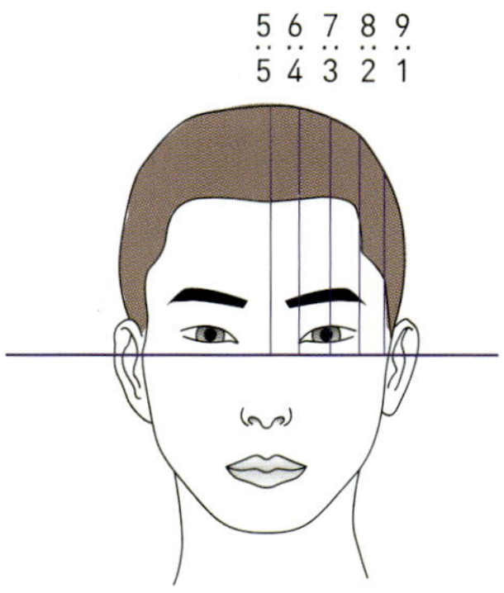

- 5 : 5 - 앞면의 정중선을 기준
- 6 : 4 - 눈의 안쪽 각을 기준
- 7 : 3 - 눈동자 중심을 기준
- 8 : 2 - 좌측 눈꼬리 기준
- 9 : 1- 좌측 눈꼬리와 귀 사이

③ 구레나룻: 귀밑머리

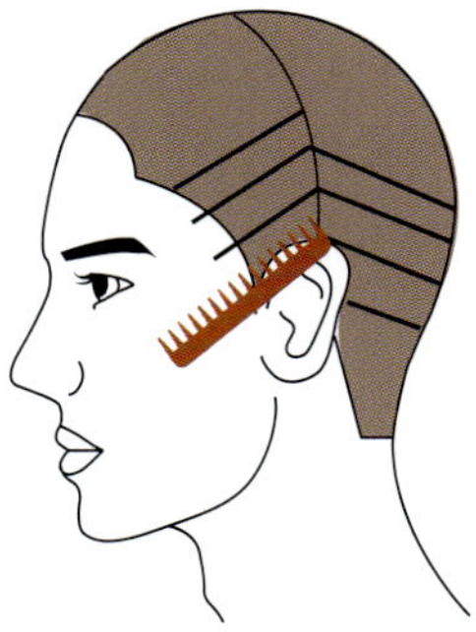

<슬라이스>

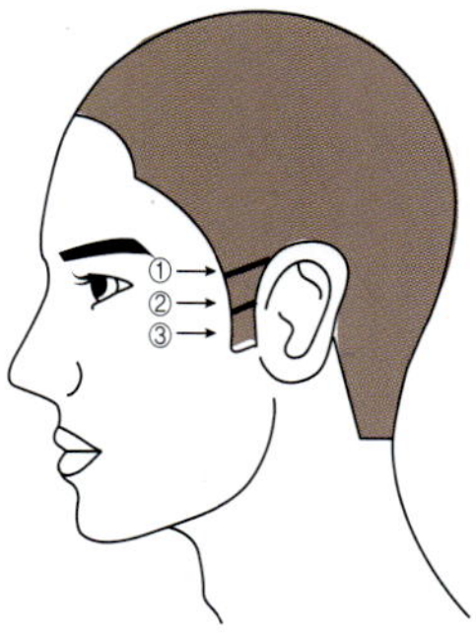

<구레나룻 모양>

①번은 스포츠형 스타일
②번은 표준형
③번은 중장발형

④ 조발(이발): 헤어커트

고객의 모발을 대상으로 자르거나 깎고 다듬는 기술이다.

⑤ 접합부: 바리캉 라인(클리퍼 라인) 모발의 짧은 부분과 긴 모발의 경계선 일반적으로 클리퍼로 올려 깎기 하는 부분이다.

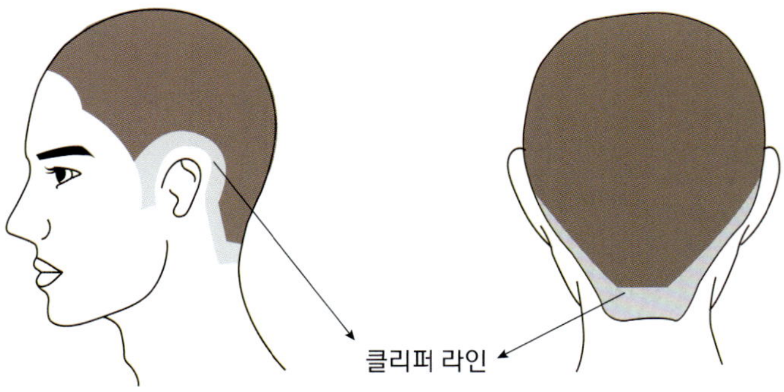

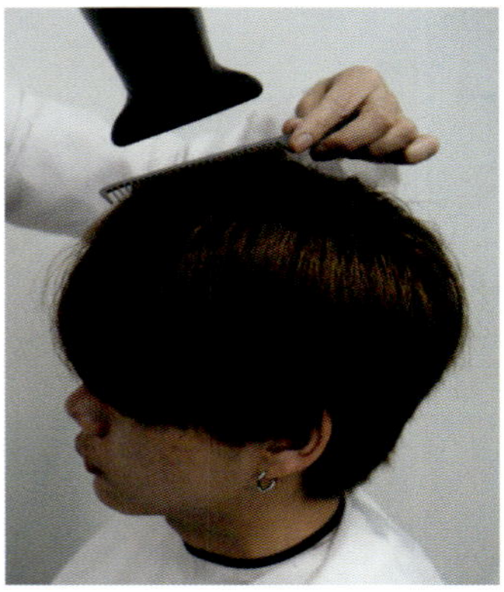

⑥ 정발술: 모발을 말리거나 드라이기를 사용하여 각을 세워 입체적인 모양을 만드는 것이다.

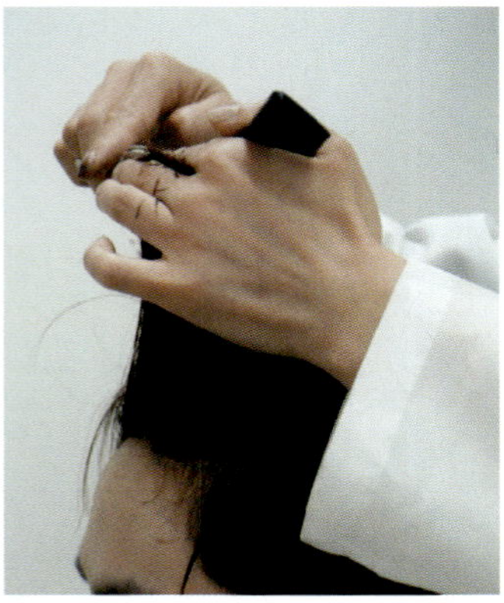

⑦ 지간 깎기: 모발을 왼손 검지와 중지 손가락 사이에 끼워 일정하게 커트하는 기법이다.

⑧ 돌려 깎기: 빗을 시계방향 또는 시계반대방향으로 돌려가며 커트하는 기법으로 주로 귀 주변과 후두부에서 많이 사용된다.

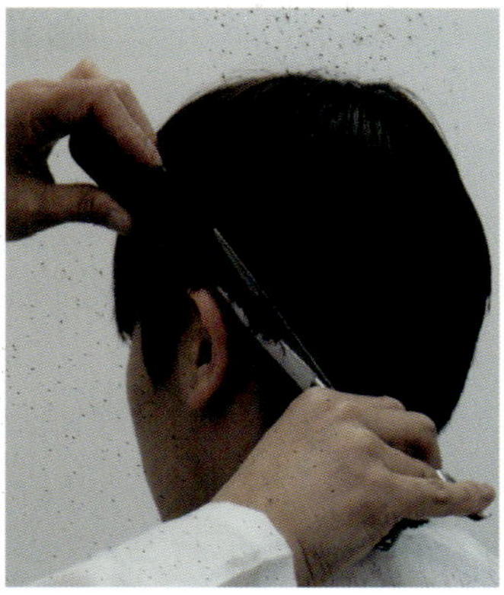

⑨ 연속 깎기(싱글링): 커트할 모발을 빗살에 끼워지도록 한 후 빗과 가위가 평행하게 이동시키면서 연속적으로 깎는 기법이다.

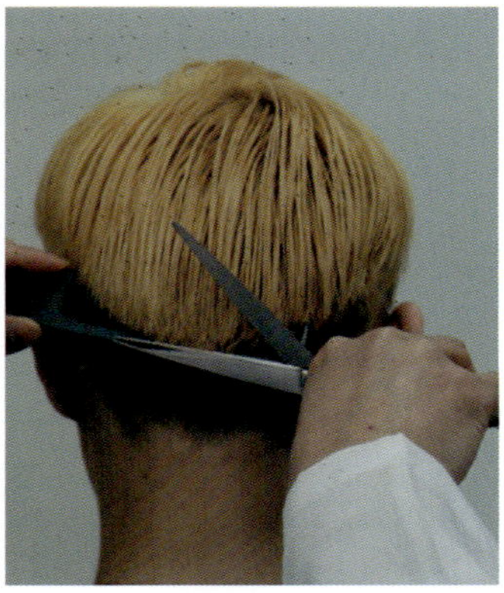

⑩ 세워 깎기(옆 가위질, 직협): 커트의 완성 단계에서 빗을 사용하지 않고 모발 표면에 파우더를 바르고 요철이 있는 부위를 수정하는 커트 기법으로 밀어 깎기와 당겨 깎기가 있다. 접합부의 수정에 사용한다.

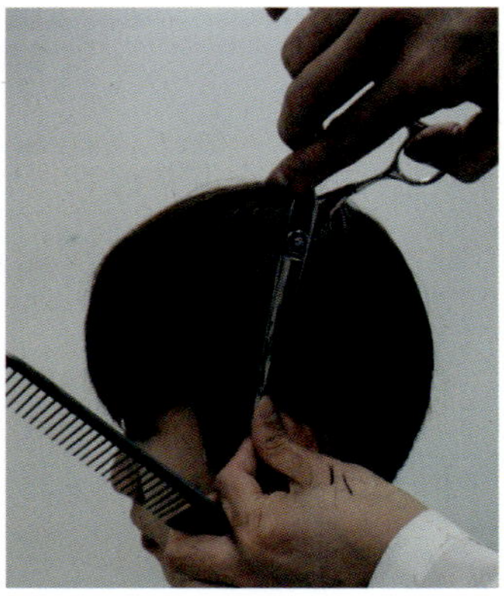

⑪ 밀어 깎기: 왼손 엄지손가락 지문 위를 가위 끝에 고정시키고 중지, 소지, 약지손가락을 목 부분에 지지대로 움직이지 않고 가위 끝이 밀려가는 힘으로 모발 길이를 미세하게 제거하는 방법이다. 빗살 끝을 두피에 붙여 밀어 쓰러지지 않게 커트한다.

⑫ 당겨 깎기: 왼손 중지, 검지 손가락 지문 부위를 가위 끝에 고정시키고 가위 끝을 당기면서 모발을 깎는 기법으로 왼쪽에서 오른쪽 방향으로 진행한다.

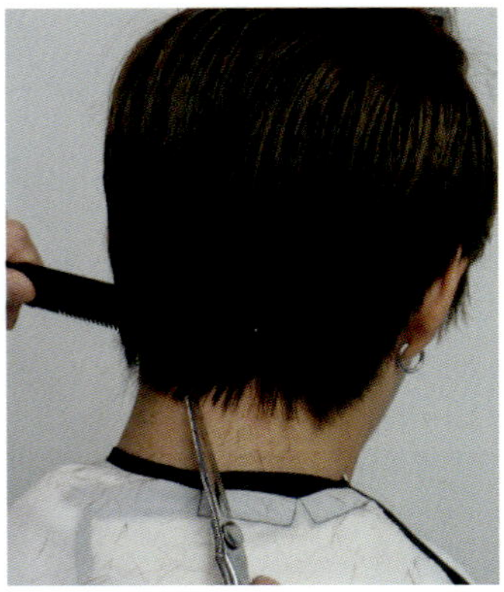

⑬ 솎음 깎기(찔러 깎기): 솎음질이라고 하며 모량을 조절하거나 뭉쳐 있는 모발을 솎아내거나 제거하는 기법이다.

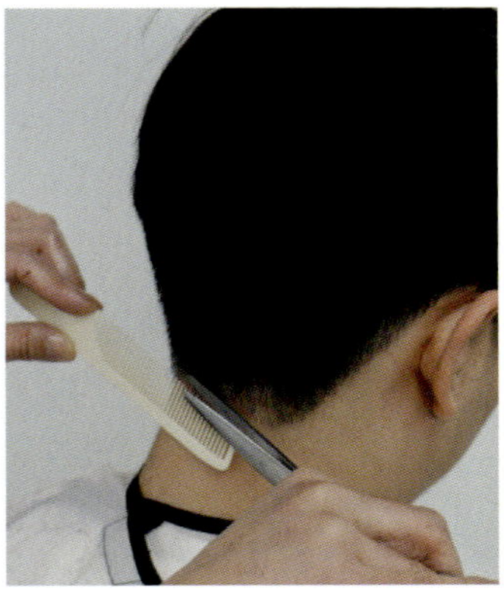

⑭ 소밀 깎기: 커트 시술 마지막 단계에서 네이프 부분을 세심하고 정밀하게 체크하는 커트 기법이다.

⑮ 떠올려 깎기(떠내 깎기): 빗살을 이용하여 모발을 떠올려 일으켜서 빗살 사이에 나온 긴 모발을 커트하는 기법이다.

2. 남성헤어 커트의 기본 테크닉

커트의 절차에 따라 시술 과정을 결정한 후 커트할 도구와 그 도구에 따른 테크닉을 정하게 된다.

1) 커트 기법 용어

(1) 블런트 커트(Blunt Cut)

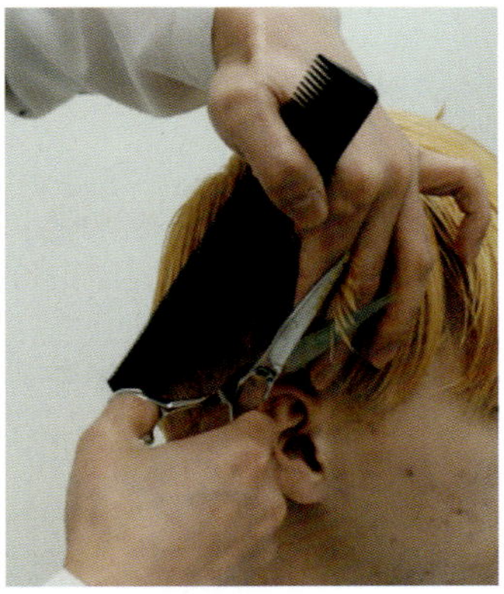

모발 끝이 뭉툭하고 직선으로 커트하는 기법이다. 블런트 커트는 모발 손상이 적으며 길이는 제거되지만 부피는 그대로 유지되고 무게감이 모발 끝에 그대로 남아 있다.

(2) 나칭(Notching)

머리끝으로부터 가위를 45° 정도로 비스듬하게 세워 모발 끝을 톱니 모양으로 지그재그로 커트하는 기법이다. 커트 후 모발의 불규칙한 디자인 선을 만들어 무게감이 제거된 가벼운 형태 선을 만든다. 블런트 커트보다 탁탁한 느낌을 다소 감소시킬 수 있으며, 웨이브 모발에 이상적이다. 포인트(Point) 테크닉이라고도 한다.

(3) 슬라이드 커트(Slide Cut)

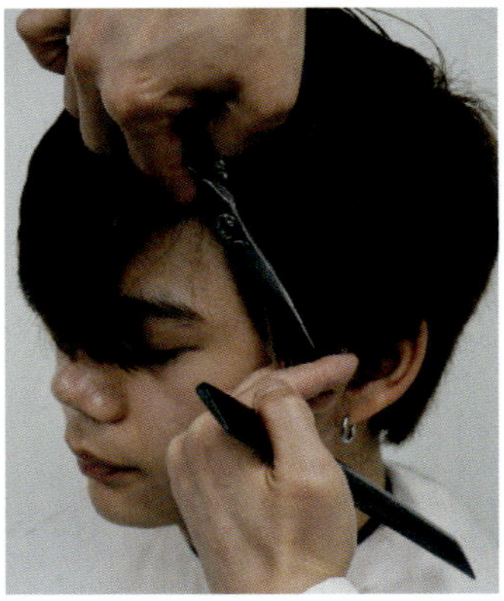

모발 끝을 향해 가위가 미끄러지듯 커트하는 기법으로 자연스러움과 가벼움을 표현하기 위해 부드럽게 연결하는 동작을 말한다. 가위를 벌려 짧은 길이에서 긴 길이를 연결할 때 사용된다.

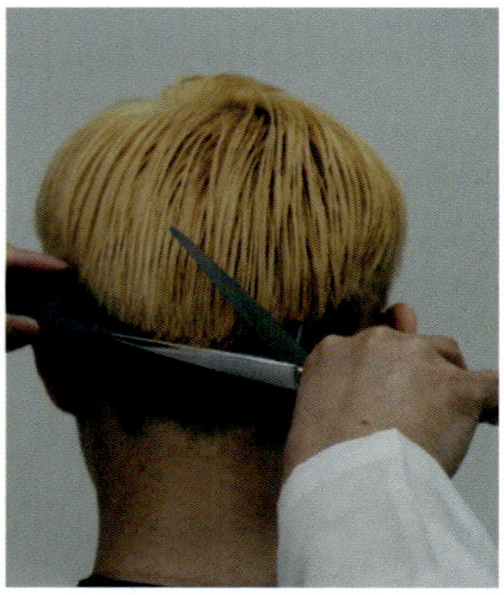

(4) 싱글링(Shingling)

모발이 짧아서 손으로 잡기 힘들 때 주로 사용하는 방법으로 네이프에서 시작하여 빗을 모발에 대고 위로 이동하면서 가위를 개폐한다.

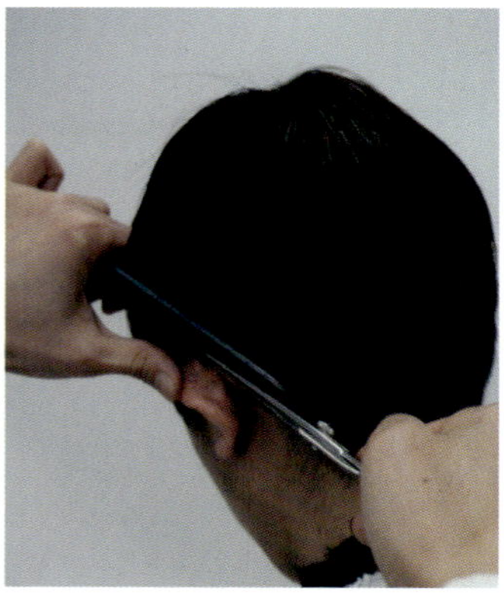

(5) 콤 컨트롤(Comb Control)

헤어커트 시 모발에 손을 대지 않고 빗만 이용하여 커트하는 기법으로 모발 길이를 커트할 때 텐션을 최소화하기 위해 빗을 사용한다.

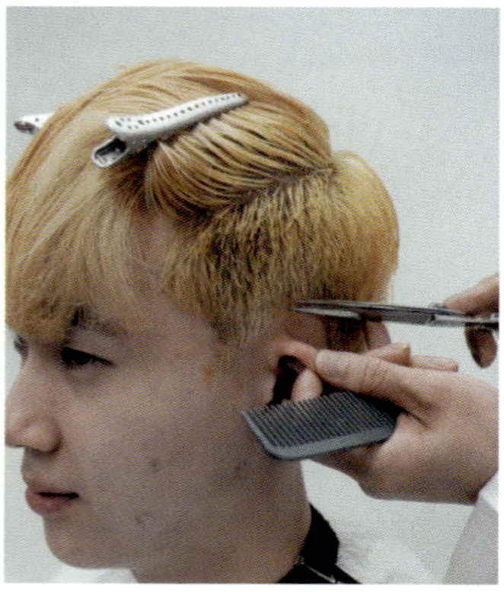

(6) 프리 핸즈 커트(Free Hands Cut) – 감각 커팅

손가락이나 다른 어떤 도구를 사용하지 않고 자유롭게 행하는 커트 방법이다. 텐션을 가하지 않는 상태에서 시술되며 모류의 방향성을 최대한 살려 느낌만으로 시술한다.

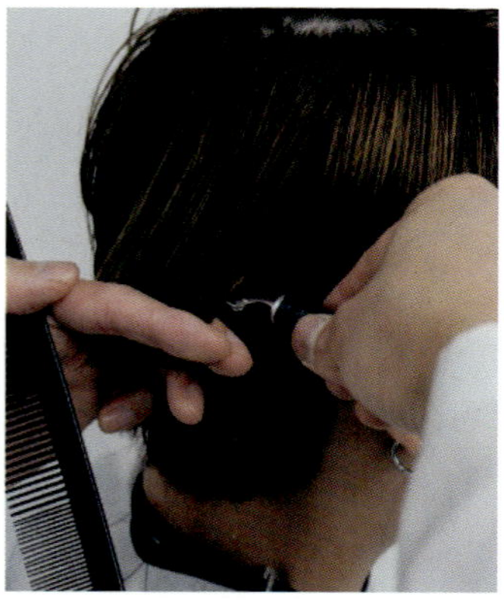

(7) 레이저 아킹(Razor Arching)

모발의 안쪽에 레이저 날을 갖다 대고 반원형을 그리듯 커트하는 기법이다. 커트 후 안말음 효과가 있다. 레이저 날의 위치는 커트하고자 하는 모발 아래에 두고 45° 기울기로 시술한다.

(8) 레이저 에칭(Razor Etching)

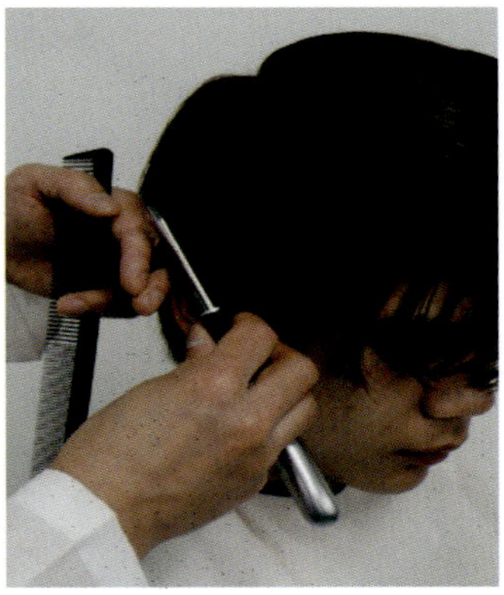

모발의 길이와 무게감을 줄이면서 모발을 커트하기 위해 모발의 표면을 커트하는 방법으로 날의 위치는 모발의 위에 위치한다. 스트로크의 길이가 모발 끝의 페이퍼하는 양을 결정하며 커트 후 겉말음 효과가 있다.

(9) 필링(Peeling)

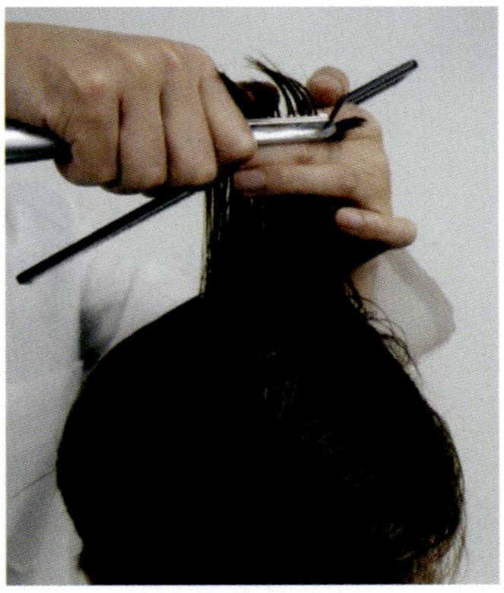

부드럽고 불규칙적인 모발 끝 질감을 만드는 테크닉으로 모발을 레이저의 날과 엄지손가락 사이에 잡고 빠르게 모발을 커트하는 기법이다.

2) 질감 처리 기법 용어

(1) 포인팅(Pointing)

모발 끝에서 스트랜드를 잡고 손가락 쪽으로 가위를 세로로 나칭보다 더 깊게 넣어 커트하는 기법이다. 질감은 가위가 들어 가는 깊이와 횟수에 따라 달라진다. 드라이가 끝난 다음 마무리 기법에서 주로 사용한다.

(2) 슬라이싱(Slicing)

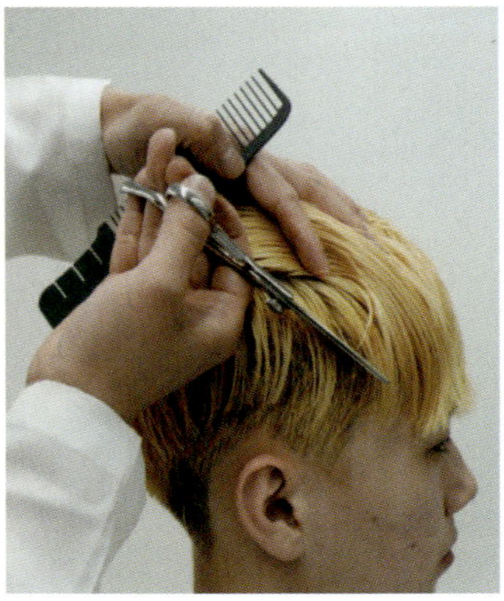

모발 표면에 따라 가위를 개폐하고 미끄러지듯 커트하는 방법으로 가위의 벌린 정도에 따라 질감을 표현하고 정리할 때 사용된다. 불규칙한 움직임이나 가벼운 이미지를 나타내고 싶을 경우 사용된다. 웨이브 머리에는 운동감과 확장감을 준다.

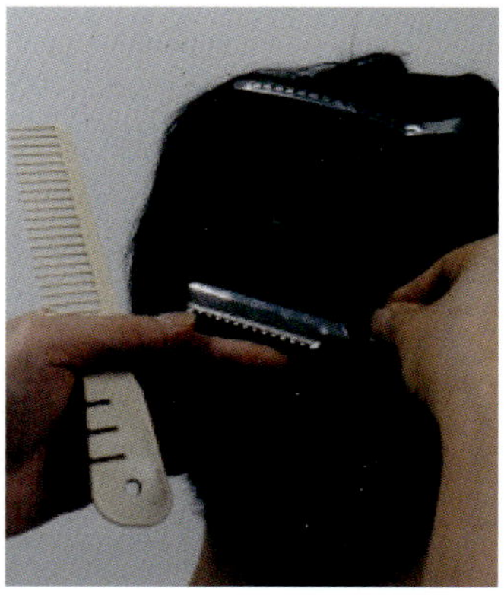

(3) 겉말음 기법(Bevel Up)

스트랜드 바깥쪽 부분을 레이저를 이용하여 질감을 주는 방법으로써 에칭 기법을 한층 더 효과 있게 표현하고자 할 때 사용된다. 레이저 날을 모발 표면에 놓고 곡선을 그리듯이 움직여 준다. 시술각이나 압력은 원하는 겉말음의 양에 의해 결정되며 조절 가능하다. (겉말음의 효과)

(4) 안말음 기법(Bevel Under)

스트랜드 안쪽 부분을 레이저를 이용하여 질감을 주는 방법으로써 아킹을 한층 더 효과 있게 표현하고자 할 때 사용된다. 레이저 날의 모발 뒷면에 놓고 곡선을 그리듯 움직여 준다. 테이퍼 되는 숱의 양을 볼 수 있기 때문에 원하는 만큼의 질감 처리를 할 수 있으며 모발의 끝이 안쪽으로 잘 말려 들어가게 하는 기법으로 사용된다. (안말음의 효과)

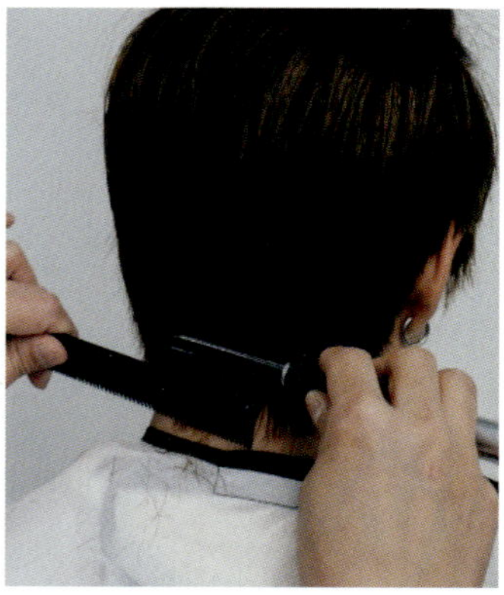

(5) 레이저 회전 기법(Razer Rotation)

무게감을 줄이고 레어저와 빗을 이용하여 부분을 연결하거나 두상의 윤곽에 따라 모발을 밀착시킬 때 사용된다. 레이저와 빗을 사용하여 두상에 밀착시켜 회전한다.

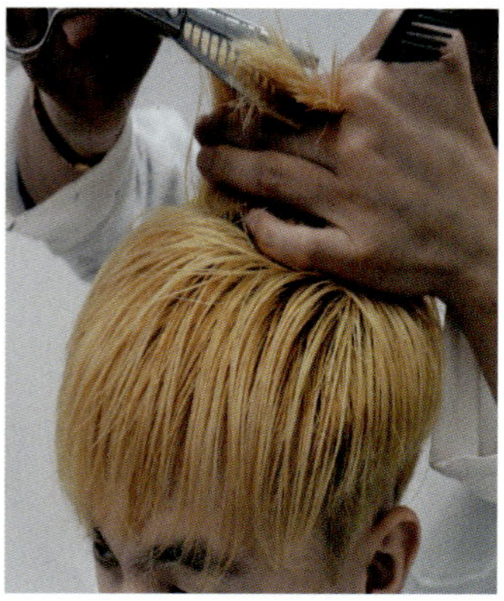

(6) 틴닝(Thinning)

모발의 길이는 줄이지 않고 전체적인 모량에 대해 부피를 줄이고 생동감을 만들거나 짧은 모발에 질감을 주기 위해 사용된다. 시술하기 전에 어느 부분에 시술할 건지 미리 정하고 사용해야 한다.

(7) 테이퍼링(Tapering)

테이퍼링은 끝을 가늘게 한다는 뜻으로 모발 끝으로 갈수록 점차적으로 붓처럼 가늘고 자연스럽게 모발의 양을 조절하기 위해 머릿결의 흐름을 불규칙으로 커트하는 과정을 말한다.

① 엔드 테이퍼링(End Tapering)

스트랜드 1/3 이내의 모발 끝을 테이퍼하는 방식이다. 보통 모발의 숱이 적거나 스타일의 선을 부드럽게 보이기 원할 경우 행해진다.

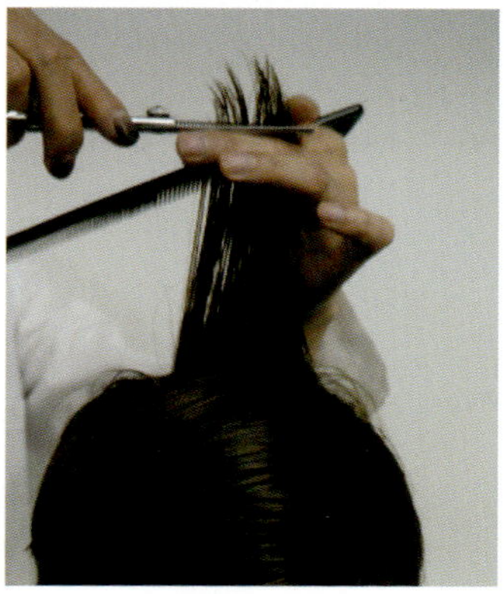

② 노멀 테이퍼링(Normal Tapering)

스트랜드 1/2 이내의 모발 끝을 테이퍼하는 방식이다. 보통 모발 숱이 보통일 때 행해진다.

③ 딥 테이퍼링(Deep Tapering)

스트랜드 2/3 이내의 모발 끝을 테이퍼하는 방식이다. 모발 숱이 지나치게 많을 경우 모발의 양을 적게 보이기 위해 행해진다.

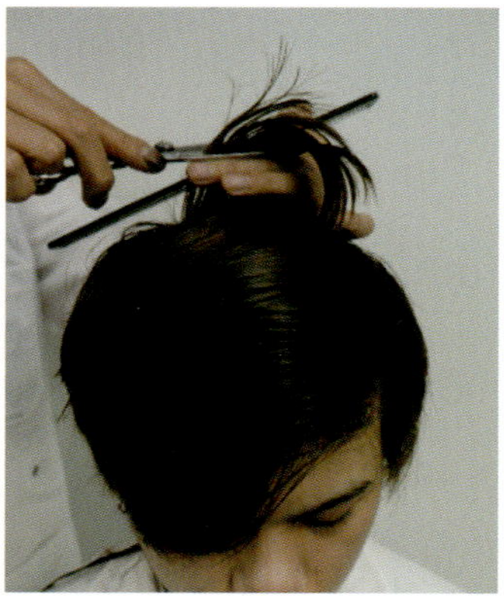

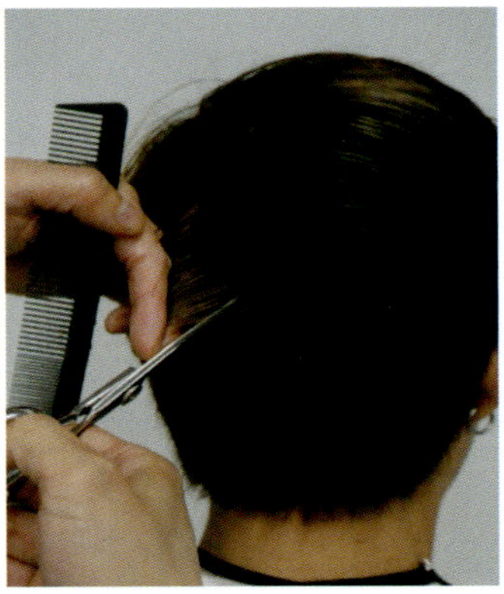

(8) 스트록 커트(Stroke Cut)

가위를 사용하여 마른 모발에 테이퍼링하는 기법이다. 손가락으로 모발의 패널을 잡고 가위가 비스듬하게 모발 끝에서 두피 쪽으로 들어가면서 반복해서 밀어쳐서 모량을 줄이는 기법으로 모발 끝의 움직임과 가벼움, 부드러운 라인을 만드는 목적으로 사용된다.

05 트렌드 남성헤어 스타일 분석

1. 트렌드 남성헤어 스타일의 종류

헤어스타일은 신체의 전체의 크기에 비교하면 작은 부분에 해당되지만, 상대방에게 첫인상이 각인되면 회복하는 시간이 오래 걸리기 때문이다. 따라서 헤어스타일의 변화로 전체적인 인상에 크게 좌우 할 수 있다.

1) 인디 스타일(Indie Hair Style)

인디는 독립된의 뜻으로 앞머리가 둥글고 짧다. 짧은 인디풍의 언밸런스 스타일의 커트로 앞머리와 옆머리를 3, 6, 9, 12mm 등으로 극단적으로 짧게 잘라 주고 톱이나 가르마 부분으로 올라갈수록 점점 길어지게 잘라 주는 것이 포인트이다. 너무 짧게 자르지 않고 어중간하게 할 경우 모히칸 느낌이 날 수 있으니 주의해야 한다.

2) 댄디 스타일(Dandy Hair Style)

댄디란 멋쟁이, 맵시꾼 등으로 표현되며 모발을 그대로 손질하지 않아도 자연스럽고 세련된 멋스러운 남자 스타일로 '영국 신사 머리'라고도 한다. 가벼움 속에서 무거움이 느껴지는 것이 포인트이다. 모발의 끝부분을 질감 처리하여 가볍고 깔끔한 스타일로 튀지 않고 단정하면서도 멋을 살릴 수 있다. 시간이 지나면 덥수룩해지고 무거워 보이기 때문에 관리가 필요하다.

3) 투 블록 스타일(Two Block Hair Style)

블록 커트는 막다, 차단하다는 뜻으로 옆머리와 윗머리 부분이 경계가 생기는 스타일로 '디스커넥션 커트' 또는 '블록 커트'라고도 한다. 두 개의 블록을 나누어 옆머리는 짧게 커트하고 윗머리 부분은 길게 남겨 두는 것이 포인트이다. 두상이 옆이 튀어나와 옆머리가 잘 뜨는 타입은 옆머리를 짧게 커트하고 윗머리를 덮게 되면 뜨는 부분을 커버하여 손질이 아주 편하게 된다.

4) 모히칸 스타일(Mohican Hair Style)

북미 인디언의 한 종족인 모히카족의 헤어스타일로 중앙 라인의 모발은 길게 남겨 두고 옆 부분은 짧게 커트하는 스타일이다. 앞머리와 옆머리는 짧게하고 톱 부분이나 가르마 부분으로 올라갈수록 점점 길어지게 커트하여 무스나 왁스로 손질해서 세운다. 언뜻 닭 벼슬처럼 보이기도 한다고 해서 '닭 벼슬 머리'라고도 한다.

5) 스포츠 스타일(Brosse Hair Style)

일명 스포츠형(Sports), 브로스형(Brosse), 크루 커트(Crew Cut)라고 한다. 브로스는 브러시의 솔 부분처럼 짧게 깎인 스타일로 '솔, 브러시(Brosse)'라는 뜻의 프랑스어에서 유래되었다.

스포츠 스타일은 아주 짧은 머리 형태에 속하는 스타일로 가위나 클리퍼를 사용하여 커트한다. 얼굴이 크고 윤곽이 그리 뚜렷하지 않은 남성들에게 가장 무난하다. 커트 방법에 따라 얼굴이 작아 보이는 효과가 있다.

(1) 라운드 스포츠 스타일(Round Brosse Hair Style)

클리퍼를 사용하여 앞머리에서 빗살 끝을 두상에 대고 톱 포인트(T.P)의 모발 길이가 1cm가 되도록 두상 90°로 라운드 커트를 시술한다. 측두부는 F.S.P 부분의 U라인까지 70~90°로 연결하고 후두부는 4~5cm 이상의 모발 길이를 B.P에서 G.P 부분 지나 T.P까지 90°로 둥글게 연결하여 커트하는 스타일이다.

(2) 스퀘어 스포츠 스타일(Square Brosse Hair Style)

클리퍼를 사용하여 앞머리에서 빗살 끝을 두상에 대고 톱 포인트(T.P)의 모발 길이가 1cm가 되도록 빗 등으로 각도를 조절하여 T.P를 향해 수평으로 커트를 시술한다. 후두부는 B.P와 G.P 부분을 T.P까지 끌어올려 수평으로 커트하고 스퀘어 모양으로 연결하여 커트하는 스타일이다.

6) 상고 스타일(Gradation Short Hair Style)

상고 스타일은 커트 시술 시 각도의 변화와 모발의 길이에 따라 상상고, 중상고, 하상고로 나눈다. 커트 시술 후 파마나 염색을 해서 다양한 느낌의 이미지 변화를 연출할 수 있다. 중년 남성들은 하상고를 선호하는 반면, 중상고는 젊은 층에서 깔끔한 헤어스타일을 원할 경우 많이 시술한다.

(1) 상상고(High Gradation Short Hair Style)

최대한의 두피 노출이 이루어지며, 짧은 머리는 후두골과 두상의 인테리어 안쪽까지 연장된다. 클리퍼를 사용하여 측두부의 밑머리는 2~3cm 이상을 60°에서 80°로 올려 커트하는 스타일이다.

(2) 중상고(Medium Gradation Short Hair Style)

클리퍼를 사용하여 귀 상단 1~2cm 이상 올려 커트를 시술한 다음, B·P의 가이드를 기준으로 빗 기울기가 45°~60°로 4cm씩 연결하여 후대각 라인 선(U라인)을 만든다. 통상적으로 45° 상고를 상고 스타일이라 칭한다.

(3) 하상고(Low Gradation Short Hair Style)

하상고는 하조발이라고도 한다. 측두부를 귀 상단과 닿는 기준으로 헤어라인 선만 깔끔하게 정리하고 후두부 밑머리를 2cm 이하로 클리퍼를 사용하는 스타일과 두툼하게 하는 그라데이션 커트 스타일로 2종류가 있다. 보통 40~50대 중년 신사들이 많이 하는 헤어스타일이다.

7) 중발 스타일(Medium Length Hair Style)

중발 스타일은 사람의 머리 두상에서 귀부분이 중심이 되어 측두부 밑머리의 길이가 1/3, 1/2, 3/2 귀를 가린 기장으로 상중발, 중중발, 하중발로 구분한다. 심하게 뜨는 머리, 얼굴이 긴 형, 삼각형 얼굴에 잘 어울리며 짧은 머리에서 표현이 힘든 자연스러운 웨이브로 다양한 스타일을 연출할 수 있다.

8) 장발 스타일(Long Hair Style)

장발 스타일은 히피족들이 양쪽 어깨까지 길게 늘어트리면서 유행했던 스타일이다. 측두부 밑머리가 귀 하단을 가린 머리는 장발에 속하고 귀밑 머리를 기준으로 상장발, 중장발, 하장발로 구분된다.

9) 리젠트 스타일(Regent Hair Style)

리젠트 헤어스타일 1930년대 런던의 리젠트가(街)라는 유명한 패션 거리의 청년들이 즐겨 하던 헤어스타일로 전체 라인의 모발을 짧게 하고 앞머리와 톱 부분을 길게 커트하여 모발을 위로 빗어 넘기고 옆머리를 붙여서 양감을 나타낸 스타일이다.

10) 스왓 스타일(Swat Hair Style)

스왓 커트는 가위로 짧게 자르는 스타일로 전체적으로 샤프하면서 깔끔한 스타일로 흔히들 레옹 머리, 가위 반삭이라고도 부른다. 장 가위를 사용하여 싱글링 기법으로 두상을 커버해 주며 같은 길이로 모발을 잘라준다. 클리퍼 반삭이 깔끔한 느낌이 포인트라면, 스왓 커트의 가위 반삭은 자연스러움이 포인트이다.

11) 샤기 스타일(Shaggy Hair Style)

샤기 헤어스타일은 머리카락을 층을 내면서 숱을 쳐서 자르는 커트 방법이다. 동양인의 두상에 잘 어울리는 스타일로 전체적으로 가볍다. 질감을 많이 내면 다소 끝이 지저분해 보일 수 있으니 주의해야 한다. 커트 후 왁스를 사용하여 스타일 시 손질이 편리하고 경쾌한 움직임과 가벼움을 표현할 수 있다.

12) 비대칭 스타일(Asymmetry Hair Style)

좌 · 우측의 대칭을 맞추지 않고 비대칭으로 커트해 언밸란스한 스타일로 좌측을 짧게 하고 우측을 길게 하거나, 우측을 짧게 하고 좌측을 길게 커트한다. 비대칭 스타일은 세련되고 신비스러운 느낌을 줄 수 있지만, 자칫 지저분해 보이기 때문에 주의해야 한다.

13) 울프 스타일(Wolf Hair Style)

톱 부분에서부터 심하게 층이진 커트로 야성적이고 터프한 이미지를 풍기는 스타일이다. 언더존과 오버존으로 나누었을 때 언더존은 최대한 기장을 길게 하고 오버존은 최대한 짧게 잘라서 볼륨을 살려준다. 라인의 가벼움과 톱 부분의 질감처리로 가벼운 볼륨을 살려주는 것이 포인트이다. 언더와 오버의 비대칭 커트라고도 할 수 있다.

14) 특수 머리 스타일(Special Hair Style)

Special은 독특한, 특수한 이라는 사전적 의미로서 Hair와 어우러져 특수한 헤어라고 지칭한다. 특수 머리는 기존의 아프리칸-아메리칸 헤어의 특징으로 흑인들의 강한 곱슬머리에서 시술되였으며, 특수 머리의 종류는 드레드락(Dreadlocks), 아프로(Afro)스타일, 콘로우(Cron Rows), 브레이드(Braids), 헤어 익스텐션(Extension) 등이 있다.

스핀 드레드 익스텐션은 스핀들을 응용한 것으로 브레이딩 후에 드레드 전용 가발을 스핀들하는 방법으로 시술 시간이 짧고 연결 부분에 땋은 자국이 보이지 않는다. 핑 파마는 흑인 모발과 최대한 가까운 형태를 만들기 위해 개발된 파마로 섹션을 나누고 일일이 모발을 철사에 얇게 말아서 파마한다.

브레이드는 땋기로 머리 가닥을 교차하거나 엮는 기술로 땋은 방법과 재료, 스타일에 따라 종류가 다양하다. 별도의 도구 없이 손만으로 쉽게 질감의 변화를 주어 독창적이고 개성인 헤어스타일의 이미지 연출이 가능하다. 누비안 트위스트 드레드는 땋은 모발을 감싸고 트위스트하는 방법으로 모발에 트위스트를 한 가모를 한 번 더 감싸 시술한다. 콘로우는 땋기 헤어의 응용으로 두피에 밀착시키면서 모발을 땋는 스타일로 흑인의 모발이 자란 아프로 헤어를 정돈하기 위해 고안했다.

스핀 드레드 익스텐션
(Spin Dread Extension)

핑 파마(Ping Perm)

누비안 트위스트 드레드
(Nubian Twists Dread)

브레이드(Braids)

스틱 드레드
(Stick Dread)

스프링 드레드
(Spring Dread)

콘로우(Cron Rows)

15) 헤어타투 디자인(스크래치)

남성 헤어스타일에서 반삭이나 삭발된 모발에 최대한 두피 가까이하여 굵어내듯 선이나 기호, 문자, 숫자 등을 새겨 넣는 것이다. 클리퍼를 사용하여 3mm, 6mm, 9mm, 12mm로 반삭을 하고 포인트를 주고 싶은 곳에 스크래치 클리퍼나 가위로 포인트를 넣어주는 스타일이다. 보통 6mm로 커트 후 스크래치를 디자인하여 느낌을 살리는 게 가장 효과적이다.

헤어타투 디자인의 응용에서는 커트 시술 후 직선과 곡선, 문양을 혼합하여 다양하게 디자인한다.

직선을 그릴 때에는 클리퍼 날이 수평이 되도록 하고, 곡선을 그릴 때에는 클리퍼가 두피에 닿지 않도록 주의해서 날의 한쪽 끝부분만을 사용한다. 문양을 만들 때에는 디자인의 시안에 따라 클리퍼 날의 사용 방법을 결정하고 작업이 진행되어야 한다.

PART

06 헤어디자인의 이미지 분석

1. 얼굴형에 따른 남성 헤어스타일

헤어스타일이란 머리 형태, 머리 풍을 말하는 것으로 헤어두(Hairdo)라고도 하며, 프랑스어의 쿠아퓌루(Coiffure)에 해당된다. 헤어스타일은 정해진 스타일이 아니라 유행의 정도와 자신의 개성 등에 따라 달라질 수 있다.

헤어디자인을 결정할 때는 고객의 얼굴형과 신체의 특징을 살펴보고 이를 고려하여 헤어스타일에 적용하는 과정이 매우 중요하다. 헤어스타일 연출 시 모든 얼굴형의 기준이 되는 표준형은 달걀형으로 달걀형에 가깝도록 헤어스타일을 연출해야 한다.

1) 둥근형

둥근 이마라인과 둥근 턱선을 형성하는 얼굴형으로 얼굴은 볼에 살이 있어 온화한 인상과 친밀감을 준다. 헤어스타일 연출 시 얼굴이 길어 보이도록 윗머리에 볼륨을 살리고 옆머리는 볼륨을 최대한 억제하여 스타일을 연출하는 것이 좋다. 옆머리에 볼륨을 넣게 되면 양 볼을 더욱 통통하게 부각시킨다.

페이스 라인에 앞머리를 내려 단점을 커버하는 것이 좋으며, 옆머리는 귀를 덮지 않도록 커트해 주는 것이 한결 산뜻한 느낌을 준다. 헤어 파트는 센터 파트를 하게 되면 얼굴이 더 둥글게 보여 피해야 한다.

염색 시술 시 밝은 갈색 블리치로 경쾌한 느낌을 연출하거나, 톱 부분에 밝은 컬러로 염색을 시술하고 페이스 라인에 그라데이션 컬러를 시술한다. 톱 부분에 밝은 컬러로 염색을 시술할 경우 시선을 분산시켜 얼굴이 길어 보이게 하는 효과가 있다.

2) 역삼각형

이마 폭이 넓고 볼과 턱 선 부분이 좁은 얼굴형으로 날카로운 인상을 줄 수 있다. 커트 시술 시 양쪽 옆면을 높게 쳐올릴 경우 넓게 보이기 때문에 옆머리와 뒷머리를 짧게 올려서 자르지 않는 것이 포인트이다. 짧은 헤어스타일은 억지로 단점을 가리기보다는 자연스럽게 손질한다.

또한, 귀 옆 구레나룻 부분을 살려 단점을 커버하여 깔끔하게 커트하고 프린지는 볼륨을 살려 웨이브를 주어 이마를 좁게 보이게 한다. 옆머리는 양쪽으로 살짝 말아 얼굴을 감싸게 하여 가려주면 뾰족한 턱이 어느 정도 완화된다.

염색 시술 시 어두운 톤을 사용하여 단정한 이미지를 표현할 수 있으며, 부드러운 이미지를 연출하고 싶은 경우 웜톤을 사용한다.

3) 마름모형

마름모형은 전체적으로 넓적하고 턱이 가늘게 돌출된 얼굴형으로 광대뼈가 돌출된 것이 특징이다. 억지로 가리려고 애쓰기보다는 단점을 자연스럽게 드러내고 시선을 유도한다. 헤어스타일은 톱 부분에 볼륨을 적당하게 한다든지 가르마로 샤프한 이미지를 연출한다. 스타일링 젤을 사용해 가르마를 만들어주어 시선을 유도한다. 구레나룻은 돌출된 광대뼈를 부각시킬 우려가 있기 때문에 깨끗하게 없앤다. 머리카락을 역으로 뻗치게 하는 펑키 스타일을 시도해 보는 것이 좋으며, 스포츠 스타일은 피한다.

4) 긴 형

얼굴 길이가 길며, 볼이 꺼져 있고 좁은 얼굴형으로 다른 사람에 비해 길다. 헤어스타일은 톱 부분의 볼륨을 낮추고 앞머리에 웨이브 컬을 이용하여 얼굴이 길어 보이지 않게 한다. 이때 긴 이마를 답답하지 않을 정도로 커버해 주거나 긴 이마를 살짝만 드러내 주는 것도 좋다. 또한, 입술 선과 귀 뒤 부분이 풍성해 보이도록 헤어스타일을 연출한다. 눈을 덮을 정도 길이는 오히려 긴 얼굴을 강조하게 되어 역효과가 있다. 스타일 후 왁스나 젤을 사용하여 스타일링하면 강한 이미지가 완화되어 부드럽고 도시적인 이미지로 연출되어 효과적이다.

5) 사각형

직선 이마 라인과 사각의 턱선을 가진 넓은 얼굴형으로 각진 얼굴은 선이 딱딱하고 날카롭기 때문에 첫인상에서 고집스러운 인상을 주기 쉽다. 적당히 긴 머리에 가벼운 컬로 얼굴 윤곽을 부드럽게 감싸주어 부드럽고 편안한 느낌의 스타일을 연출하는 것이 좋다.

헤어스타일은 비대칭 스타일이 잘 어울리며, 웨이브로 앞머리를 부드러운 곡선으로 디자인한다.

염색은 어두운 컬러는 피하고 부드러워 보이는 브라운 컬러나 밝은 컬러는 자연스럽게 턱으로 몰리는 시선을 분산시키는 효과가 있다. 이미가 좁을 경우 앞머리를 내리는 것은 오히려 좁은 이마를 더욱 좁게 보이기 때문에 피한다. 쇼트 커트는 강한 인상을 더욱 강하게 보이는 역효과가 있다.

2. 체형에 따른 남성 헤어스타일

1) 키가 크고 뚱뚱한 체형

심플한 스타일이 좋으며, 볼륨이 있는 헤어스타일은 큰 체형을 더욱 커 보이기 때문에 피한다. 커트 시 쇼트 커트가 가장 잘 어울린다.

2) 키가 크고 마른 체형

대체로 어떤 헤어스타일이라도 잘 어울리나 옆머리에 볼륨이 없는 스타일은 주의해야 한다. 커트는 볼륨을 살릴 수 있는 미디엄 길이의 헤어스타일이 잘 어울린다. 짧은 쇼트 커트는 왜소해 보일 수 있으니 피한다. 어깨 길이의 볼륨을 넣는 웨이브 스타일도 인상을 부드럽게 보인다.

3) 키가 작고 뚱뚱한 체형

윗머리에 볼륨이 너무 많으면 자칫 얼굴이 더 커 보이게 될 수 있다. 커트 시 쇼트 커트와 비대칭 스타일이 잘 어울린다. 옆머리는 볼륨을 최대한 억제하여 자연스러운 스타일을 연출하는 것이 좋다.

4) 키가 작고 마른 체형

대체로 어떠한 헤어스타일이라도 잘 어울리나 옆머리에 볼륨이 있는 스타일로 얼굴을 부드럽게 보이게 연출하며, 옆머리를 짧게 올리는 스포츠 헤어스타일은 피한다.

3. 남성 헤어디자인의 이미지

1) 로맨틱/Romantic

로맨틱은 감미롭고 부드러운 분위기로 자유로운 인간의 감정을 표현하는 낭만주의에서 유래하였다. 사랑스러운 분위기를 잘 표현하는 색채는 파스텔 톤이다. 주로 라이트 톤, 페일 톤, 브라이트 톤으로 비교적 밝은 톤의 피치, 핑크, 옐로우, 퍼플 계열이 주 색상이다.

2) 매니시/Mannish

도시적인 남성의 이미지를 가진 색채라고 볼 수 있다. 자립심이 강하며 건강하고 활동적인 이미지로 모던과도 색의 느낌이 유사하다. 차가운 색조나 무채색의 색조가 매니시를 잘 표현한다.

3) 내추럴/Natural

가공하지 않은 자연의 부드럽고 친근감이 있는 색채로 대자연에서 찾을 수 있는 색상들이 내추럴 이미지를 잘 표현할 수 있다. 자연이 가지고 있는 온화함, 정다움 등 꾸미지 않은 이미지를 나타내는 것으로 베이지 계열, 카키색 계열, 브라운 계열을 들 수 있다.

4) 클래식/Classic

전통성과 윤리성을 존중하고 고급스러움을 추구하는 이미지이다. 고전적인, 고상한, 보수적인, 고풍스러운, 중후한, 기품 있는 등의 의미이다. 고전적인 예술품에서 보여 지는 색상들과 중후해 보이는 색상들, 즉 와인, 다크 그린, 겨자, 딥 블루, 다크 브라운, 골드 등의 색상이 딥 톤과 다크 톤의 다양한 색채들과 어우러져 중후함을 주어 클래식한 이미지를 나타낼 수 있다.

5) 모던/Modern

도회적인 감성과 미래 첨단적인 분위기를 나타낸다. 진취적이고 개성적이며 선진적인 감각의 이미지를 표현한다. 모던 이미지의 대표색은 무채색으로 현대적인 감각인 차갑고 깔끔한 색상의 느낌으로 이미지를 연출할 수 있다. 절제된 감각을 세련되게 보여주는 색상으로 그레이시 톤의 블루, 베이지, 화이트, 블랙 등의 무채색과 배색한다.

6) 스포티/Spoty

스포티는 엘레강스와 반대되는 개념으로 밝고 쾌활한, 건강한, 자유, 활동성, 생동감, 명랑함을 느낄 수 있는 이미지를 가진다. 색은 주로 비비드 톤을 위주로 하며 브라이트 톤 등 화려하고 밝은 색상들이 선호된다.

7) 에스닉/Ethnic

에스닉은 토속적이고 전통적이며 소박한 분위기를 나타낸다. 독특한 색상, 전통적인 아름다움, 신비한 매력, 이국적, 다채롭고 따뜻한 분위기, 정감 있는 분위기를 느낄 수 있는 이미지를 가진다. 색은 주로 비비드 톤의 강한 배색 대비를 위주로 화려하고 밝은 색상들이 선호된다. 황갈색과 올리브 그린, 주황, 레드 등의 난색 계열을 주로 사용한다.

8) 빈티지/ Vintage

빈티지의 유래는 와인 병의 라벨을 들여다보면 해당 와인의 포도의 수확 년도가 표기가 되어 있는데 이것을 우리는 빈티지(Vintage)라 부른다. 패션계에서는 구형, 고물, 시대에 뒤떨어진 패션을 뜻하며 옛날에 입던 헌옷을 착용하여 활동적이고 형식에 얽매이지 않는 옷들을 릴렉스하게 코디하는 것을 말한다.

색은 주로 카키, 베이지, 브라운, 와인 등의 어두운 계열 또는 선명하지 못하고 탁한 색들로 주로 톤온톤, 톤다운톤 등 비슷한 색채들과 어우러져 세련되고 시크한 이미지를 표현할 수 있다.

9) 아방가르드/Avant-Garde

아방가르드라는 말은 프랑스 군대 용어로서, 최전선에서 싸우는 정예부대를 뜻한다. 형식을 깬 고정관념을 벗어버린, 대체적으로 좌우, 앞뒤가 다른 과감한 디자인으로 1990년대 말쯤에 유행하였다.

색은 주로 선명한 비비드 톤을 위주로 자유로운 색의 조화와 배색으로 명도와 채도의 대비를 강하게 배색한다.

4. 계절에 따른 헤어스타일과 컬러

헤어스타일은 자기만의 개성과 이미지를 좌우하며 사람의 신체 중 외모를 표출하는데 헤어스타일만큼 큰 역할을 하는 것은 없다. 최근 들어 헤어커트가 다양해지고 컬러가 대중화되면서 이미지 표현의 방법으로 커트 후 컬러 시술이 보편화되고 있다.

한국인의 경우 버진헤어의 컬러는 블랙에 가까운 어두운 브라운 계열이 대부분으로 헤어 컬러와 스타일은 각 계절의 색과 헤어스타일을 어떻게 연출하느냐에 따라 이미지 변화에 큰 영향을 끼친다.

1) 봄(Spring)

헤어커트는 온화하고 부드러운 이미지로 귀가 보이게 커트한 댄디 스타일이나 층이 있는 미듐 길이의 커트 선에 굵은 웨이브를 주는 스타일이 잘 어울린다. 지나치게 짧은 커트는 피한다.

컬러는 기본적으로 노란빛이 감도는 연한 브라운 컬러나 노란빛이 감도는 짙은 브라운 컬러로 눈동자 색에 가깝게 하는 것이 좋다.

2) 여름(Summer)

헤어커트는 옆머리를 싱글링을 시술한 다음, 윗부분을 짧게 커트하여 세우는 스타일이나 옆머리는 최대한 볼륨을 억제하고 자연스러운 스타일이 좋다. 지나치게 웨이브가 강한 스타일은 피하는 것이 효과적이다.

컬러는 붉은 계열의 컬러인 오렌지 빛, 와인 컬러를 지닌 색은 피하고 갈색 계열로 회색빛이 감도는 갈색, 회색빛이 감도는 회갈색으로 한다.

3) 가을(Autumn)

헤어커트는 비대칭 스타일이나 투 블록 커트 후 부드러운 곡선으로 스타일링하여 풍성한 웨이브로 연출하면 좋다. 짧은 머리의 경우에도 웨이브를 주어 풍성함과 부드러움을 연출하면 잘 어울린다. 지나친 쇼트 커트는 어울리지 않는다.

컬러는 짙은 갈색이나 황색, 오렌지빛이나 갈색 계열, 카키 계열, 초코브라운 컬러, 회색빛이 띠는 애시 버건디, 애시 바이올렛 컬러가 잘 어울린다. 밝은 컬러는 피하는 것이 좋다.

4) 겨울(Winter)

헤어커트는 단정한 형태의 헤어스타일로 심플하고 라인이 정확한 것이 좋으며, 비대칭 스타일도 잘 어울린다.

컬러는 짙은 회갈색이나 검정, 와인빛이 띤 블랙, 다크 초코, 다크 그린 컬러가 커트와 잘 어울린다. 밝은 브리치는 피하는 것이 좋다.

MAN'S HAIR CUT

CHAPTER 2

실기편

1. 낮은 상고 스타일(가위)

낮은 상고 스타일은 하조발이라고도 하며, 중년 신사들과 댄디, 리젠트 머리에 많이 하는 스타일로 옆머리가 뜨지 않게 귀 상단과 닿는 기준으로 헤어라인 선만 깔끔하게 정리한다. 낮은 상고 스타일은 두툼하게 가위로 커트하는 스타일과 후두부 밑머리를 2cm 정도 클리퍼로 커트하는 2종류가 있다.

학습 내용	낮은 상고 스타일(가위)
수업 목표	• 낮은 상고 스타일의 기본 구조와 도해도를 분석할 수 있다. • 낮은 상고 커트의 시술 순서에 대입하여 시술할 수 있다. • 낮은 상고 스타일을 맞게 시술 각도를 조절할 수 있다. • 시술 시 싱글링과 밀어 깎기를 사용할 수 있다. • 커트 스타일에 맞게 틴닝 가위를 사용하여 질감 처리를 할 수 있다. • 스타일링 시술 시 아이론을 사용할 수 있다.

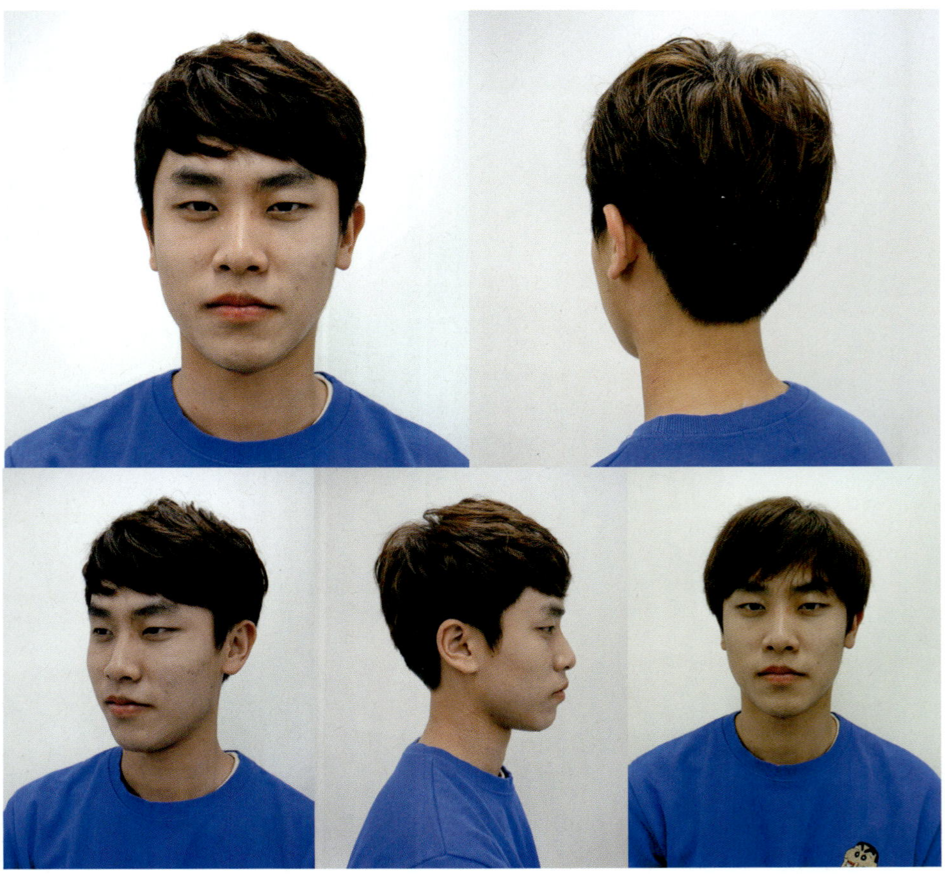

(시술 전)

① 톱 포인트(T.P) 모발의 길이를 설정하여 센터 포인트를 향하여 사이드 베이스로 블런트 커트를 시술한다. 설정된 가이드를 기준으로 좌측과 우측의 전두부를 스퀘어 형태로 커트한 후 우측 사이드로 진행한다.

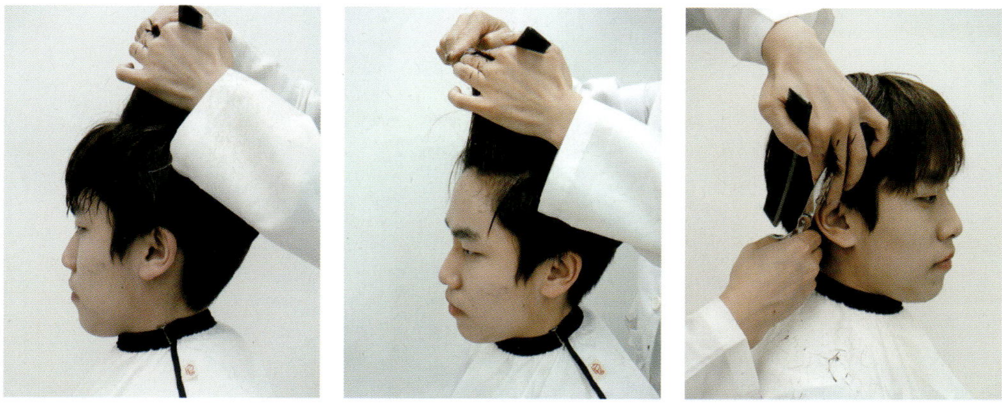

② 우측 사이드에서 백 포인트(B.P)를 향하여 언더존은 45°로 그래쥬에이션 커트 후 볼륨을 살려 주기 위해 골덴 방향으로 60~80°의 각도를 들어 엘리베이션 커트를 한다.

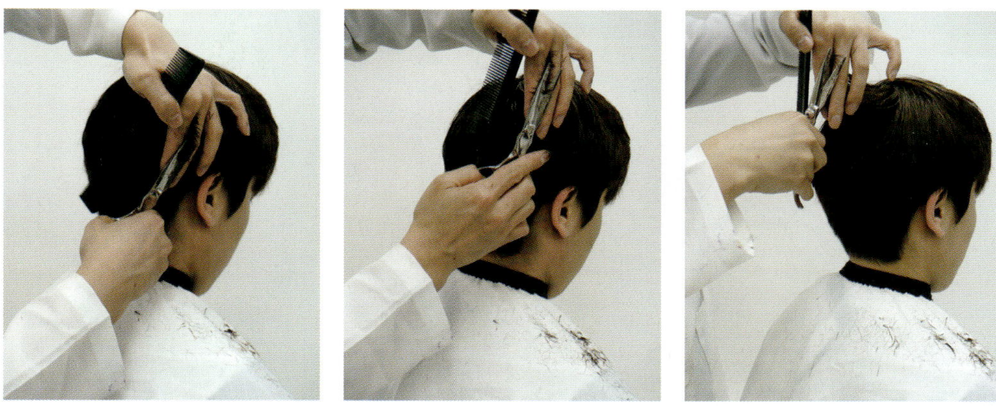

③ 백 사이드에서 좌측 사이드를 향하여 언더존은 45° 커트와 골덴 방향으로 60~80°의 각도를 들어 온 더 베이스, 이동 가이드이동 가이드로 커트를 진행한다.

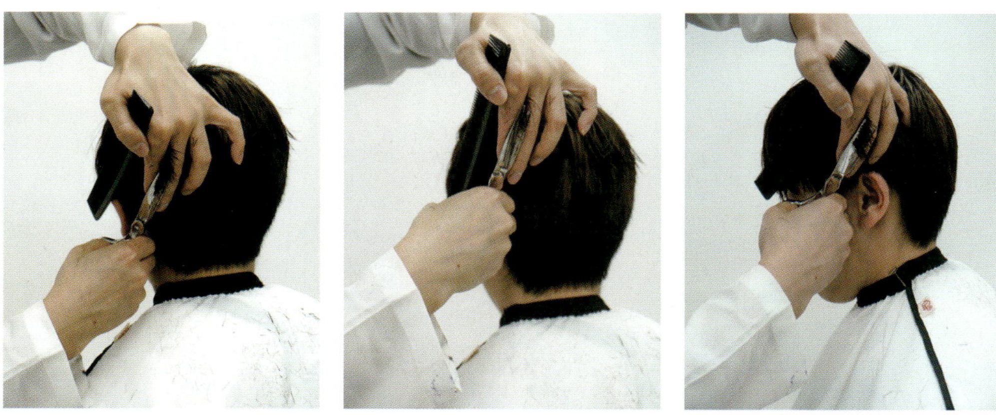

④ 앞머리의 길이를 설정하여 불규칙한 디자인 선과 무게감을 제거하기 위해 나칭 기법으로 커트한다. 틴닝 가위를 이용하여 인테리어는 지간 틴닝 기법, 사이드는 연속 틴닝과 떠올려 틴닝 기법을 이용하여 1/3~1/4 모량의 양감을 조절하면서 질감 처리한다.

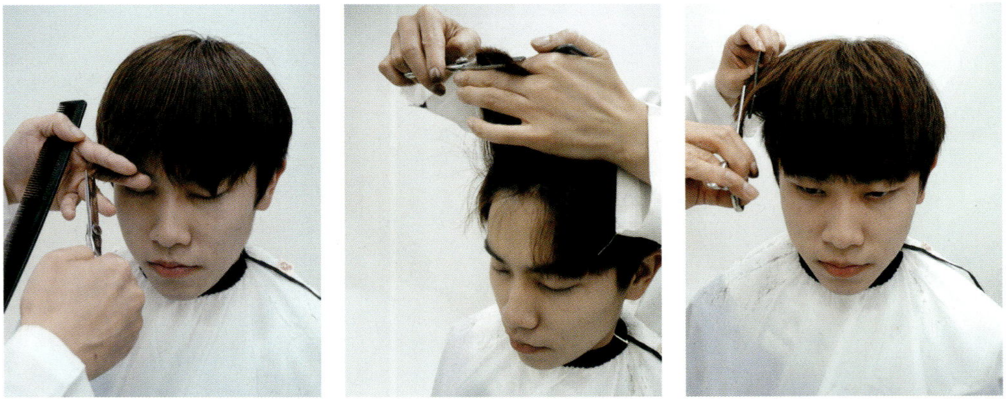

⑤ 백과 좌측 사이드를 질감 처리한다. 장가위로 좌측 사이드에서 백 사이드를 향하여 연속 깎기(싱글링)로 각도를 조금씩 들어 올리면서 층이 나지 않게 엘리베이션하여 자연스럽게 연결시켜 커트한다.

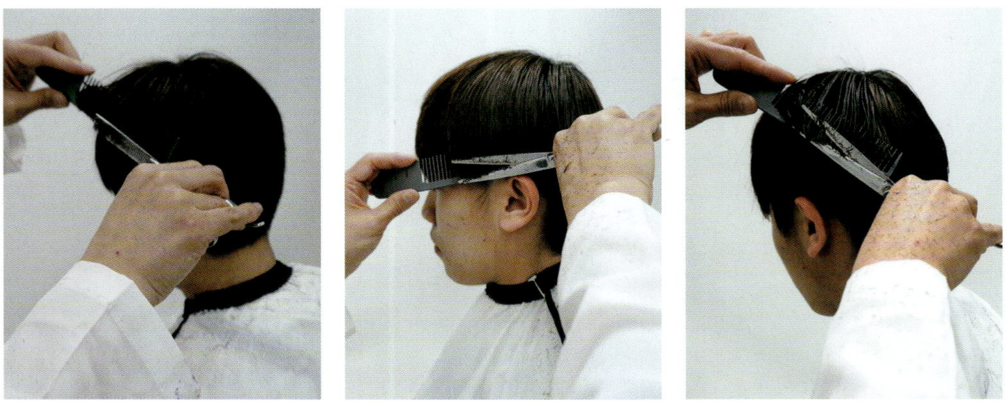

⑥ 연속 깎기(싱글링) 커트 후 요철과 튀어나온 머리를 제거하기 위해 밀어 깎기와 백 당겨 깎기 기법을 이용하여 커트한다.

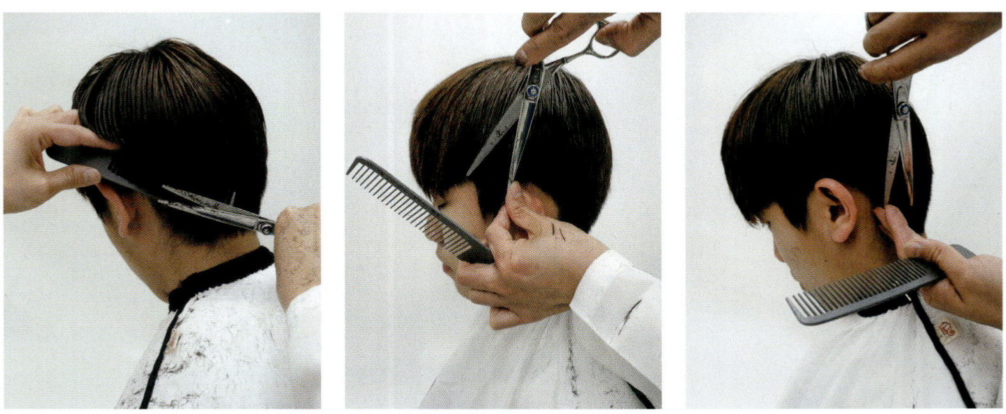

⑦ 커트가 마무리되면 이어 라인의 형태 선을 정리 후 백에서 우측 사이드를 향하여 위쪽으로 이동하면서 빗과 가위가 평행이 되게 연속 깎기(싱글링)로 층이 지지 않게 자연스럽게 연결하여 커트를 진행한다.

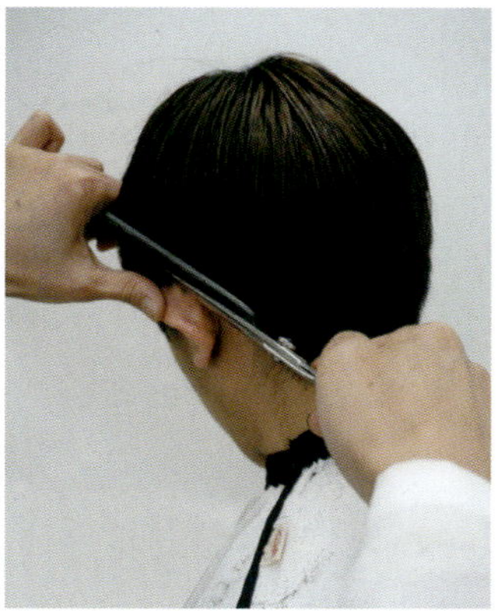
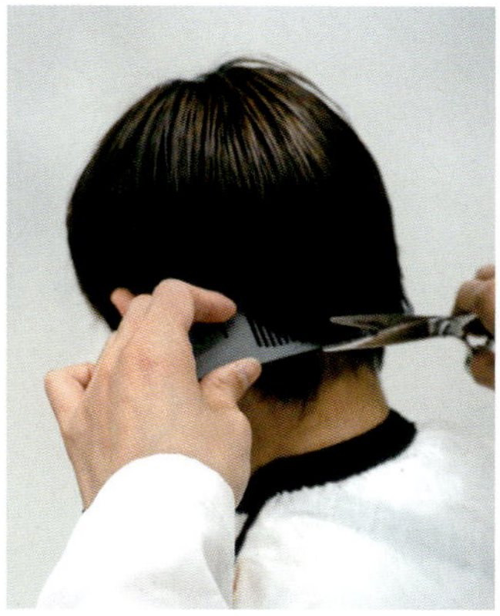
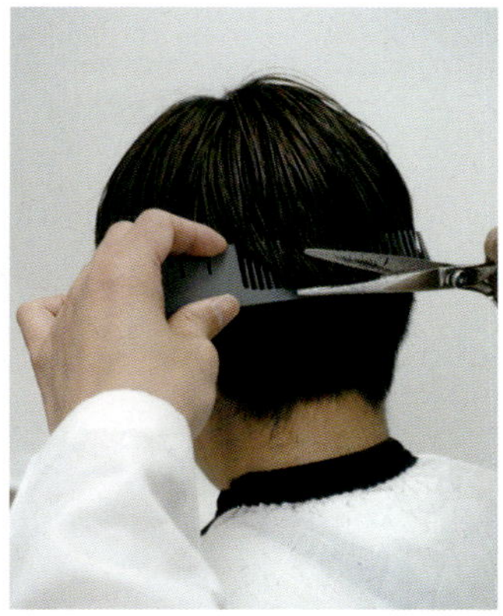
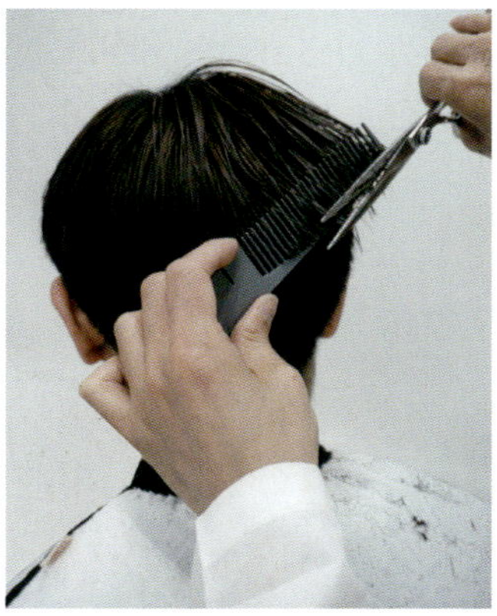
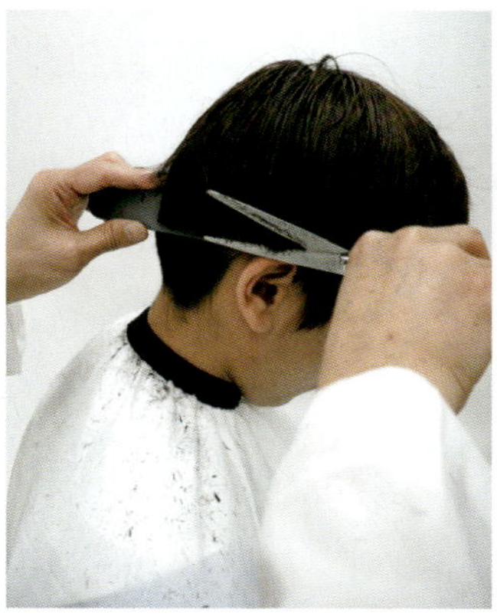
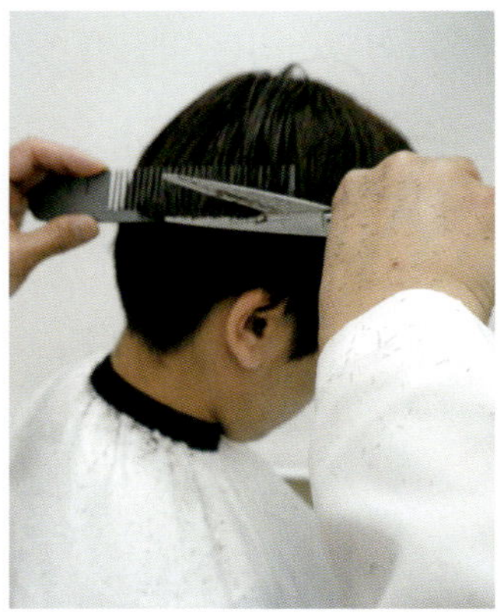

⑧ 연속 깎기(싱글링)로 우측 사이드를 커트 후 엄지와 검지로 귀를 잡아주고 소지로 가위를 고정하여 이어 라인의 형태 선을 깔끔하게 정리한다.

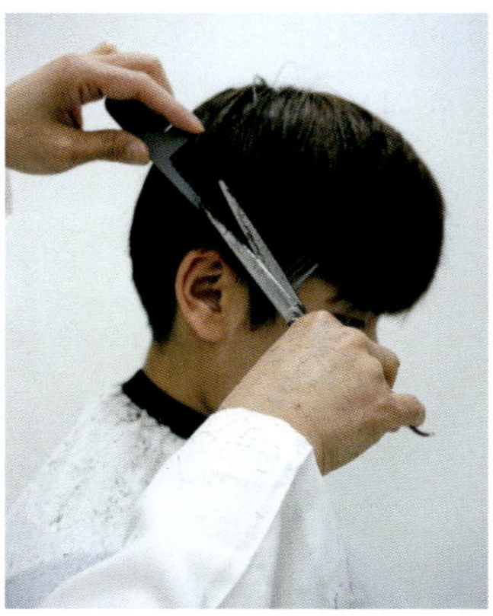
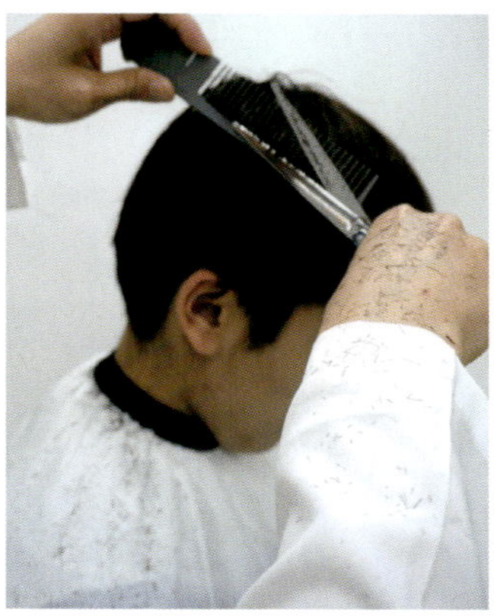
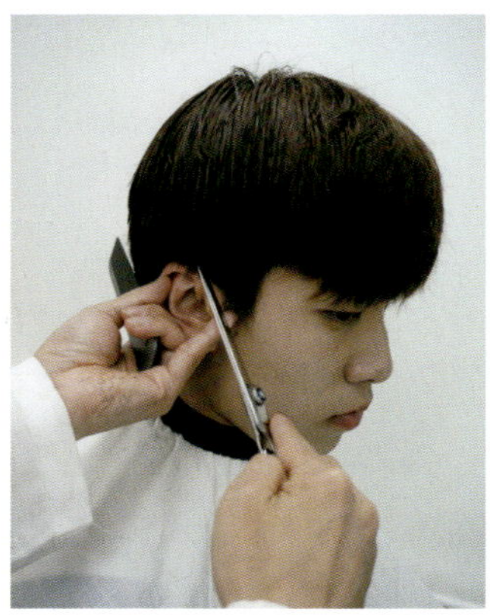

⑨ 백 사이드는 엄지로 귀를 잡아주고 빗으로 머리를 빗어 고정하여 이어 라인의 형태 선을 커트한다. 세워 깎기 중 밀어 깎기로 튀어나온 머리를 정리한 후 클리퍼를 사용하여 전체적으로 라인을 정리한다.

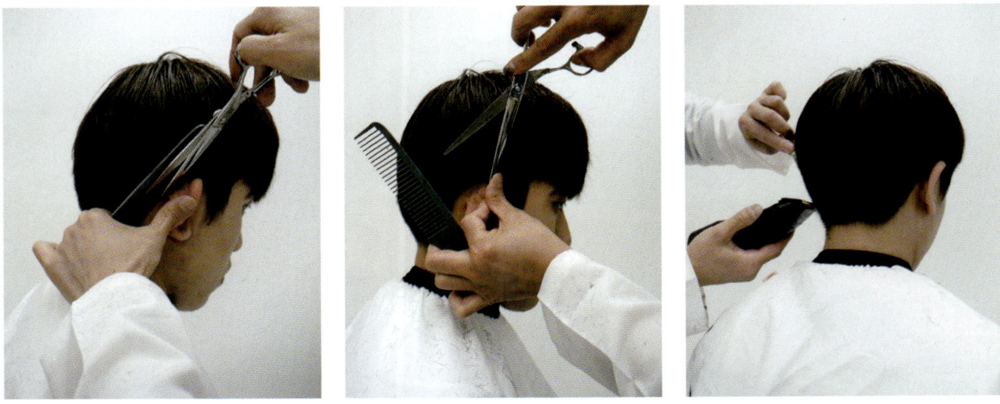

⑩ 앞머리는 각도를 낮춰 반원을 그리며 옆머리와 자연스럽게 연결하면서 아이론을 회전하면서 빼준다. 윗머리는 볼륨을 준 상태에서 C컬의 형태로 와인딩 하여 컬을 만든다.

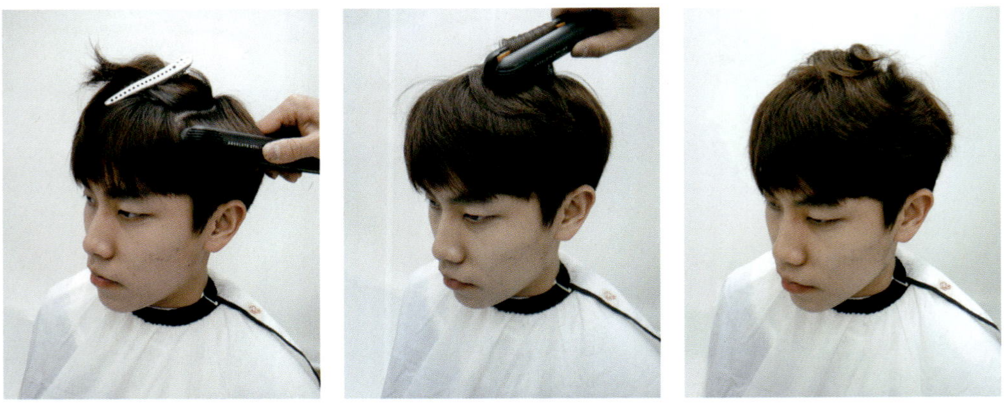

⑪ 골덴포인트(G.P)는 볼륨을 주기 위해 90° 이상의 각도로 컬을 만든다.

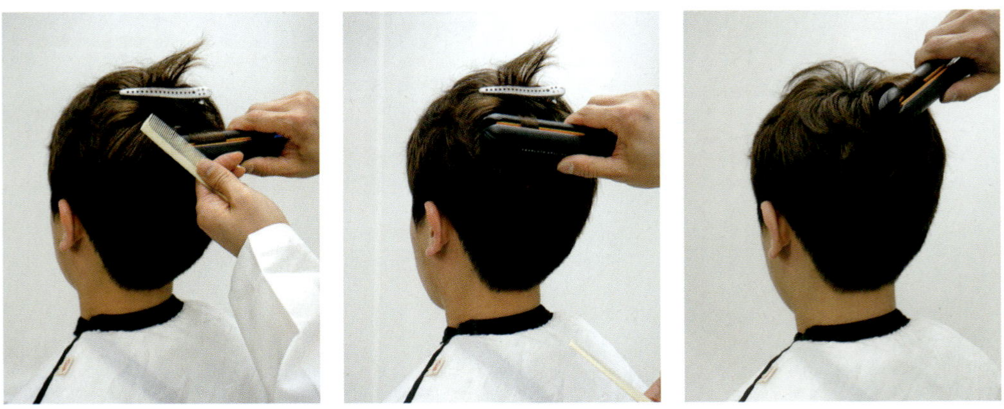

⑫ 머리카락을 주먹을 쥐듯이 가볍게 잡아주고 손가락 사이로 열을 가하여 볼륨과 웨이브 모류의 방향성을 잡아주면서 스타일링 한다.

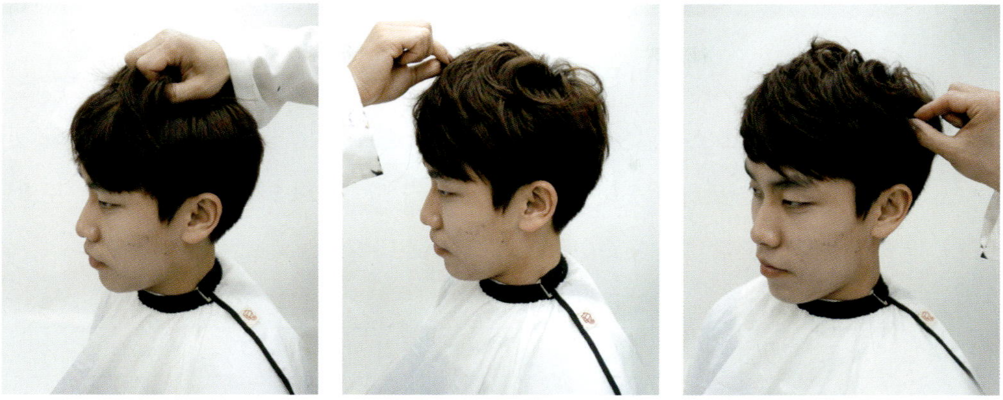

⑬ 스타일링이 끝나면 전체적으로 광택제를 분사 후 손가락으로 컬과 매시를 잡아주면서 스프레이로 고정시켜 모발 표면을 매끄럽게 마무리한다.

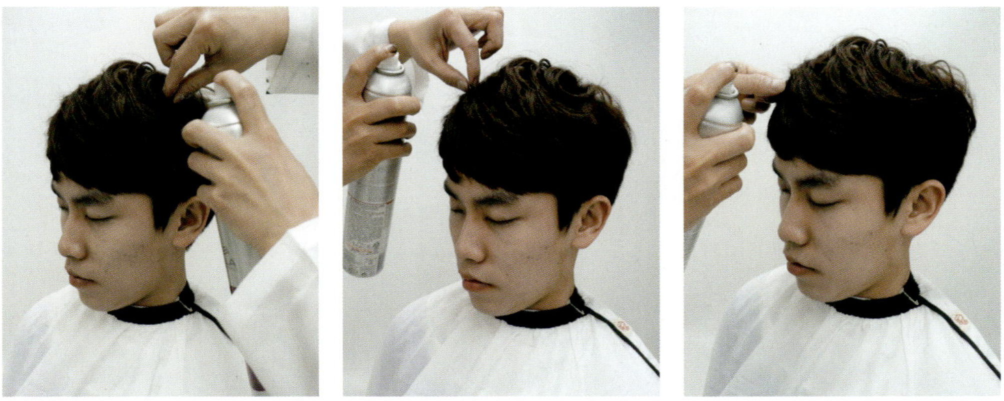

⑭ 스타일링이 완성된 상태이다.

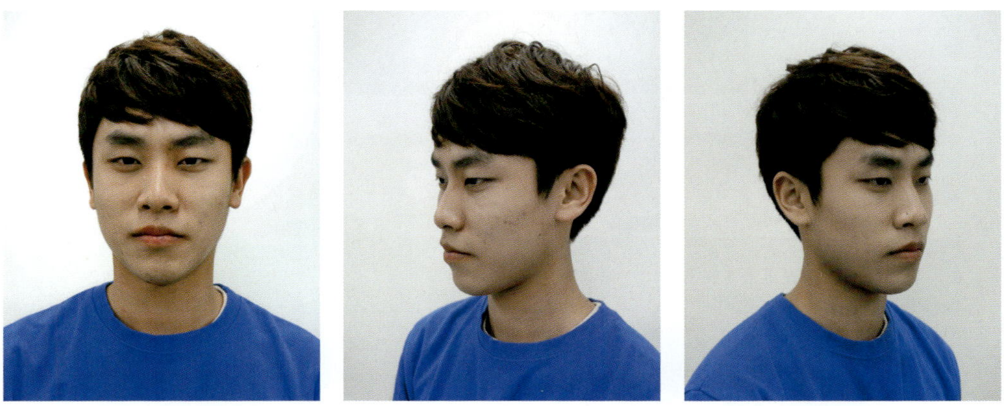

02 투 블럭 상고 스타일

투 블럭 상고 스타일은 전체적으로 두 파트로 나누어 시작한다. 옆머리와 뒷머리 모발을 짧게 커트하고 윗머리는 기장에 따라 다양한 스타일을 낼 수 있다. 모발의 길이가 비대칭으로 내린 모습이 투 블럭 헤어스타일이다.

학습 내용	투 블럭 상고 스타일
수업 목표	· 투 블럭 상고 스타일의 기본 구조와 도해도를 분석할 수 있다. · 투 블럭 상고 커트의 시술 순서에 대입하여 시술할 수 있다. · 스타일을 맞게 시술 각도와 클리퍼를 사용할 수 있다. · 스타일 시술 시 싱글링과 밀어 깎기를 사용할 수 있다. · 커트 스타일에 맞게 틴닝 가위를 사용하여 질감 처리를 할 수 있다. · 스타일링 시술 시 드라이를 사용할 수 있다.

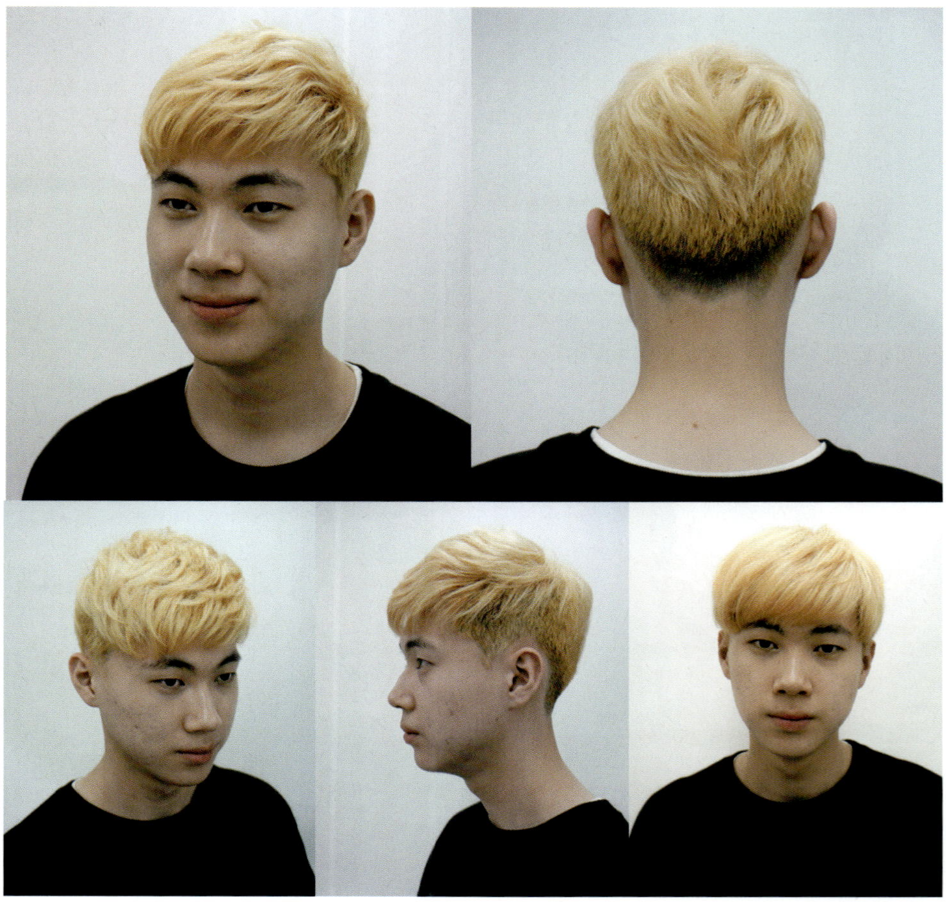

(시술 전)

① 물 스프레이 분무를 한 후 모발의 조절을 용이하기 위해 U 블로킹을 하여 양쪽 사이드를 80~90°로 1~2cm 길이를 설정하여 연속 깎기(싱글링)로 커트를 진행한다. 사이드의 요철과 튀어나온 머리를 밀어 깎기 커트 후 아웃트 라인을 정리한다

② U 라인에서 백을 향하여 사선으로 블로킹한 후 밑라인을 45~60°로 머릿결 층이 자연스럽게 연결되고 차분하게 자라기 위해 위에서 밑으로 백핸드 잡기와 스틱핸드 클리퍼 잡기로 이어백에서 백을 향하여 커트한다.

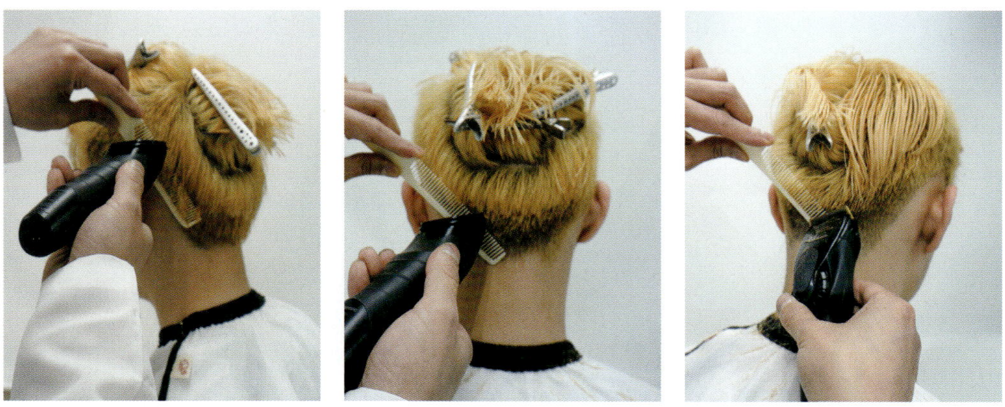

③ 우측 백사이드 45~60°의 커트 후 빗을 검지와 중지 사이에 잡아주고 왼손으로 두상을 움직이지 않게 받쳐주고 터치 기법으로 밑 라인을 그라데이션 커트와 라인 정리를 한다.

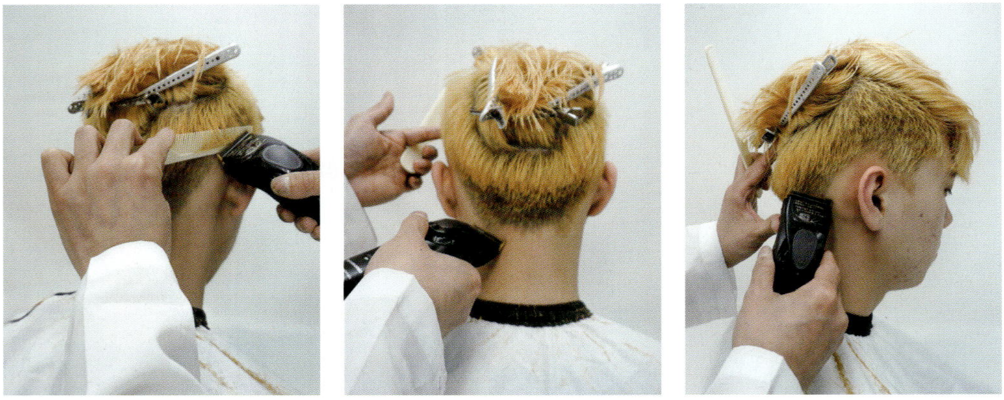

④ 톱 포인트(T.P)의 모발의 길이를 설정하여 센터 포인트를 향하여 사이드 베이스로 가위를 45° 정도 비스듬히 세워 뭉툭한 느낌을 감소시키기 위해 나칭 기법으로 커트하면서 층과 볼륨을 생각하고 커트를 진행한다. 설정된 가이드를 기준으로 좌측과 우측의 전두부를 스퀘어 형태로 커트한다.

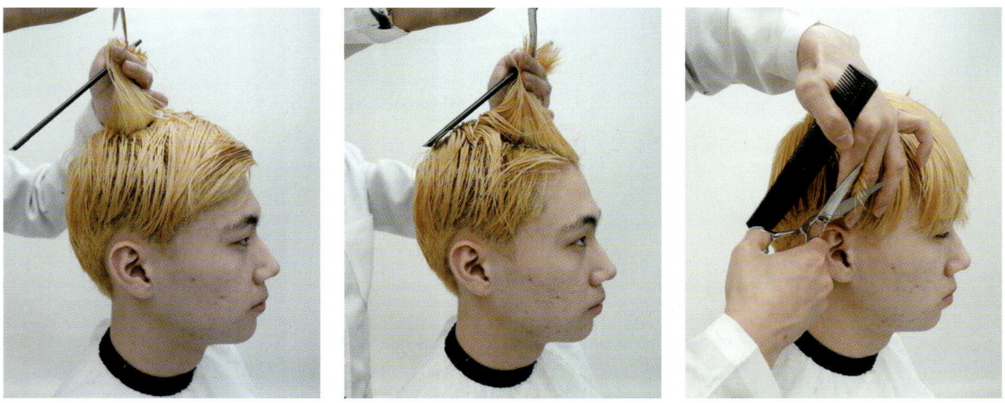

⑤ 우측 사이드의 길이를 설정하여 수직 섹션하여 60~80°의 각도로 커트한 후 나칭으로 수평 체크한다.

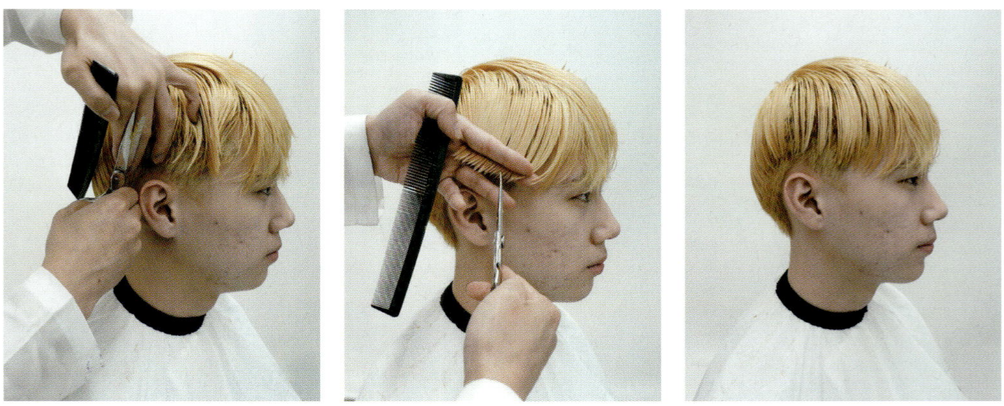

⑥ 백 사이드에서 좌측 사이드를 향하여 밑에 가이드에 맞춰 60~80°를 들어 온 더 베이스, 이동 가이드 라인으로 커트를 진행한다. 백은 연속 틴닝과 떠올려 틴닝 기법으로 1/3~1/4의 질감 처리하여 자연스럽게 연결한다.

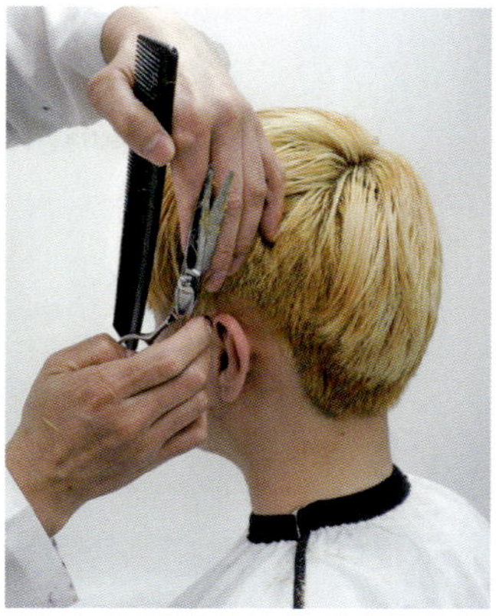

⑦ 자연스러움과 가벼움을 표현하기 위해 사이드와 앞머리는 다운 슬라이싱으로 커트하여 밑머리와 부드럽게 연결한다. 윗머리는 가위를 비스듬히 세워 불규칙한 디자인 선과 질감을 제거하기 위해 지그재그로 나칭(촙핑) 커트한다.

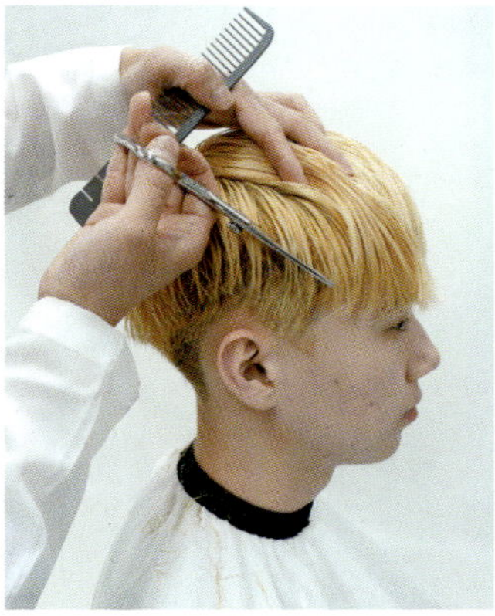
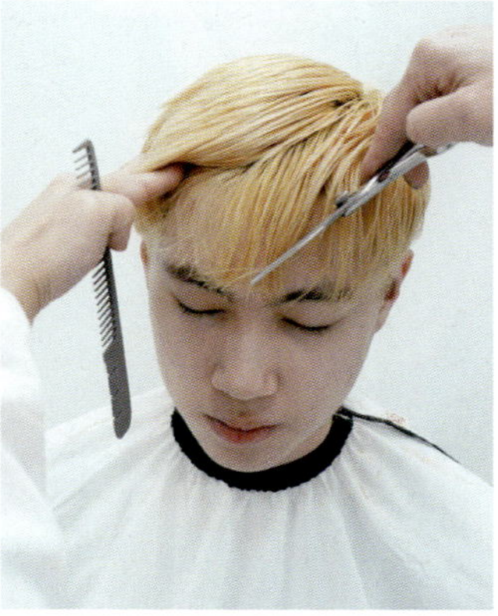
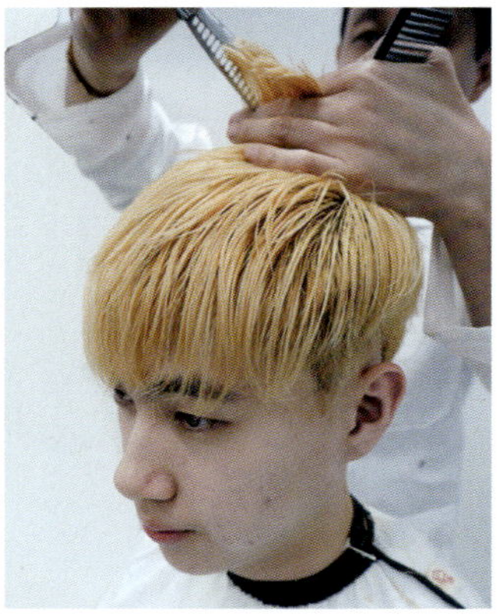

⑧ 백은 연속 깎기(싱글링)로 엘리베이션하여 층이 지지 않게 자연스럽게 연결한 후 밀어 깎기로 접합부의 요철과 튀어나온 모발을 정리한다.

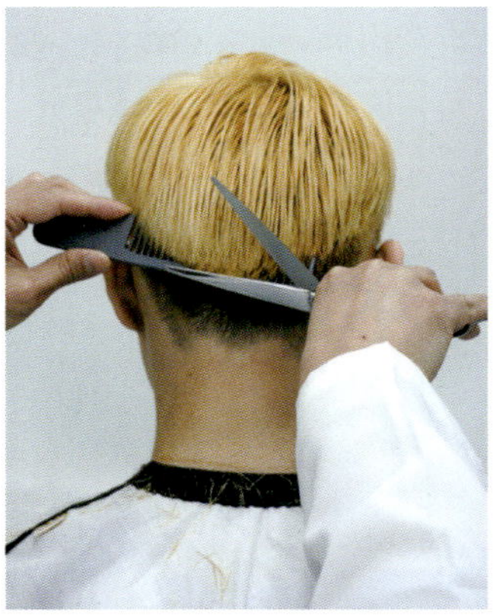
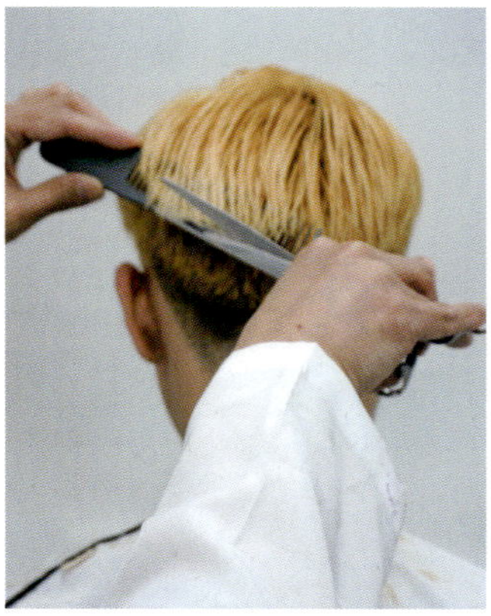

⑨ 커트가 완성된 상태에서 롤 브러시를 이용하여 각도를 들어 포워드 방향으로 각도를 낮춰 반원을 그리며 롤링하며 브러시를 빼준다.

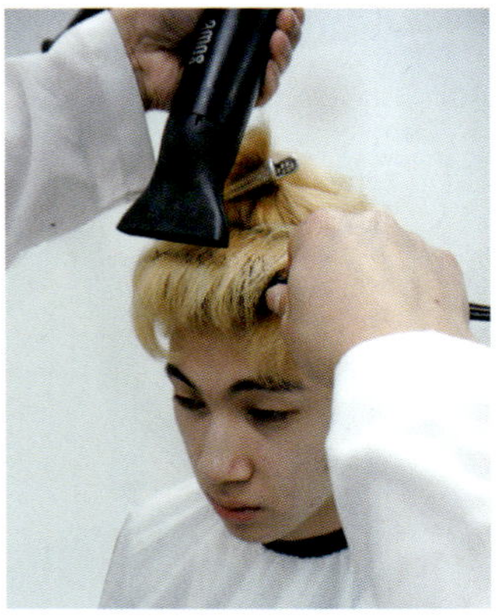
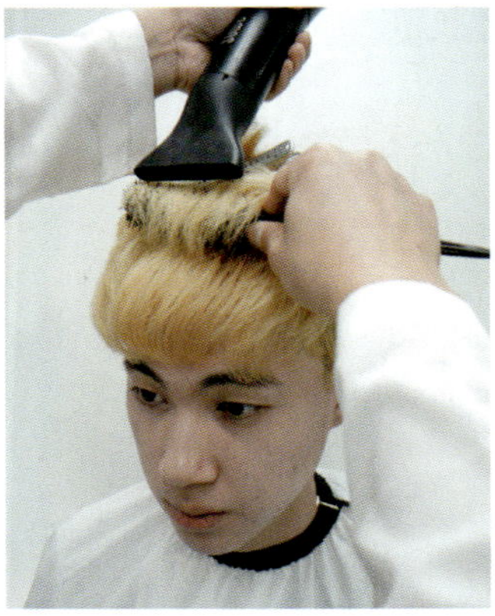
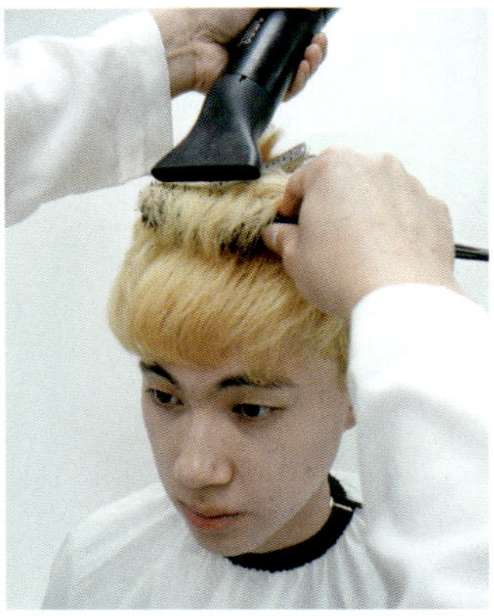

⑩ 모발의 각도를 90° 이상 들어 볼륨을 준 후, 머리카락을 주먹을 쥐듯이 가볍게 잡아주고 손가락 사이로 열을 가하여 볼륨과 웨이브, 모류의 방향성을 잡아준다.

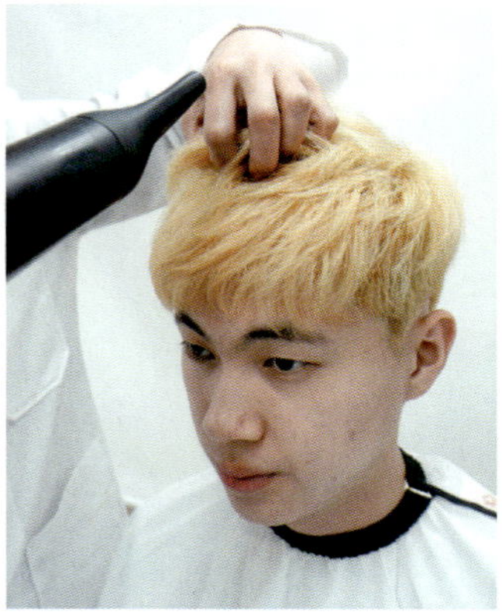
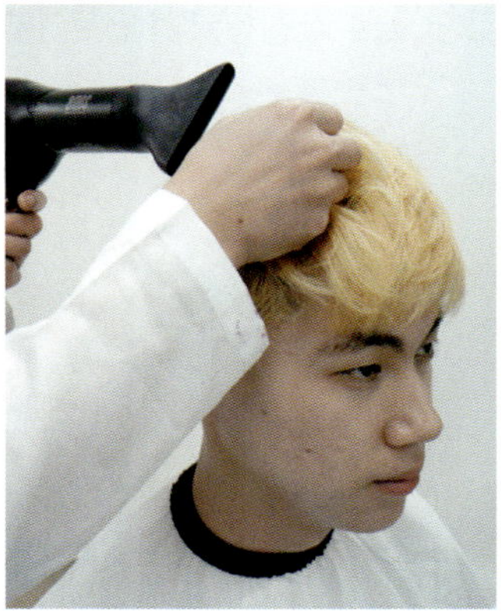
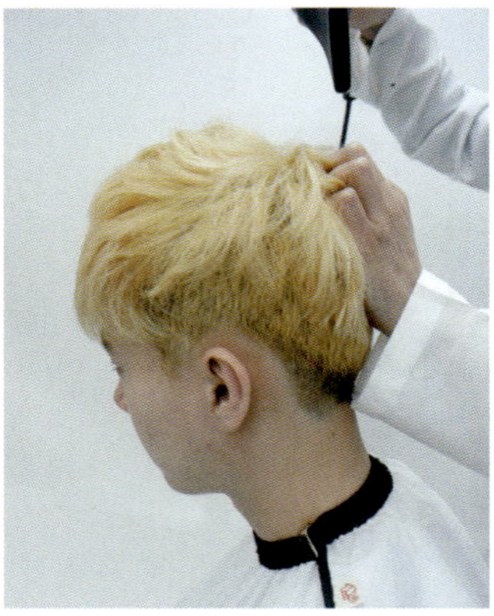
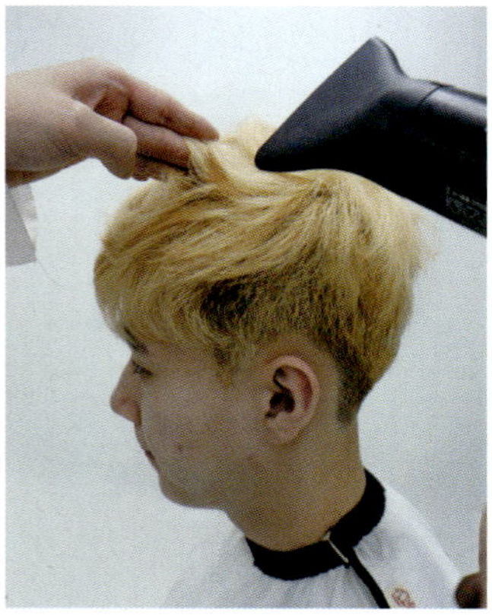
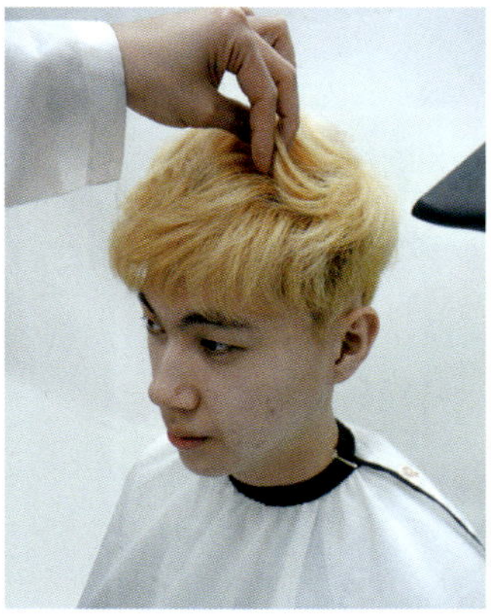

⑪ 머리카락을 주먹을 쥐듯이 가볍게 잡아주고 손가락 사이로 열을 가하여 볼륨과 웨이브, 모류의 방향성을 잡아주면서 스타일링 한다.

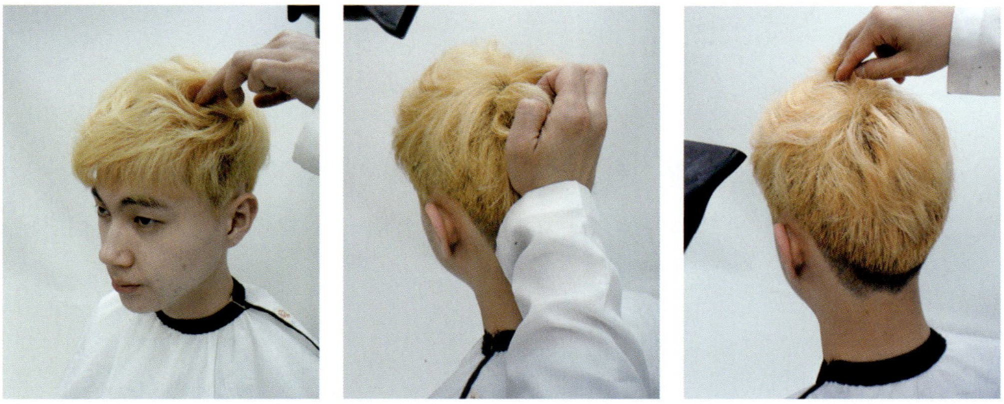

⑫ 전체적으로 광택제를 분사 후 손가락으로 매시와 웨이브를 잡아주면서 스프레이로 고정시켜 모발 표면을 매끄럽게 마무리한다.

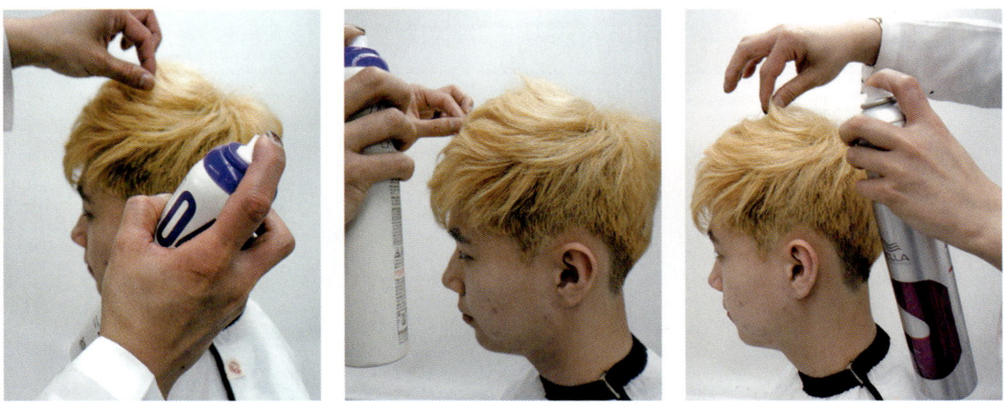

⑬ 스타일링이 완성된 상태이다.

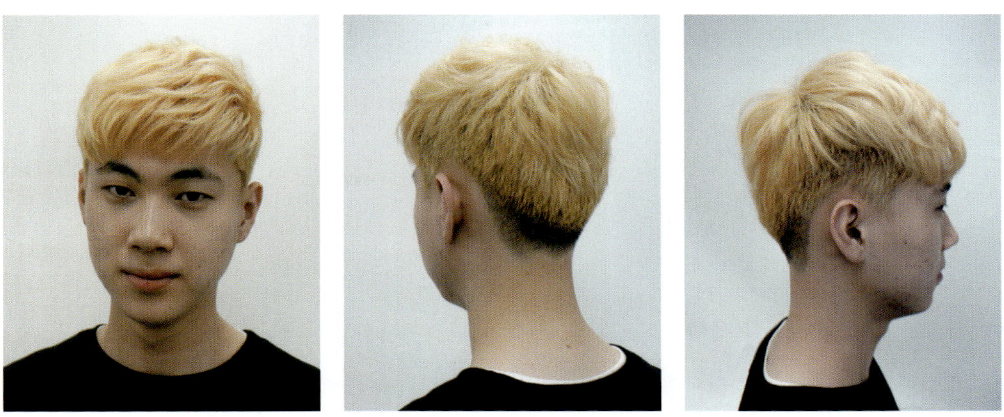

03 중발 스타일

중발 스타일은 사람의 머리 두상에서 귀 부분이 중심이 되어 측두부 밑머리의 길이가 귀 절반을 가린 기장으로 심하게 뜨는 머리, 얼굴이 긴 얼굴형, 삼각형 얼굴에 잘 어울린다. 짧은 모발에서는 표현이 힘든 웨이브를 중발 스타일에서는 다양하게 연출할 수 있다.

학습 내용	중발 스타일
수업 목표	· 중발 스타일의 기본 구조와 도해도를 분석할 수 있다. · 중발 스타일 커트의 시술 순서에 대입하여 시술할 수 있다. · 중발 스타일을 맞게 시술 각도를 조절할 수 있다. · 시술 시 싱글링과 밀어 깎기를 사용할 수 있다. · 레이저와 틴닝 가위를 사용하여 질감 처리를 할 수 있다. · 스타일 시술 시 드라이어와 아이론을 사용할 수 있다.

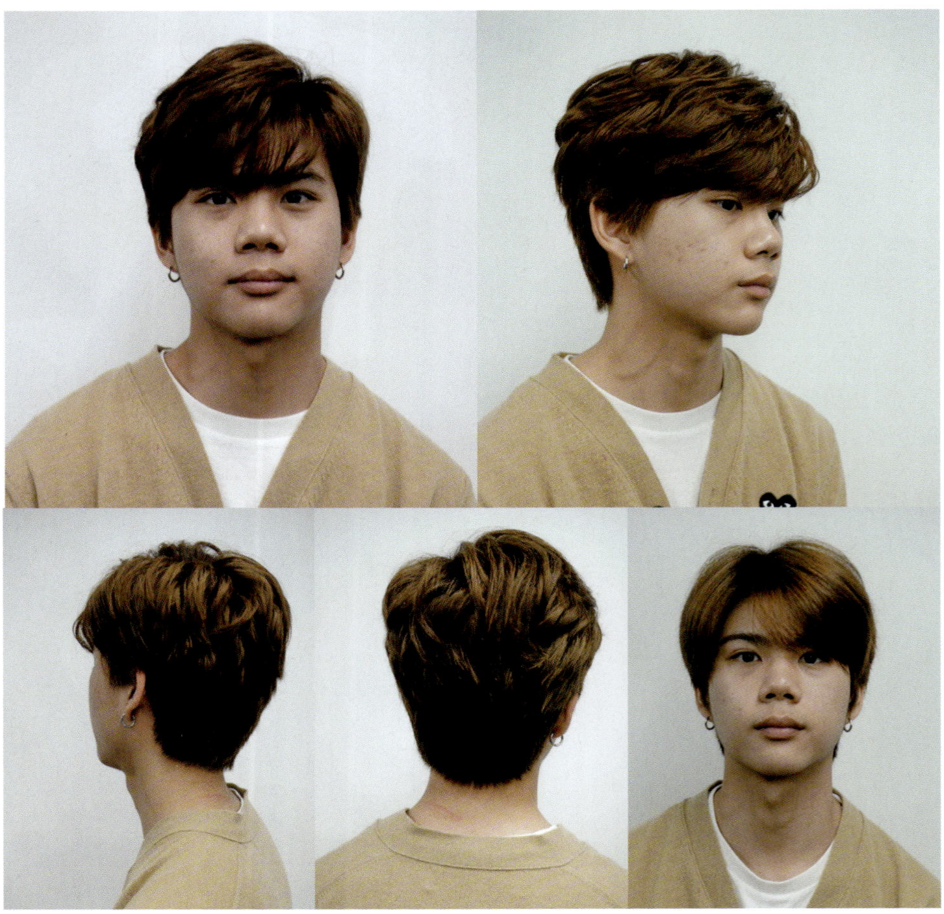

(시술 전)

① 모발의 조절을 용이하기 위해 U 블로킹을 하여 사이드의 이어 포인트 (E.P) 모발의 길이를 가이드로 설정하여 60°로 그래쥬에이션 커트한다. 가이드를 기준으로 앞쪽과 이어백의 모발을 사이드 베이스로 커트하여 기장을 확보한다.

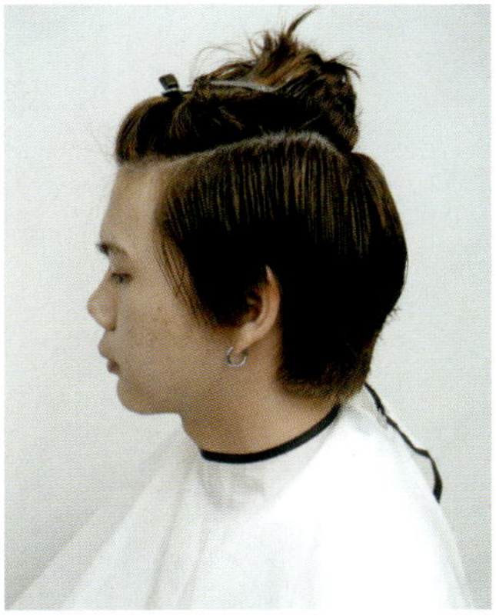

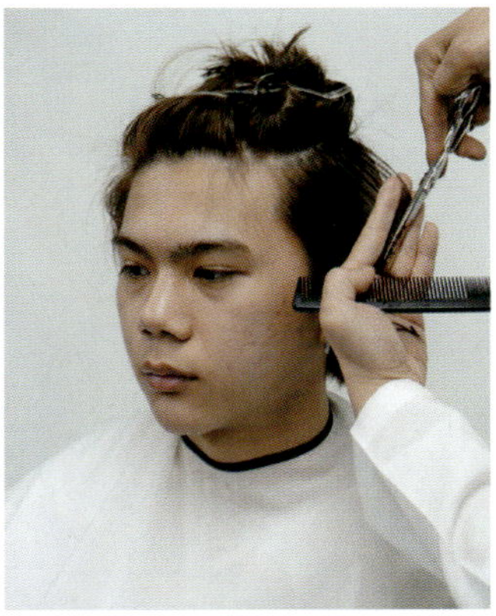

② 이동 가이드, 온 더 베이스로 우측 백 포인트(B.P)를 향하여 60°로 커트한다. 우측 사이드는 이어 포인트(E.P) 모발의 길이를 가이드로 앞쪽과 이어백의 모발을 사이드 베이스 커트하여 기장을 확보한다.

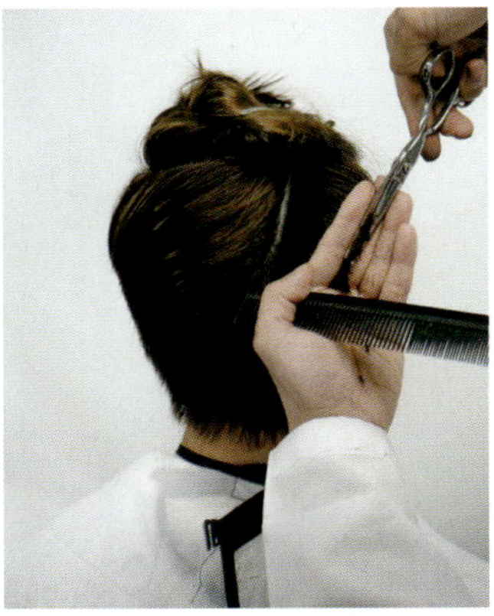

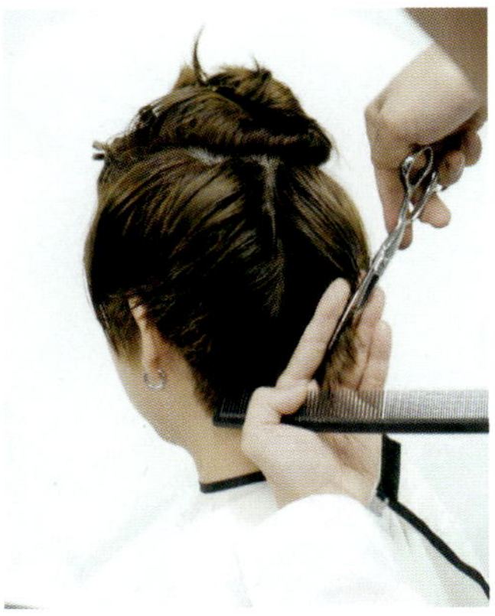

③ 톱 포인트(T.P)의 모발의 길이를 설정하여 센터 포인트를 향하여 가위를 45° 정도 비스듬히 세워 뭉툭한 느낌을 감소시키기 위해 나칭 기법으로 커트 후 설정된 가이드를 기준으로 좌측과 우측의 전두부를 스퀘어 형태로 커트한다.

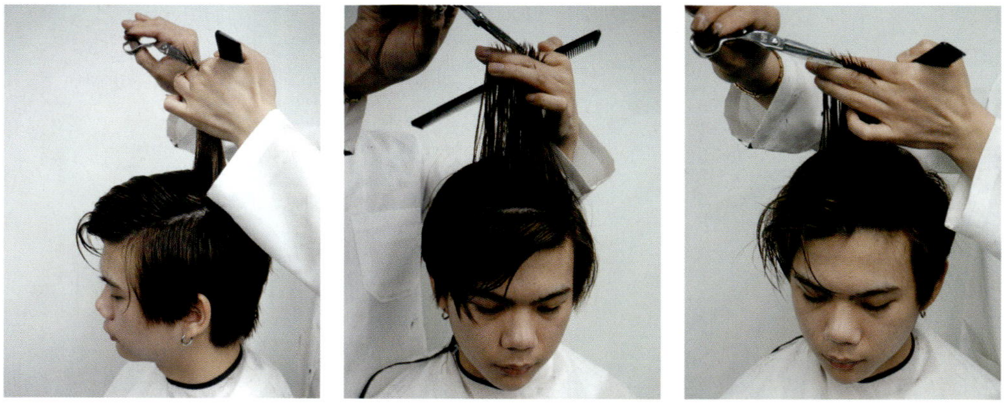

④ 인테리어는 불규칙한 디자인 선과 무게감과 질감을 제거하기 위해 포인팅 커트한다. 미들 존은 인컬의 형태를 만들기 위해 레이저로 안말음 기법으로 질감 처리한다. 사이드와 언더 존은 다운 슬라이싱 기법으로 뜨지 않게 질감 처리하여 자연스럽게 연결한다.

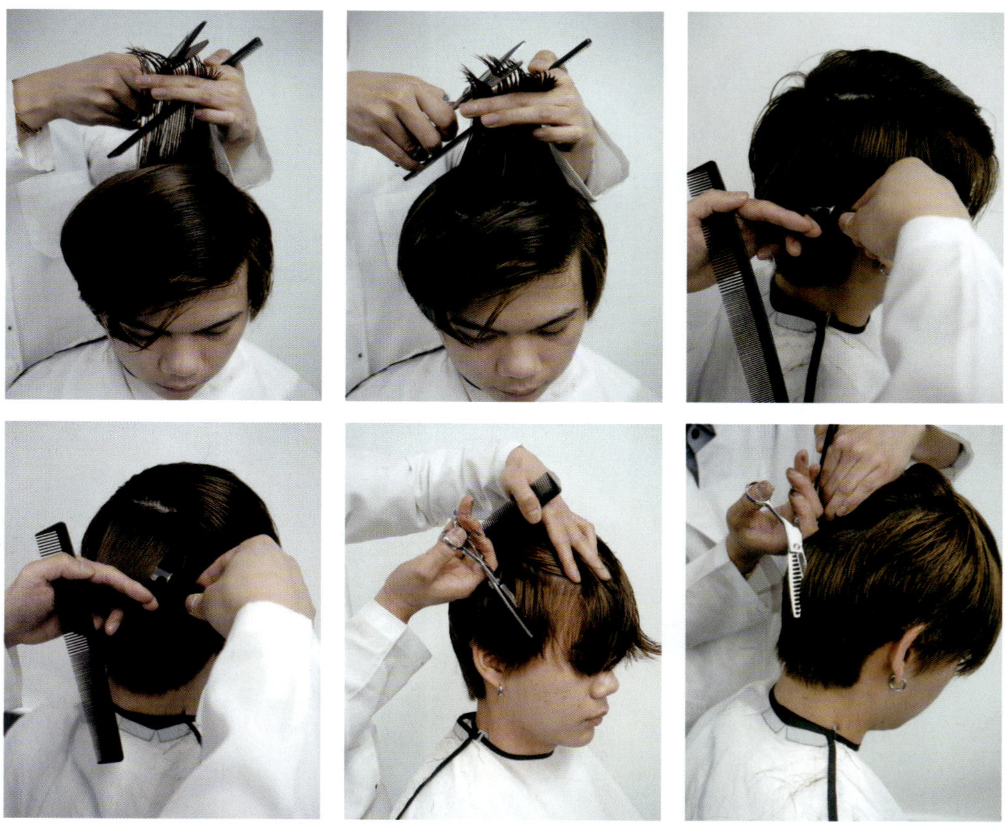

⑤ 네이프는 무게감을 줄여주고 모발을 밀착 시켜 자연스럽게 하기 위해 레이저 회전 기법으로 커트한 후 나칭 기법으로 형태 선을 잡아준다.

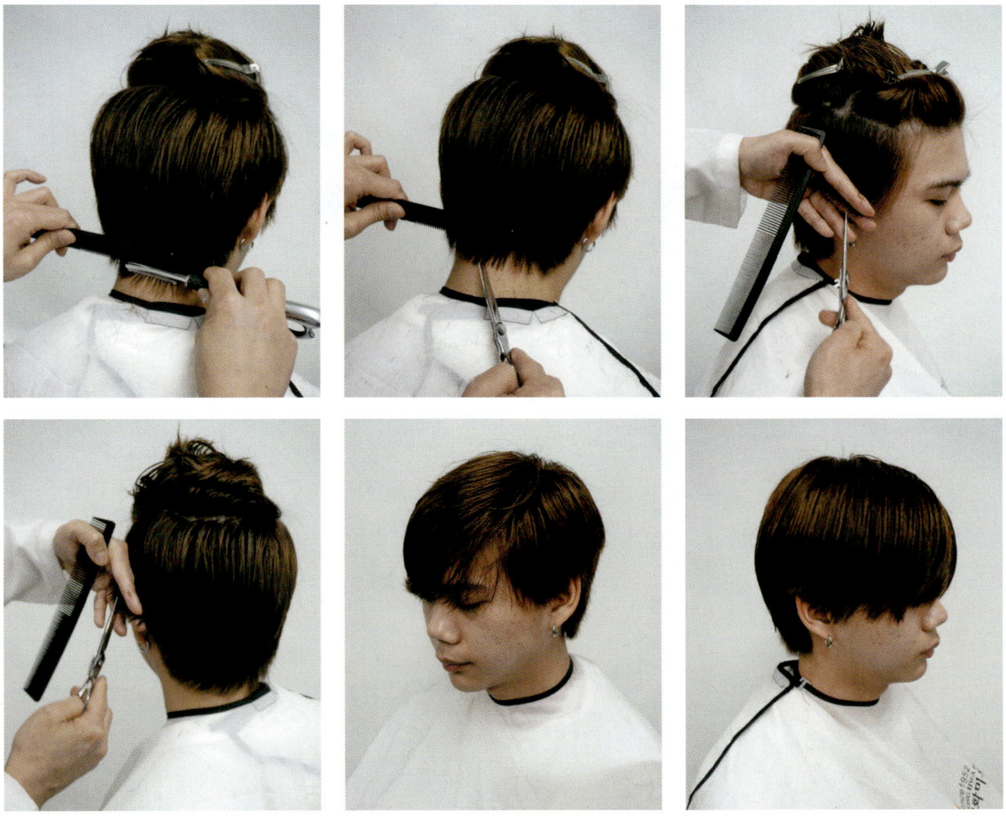

⑥ 커트가 완성된 상태에서 볼륨을 살려주기 위해 롤 브러시를 이용하여 각도를 들어 사선 방향으로 90° 전후의 각도로 한 바퀴 롤을 감아준 후 롤링하며 C컬의 형태로 끝까지 빗을 회전시켜 빼준다.

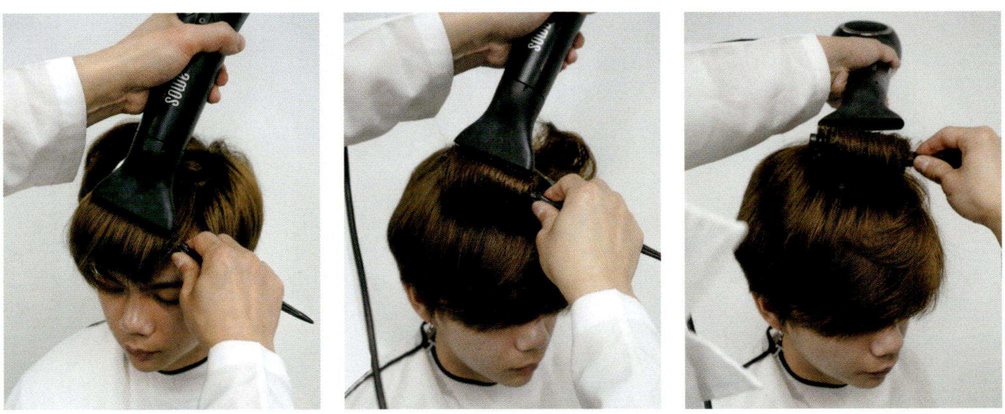

⑦ 옆머리는 반원을 그리며 C컬의 형태로 와인딩하여 자연스럽게 밑머리와 연결시켜 준다. 골덴포인트(G.P)는 볼륨을 주기 위해 90° 이상의 각도로 컬을 만든다.

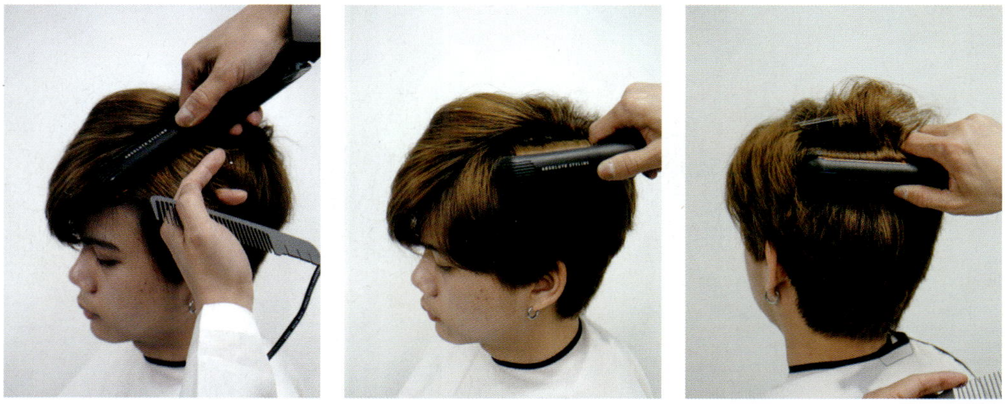

⑧ 앞머리는 각도를 낮춰 반원을 그리며 옆머리와 자연스럽게 연결하면서 아이론을 회전시켜 빼준다.

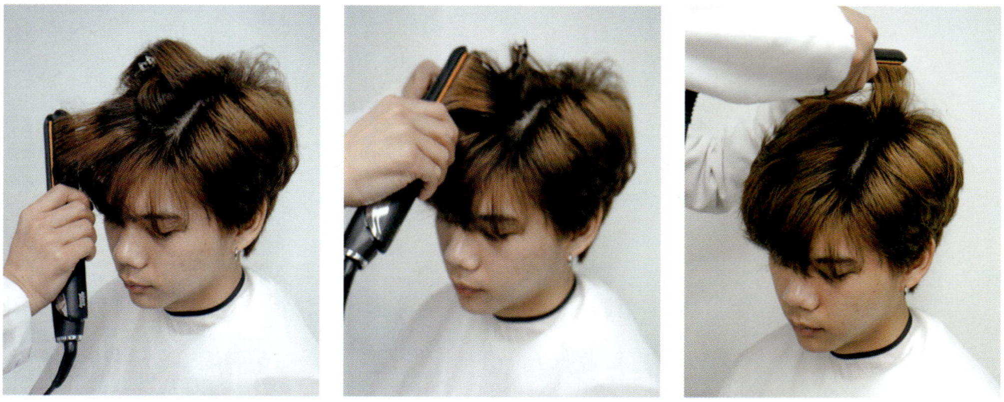

⑨ 아이론 시술이 완성되면 전체적으로 광택제를 분사 후 손가락으로 볼륨과 매시 잡아주면서 스프레이로 고정시켜 모발 표면을 매끄럽게 마무리한다.

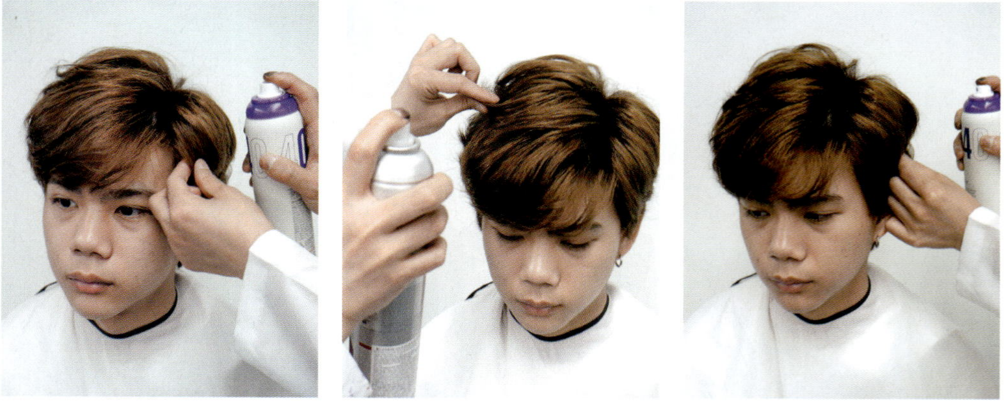

⑩ 손가락으로 매시와 웨이브를 잡아주면서 스프레이로 고정시켜 모발 표면을 매끄럽게 마무리한다.

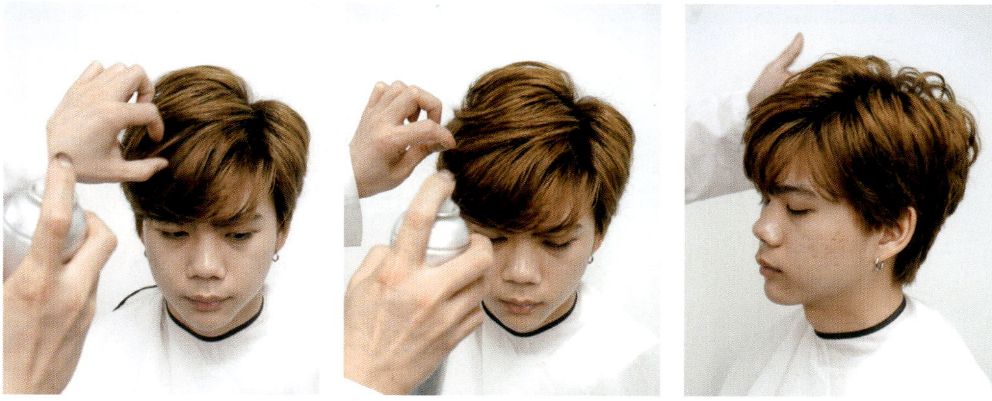

⑪ 스타일링이 완성된 상태이다.

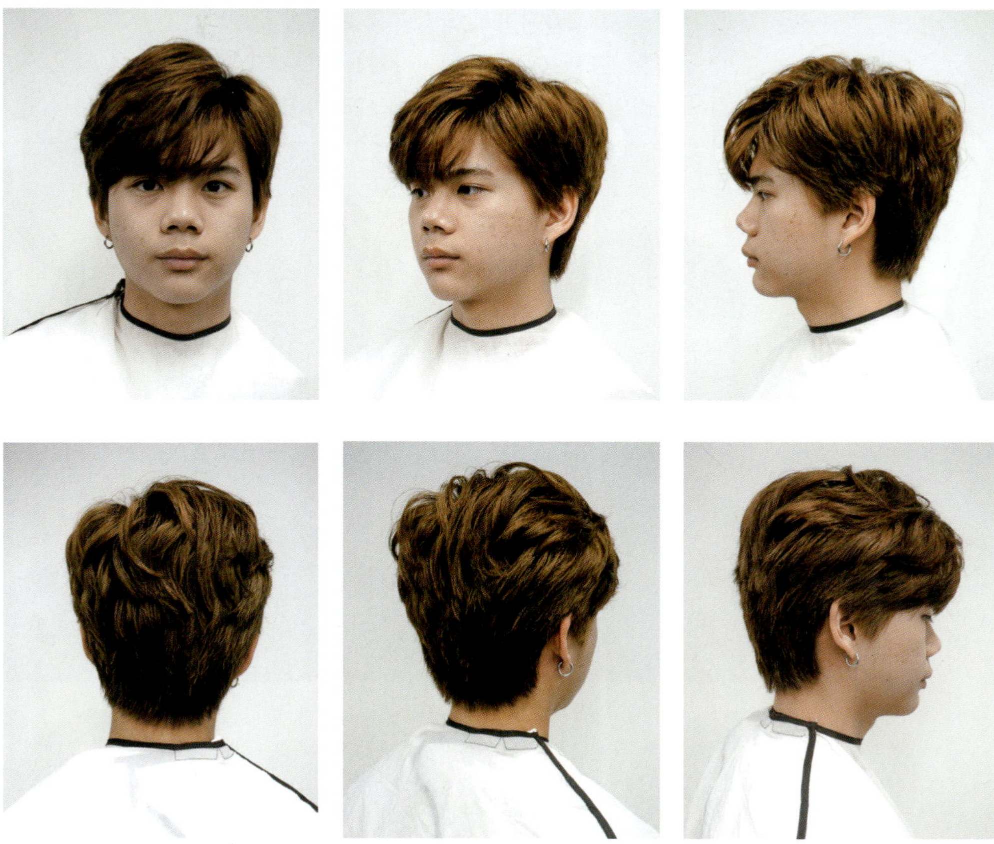

04 높은 상고 스타일

MAN'S HAIR CUT MAN'S HAIR CUT MAN'S HAIR CUT MAN'S HAIR CUT MAN'S HAIR CUT MAN'S HAIR CUT

높은 상고 스타일은 '상상고'라고도 한다. 클리퍼를 사용하여 2~3cm 이상을 70~80°로 두피 노출이 최대한 이루어지는 스타일과, 측두부 밑머리를 자연스럽게 커트하는 스타일이 있으며 어린아이부터 중·장년층이 주로 하는 스타일이다.

학습 내용	높은 상고 스타일
수업 목표	· 높은 상고 스타일의 기본 구조와 도해도를 분석할 수 있다. · 높은 상고 커트의 시술 순서에 대입하여 시술할 수 있다. · 높은 상고 스타일을 맞게 시술 각도를 조절할 수 있다. · 높은 상고 스타일 시술 시 클리퍼를 사용할 수 있다. · 시술 시 싱글링과 밀어 깎기를 사용할 수 있다. · 커트 스타일에 맞게 틴닝가위를 사용하여 질감 처리를 할 수 있다. · 스타일링 시술 시 일자 빗과 드라이어로 시술할 수 있다.

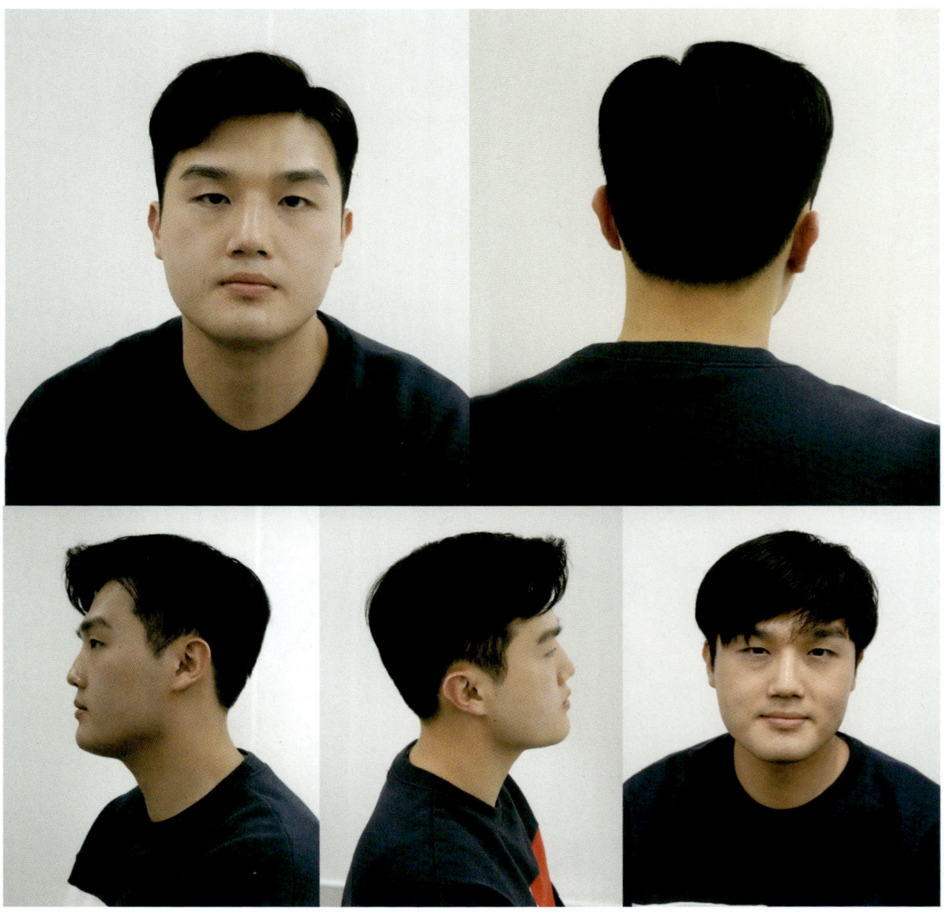

(시술 전)

① 톱 포인트(T.P)의 모발의 길이를 설정하여 센터 포인트(C.P)를 향하여 사이드 베이스로 블런트 커트한다. 설정된 가이드를 기준으로 좌측과 우측의 전두부를 스퀘어 형태로 커트한 후 우측 사이드로 진행한다.

② 사이드는 이어 포인트(E.P)를 기준으로 사이드 베이스로 70~80°로 그래쥬에이션 커트한다. 백은 이동 가이드, 온 더 베이스로 좌측 백 포인트(B.P)를 향하여 각도를 유지하며 커트한다.

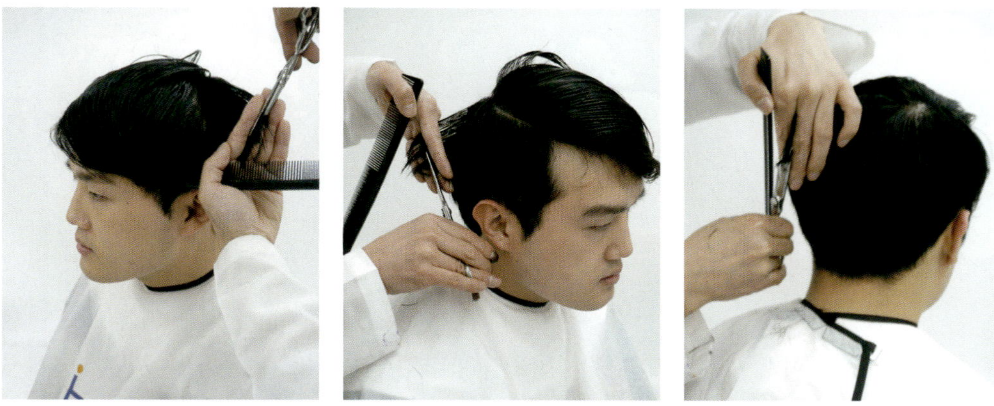

③ 좌측 사이드의 수직 파팅 하여 커트 후 수평으로 체크한다. 머릿결 층이 자연스럽게 연결되고 차분하게 자라기 위해 클리퍼를 백핸드 잡기로 위에서 밑으로 사이드를 70~80°로 커트한다.

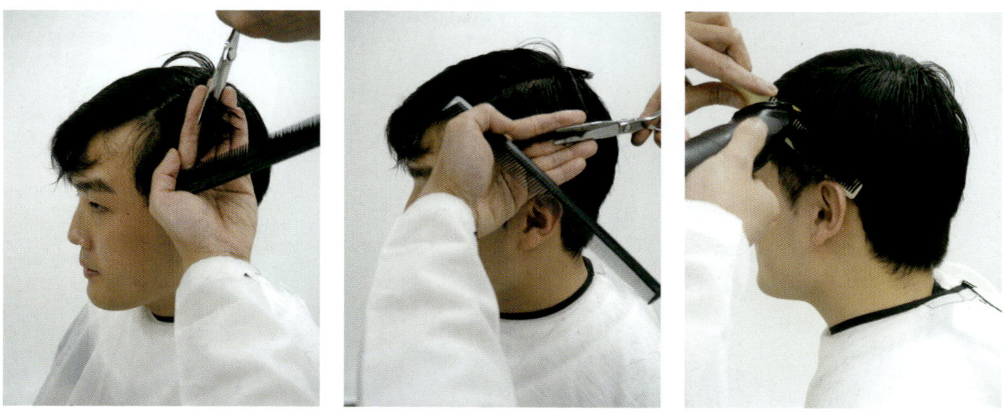

④ 백핸드 잡기와 스틱핸드 클리퍼 잡기로 좌측 백사이드에서 우측 사이드를 향하여 70~80°로 커트를 진행한다. 연속 틴닝과 떠올려 틴닝 기법을 이용하여 1/3~1/4 모량을 조절하면서 질감 처리한다.

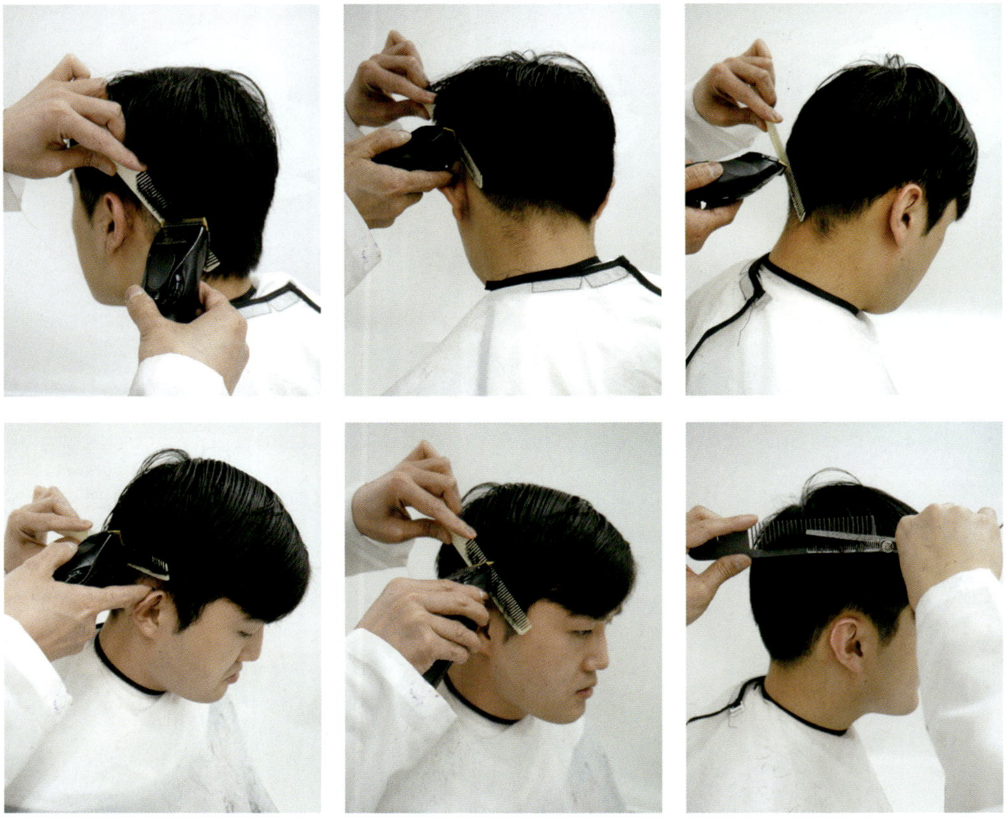

⑤ 백과 좌측 사이드를 향하여 연속 틴닝과 떠올려 틴닝 기법을 사용하여 질감 처리한다. 장가위로 좌측 사이드에서 백 사이드를 향하여 연속 깎기(싱글링)로 자연스럽게 윗머리와 연결시켜 커트한다.

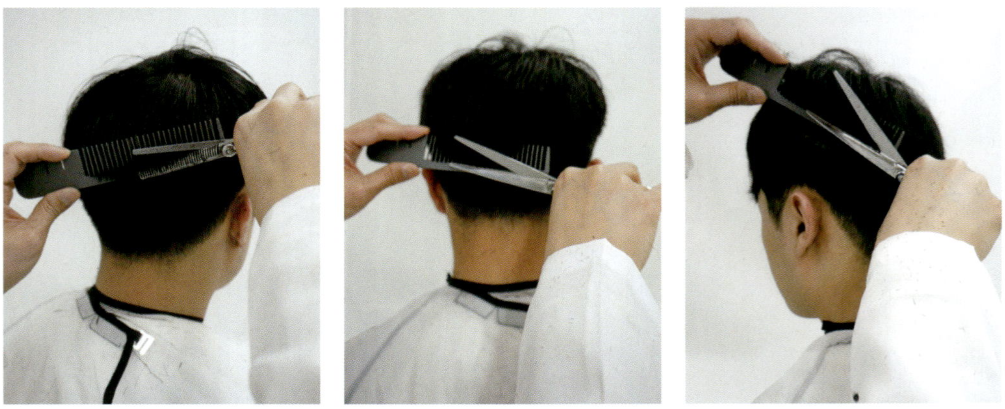

⑥ 연속 깎기(싱글링)로 층이 나지 않게 각도를 점점 올려 주면서 엘리베이션 하여 자연스럽게 연결시켜 커트한다. 검지로 귀를 잡아주고 요철과 튀어나온 머리를 밀어 깎기 기법을 이용하여 커트한다.

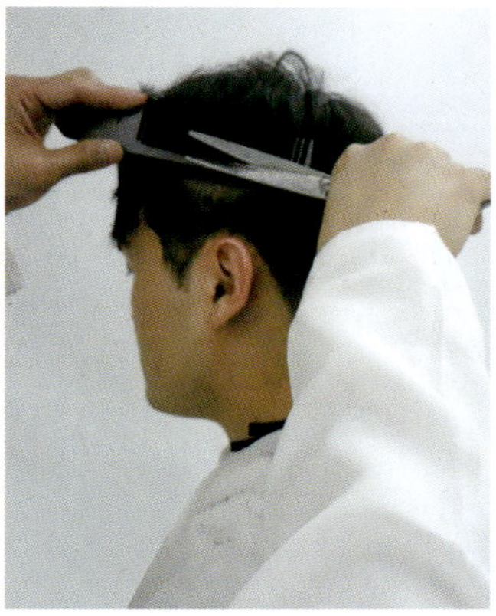
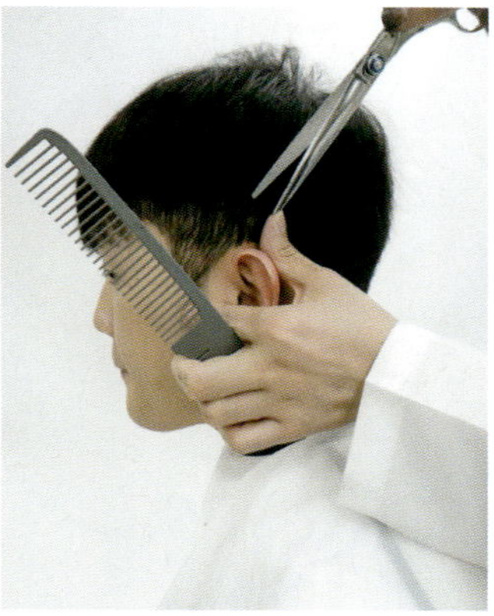
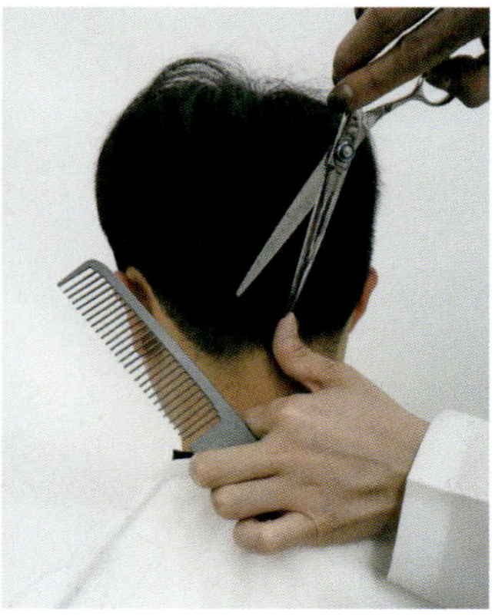
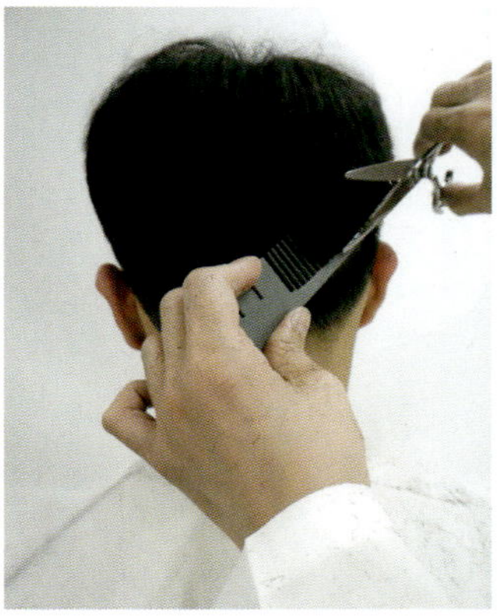

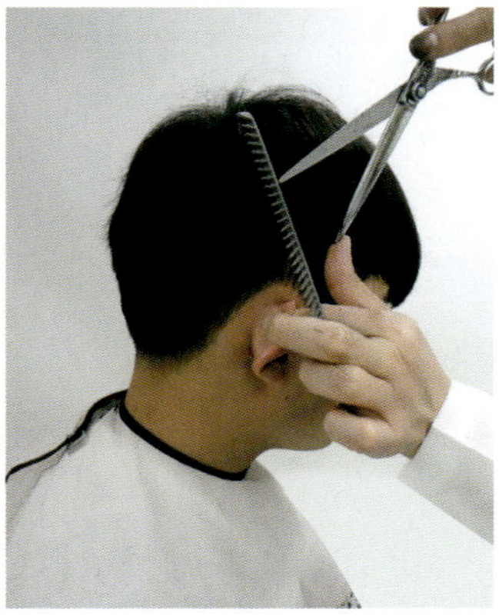

⑦ 왼쪽 이어 라인은 빗을 검지와 중지 사이에 잡아주고 왼손으로 클리퍼를 고정시켜 라인을 정리한다. 오른쪽 이어 라인은 검지로 귀를 앞으로 눌러주고 이어 라인의 형태 선을 커트한다.

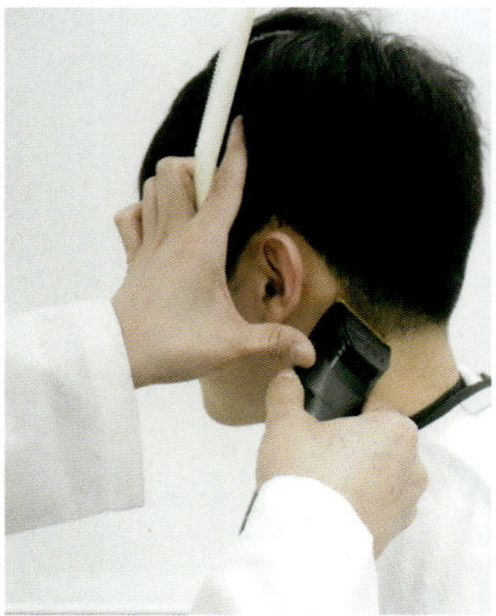
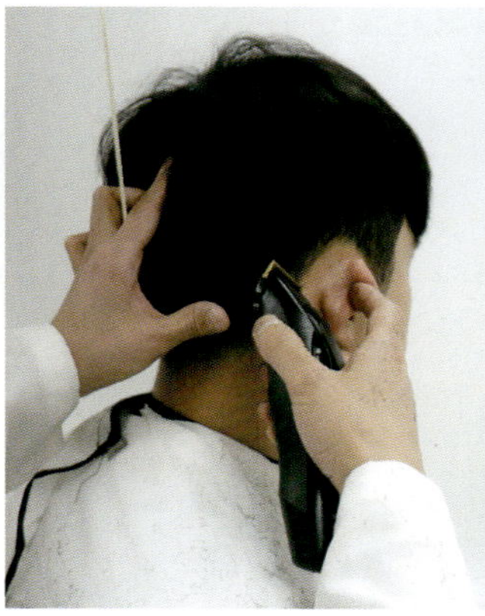
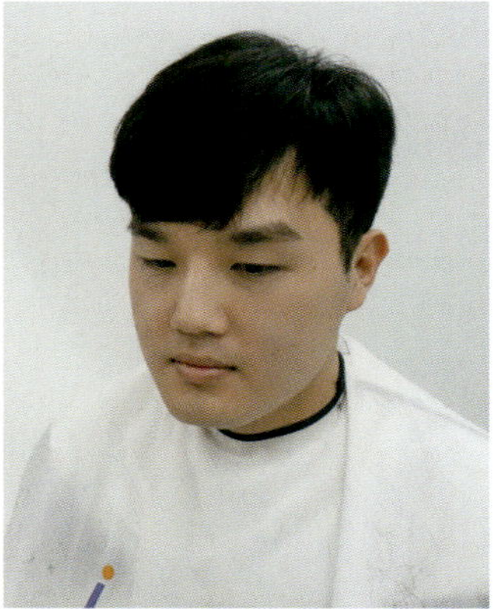

⑧ 헤어 에센스를 도포 후 가르마 선을 평행하게 빗어준 후 일자 빗과 드라이를 사용하여 모근을 90° 각도를 유지하며 모발을 C컬의 형태로 끝까지 빗을 회전시켜 빼준다. 왼손을 45°로 벌려준 후 열을 안으로 넣어 가볍게 뜨는 머리를 밑에서 들어 올리면서 붙여준다.

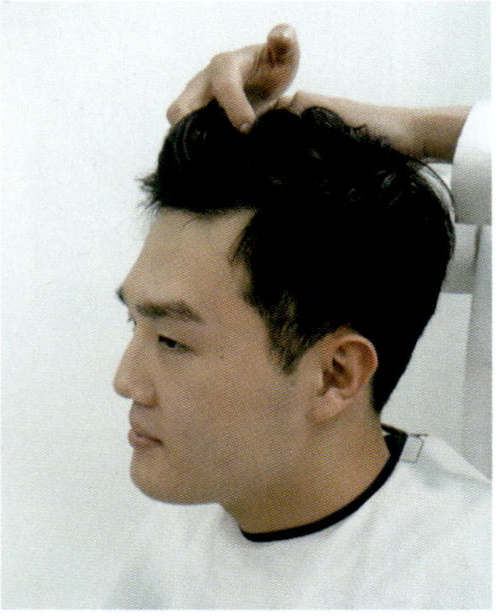
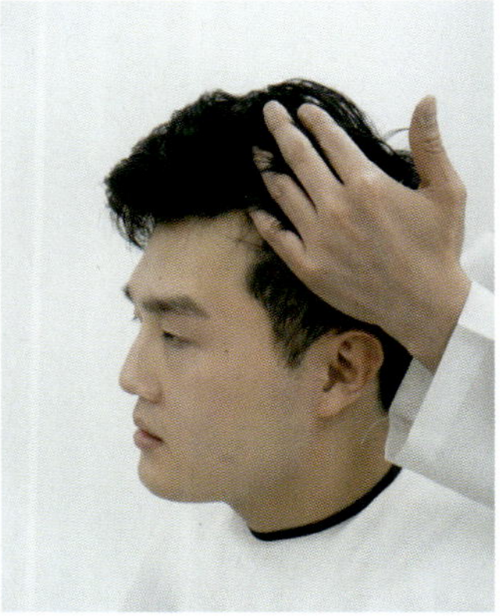
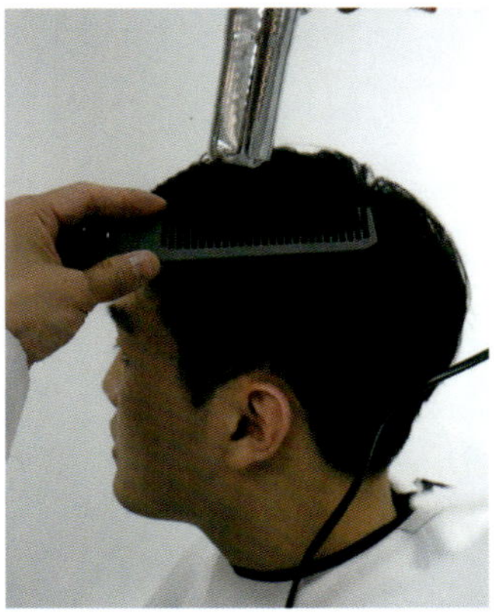
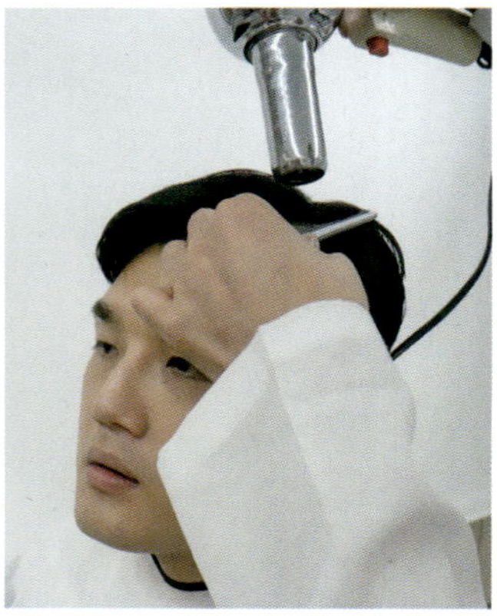
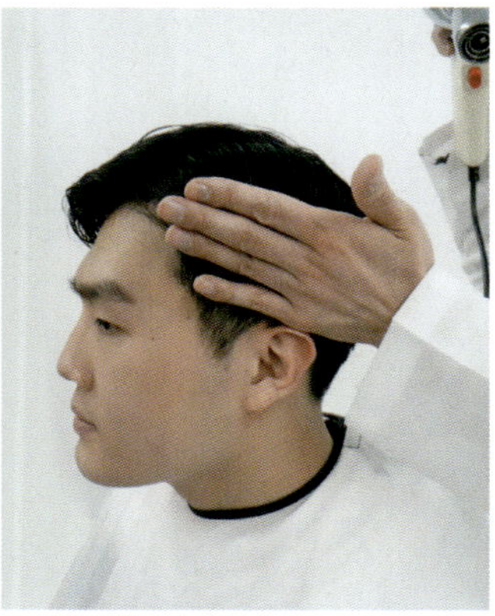
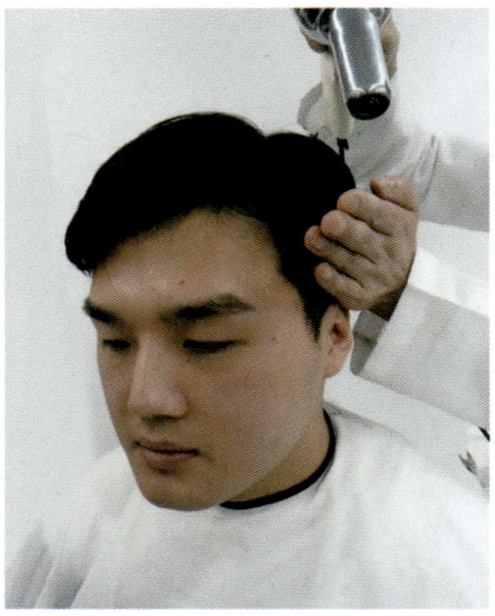

⑨ 골덴 부분은 90° 이상의 각도로 빗살을 회전시키면서 네이프 부분으로 갈수록 각도를 낮추면서 드라이한다. 사이드는 빗살을 걸어 빗 몸을 두상의 선과 같이 하며 드라이 각도를 45° 뒤로하여 열을 준다.

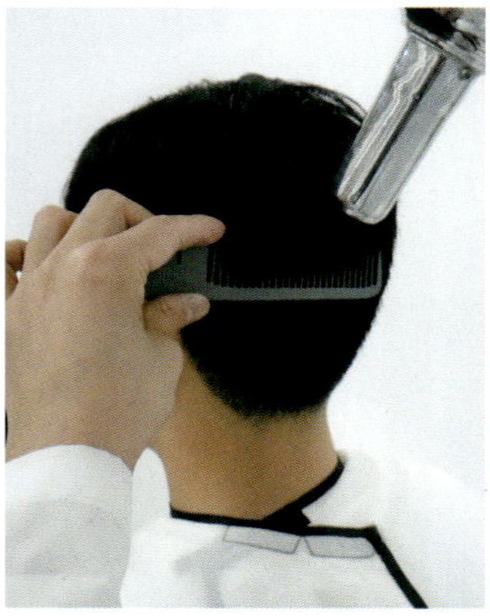
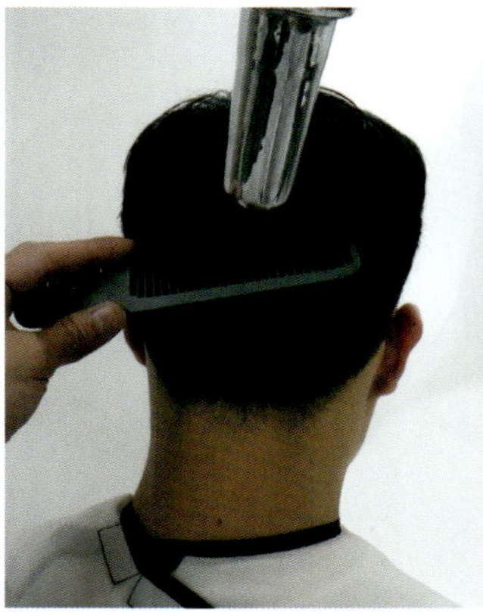
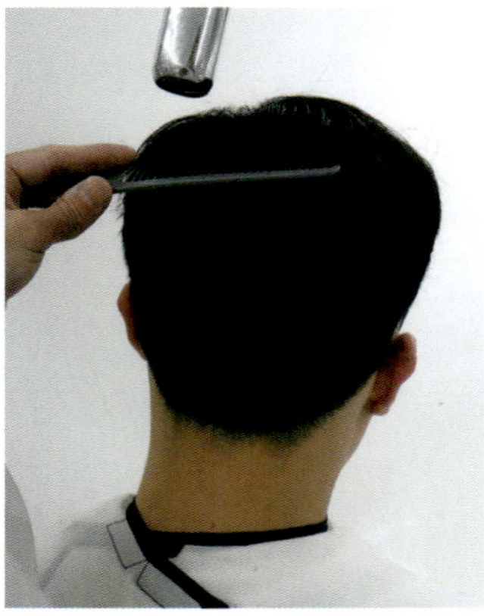

⑩ 앞머리는 빗을 크게 회전시키면서 볼륨을 얼굴의 형에 맞게 드라이한다. 드라이 시술이 완성되면 전체적으로 광택제를 분사 후 일자 빗을 사용하여 앞머리의 손가락으로 메시를 잡아주면서 스프레이로 고정시켜 모발 표면을 매끄럽게 마무리한다.

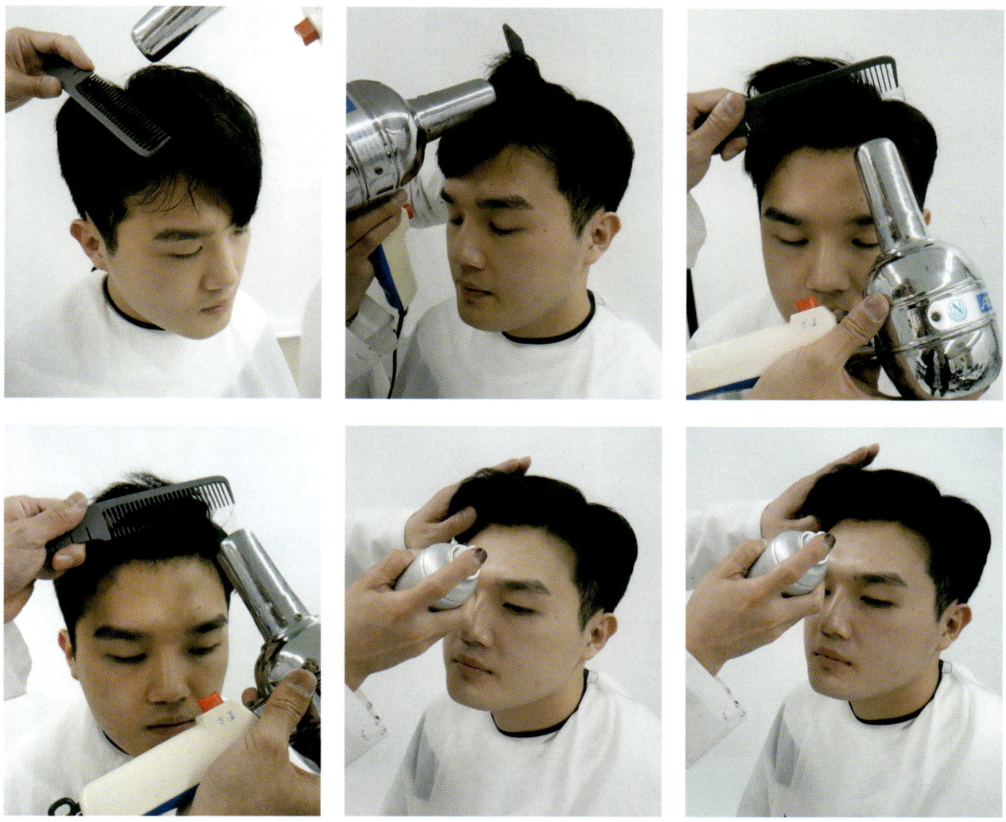

⑪ 스타일링이 완성된 상태이다.

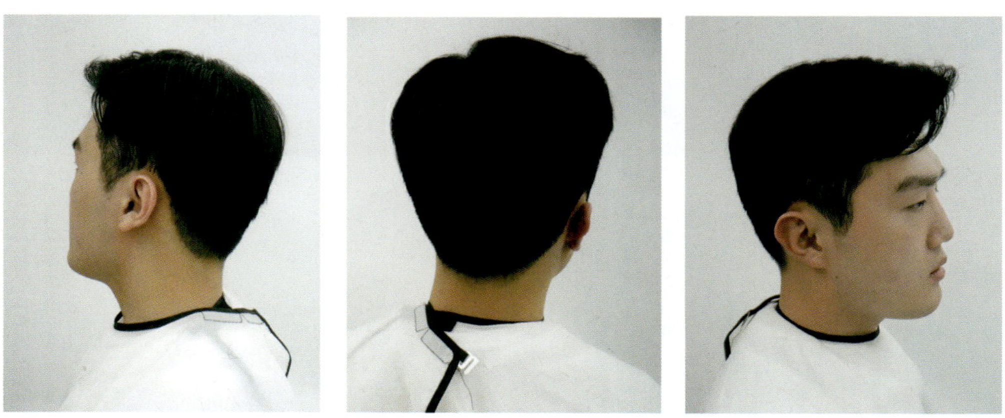

05 둥근 스포츠 스타일

둥근 스포츠 스타일은 브로스형, 크루컷이라고 하며, 특수 조발에 속한다. 디자인을 전체적으로 하나의 박스 형태로서 머리 모양을 직각으로 연출하고 네이프 라인과 사이드라인을 짧게 올려 쳐주는 형태이다. 스퀘어브로스, 라운드 브로스형으로 분류할 수 있다.

학습 내용	둥근 스포츠 스타일
수업 목표	· 둥근 스포츠 스타일의 기본 구조와 도해도를 분석할 수 있다. · 둥근 스포츠 커트의 시술 순서와 각도를 대입하여 시술할 수 있다. · 시술 시 클리퍼를 사용할 수 있다. · 스타일 시술 시 싱글링과 밀어 깎기를 사용할 수 있다. · 커트 스타일에 맞게 틴닝 가위를 사용하여 질감 처리를 할 수 있다. · 스타일링 시술 시 덴맨 브러시를 사용하여 시술할 수 있다.

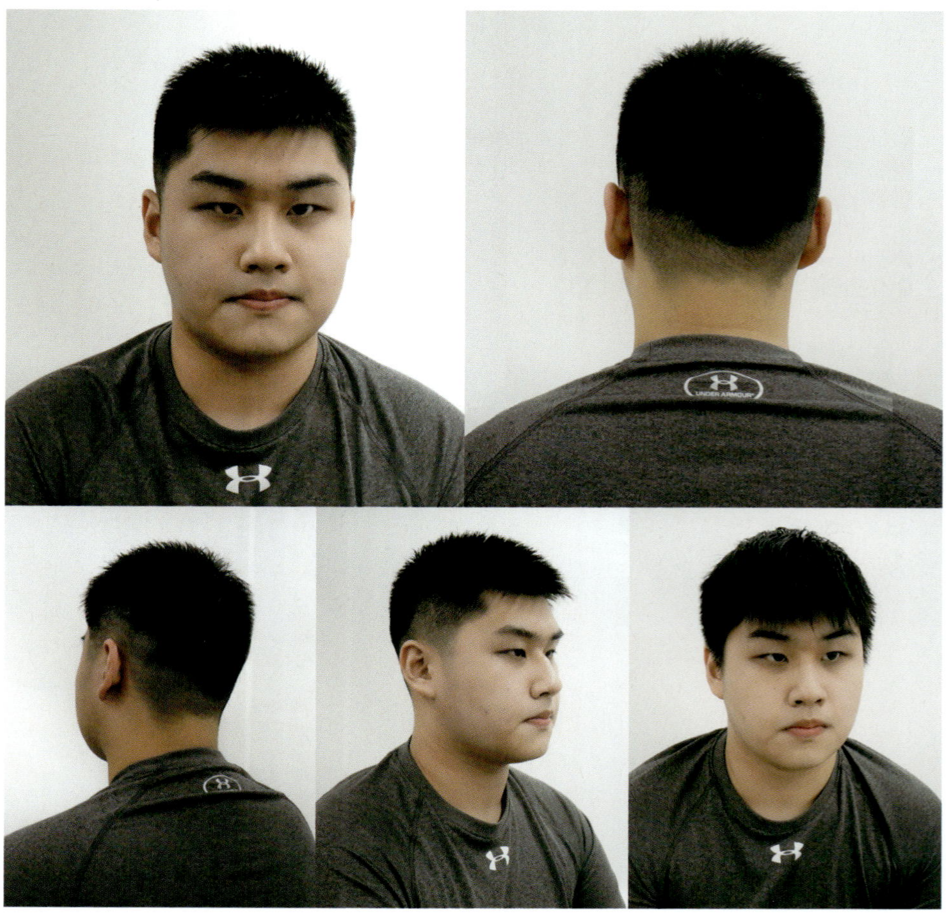

(시술 전)

① 톱 포인트(T,P) 모발의 길이를 3cm 정도 설정하여 센터 포인트(C.P)를 향하여 프리 베이스로 블런트 커트한다. 설정된 가이드를 기준으로 좌측과 우측의 전두부를 두상의 형태에 따라 스퀘어나 라운드 형태로 커트한 후 우측 사이드로 진행한다.

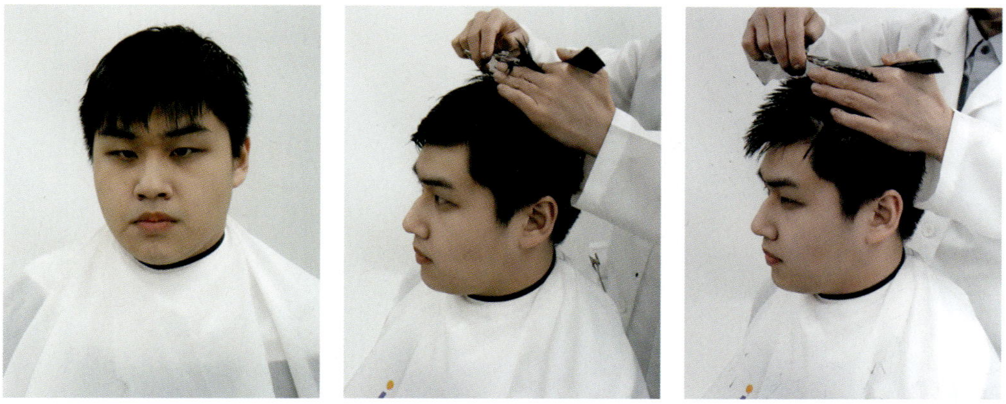

② 앞머리를 텐션을 가하지 않고 모류의 방향성을 최대한 살려 길이에 맞게 프리핸드 나칭 기법으로 정리해 준다. 우측 사이드는 손가락 하나 들어갈 정도로 90°로 스퀘어 커트한다.

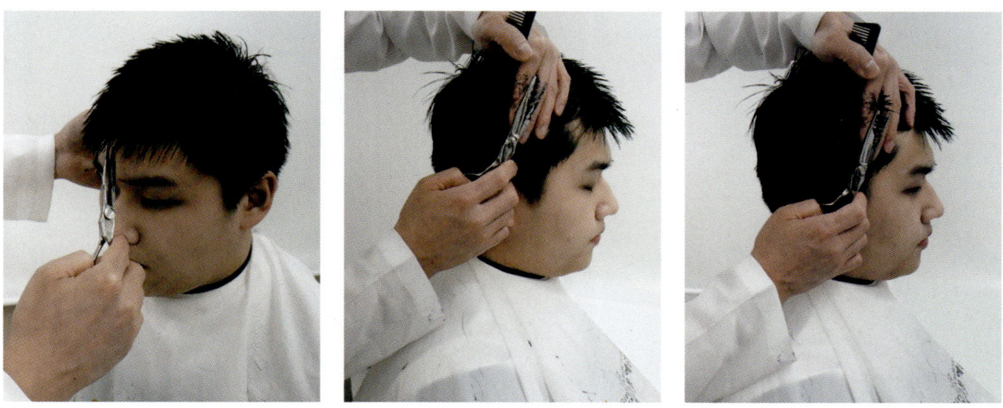

③ 백 포인트를 향하여 온 더 베이스 90°로 스퀘어 커트한 후 백과 골덴을 라운드 형태로 엘리베이션 커트를 진행한다.

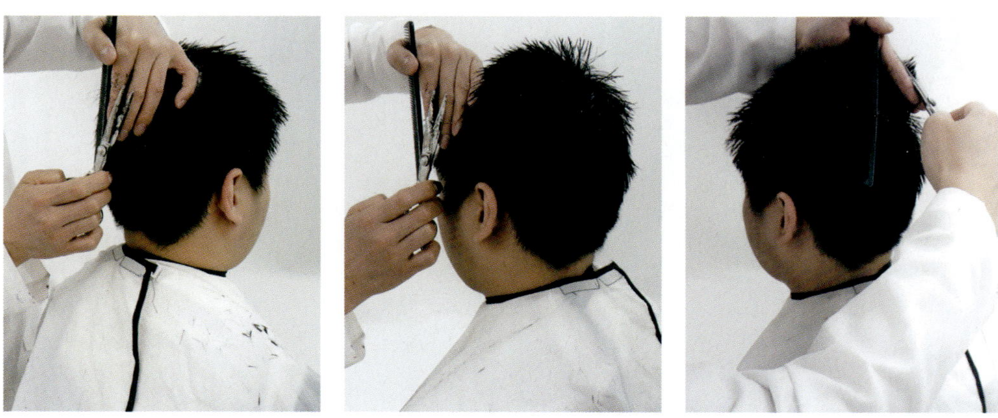

④ 머릿결 층이 자연스럽게 연결되고 차분하게 자라기 위해 오른쪽 검지로 귀를 앞으로 눌러주고 클리퍼 백핸드 잡기로 위에서 밑으로 이어 라인을 커트 후 우측 사이드를 향하여 90°로 커트를 진행한다.

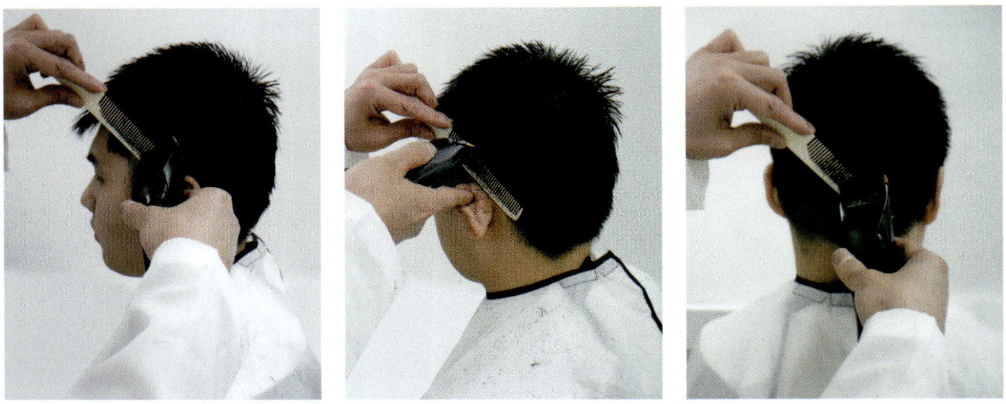

⑤ 스틱핸드 클리퍼 잡기로 터치 기법을 이용하여 층이 지지 않게 윗부분과 자연스럽게 그라데이션 커트한다.

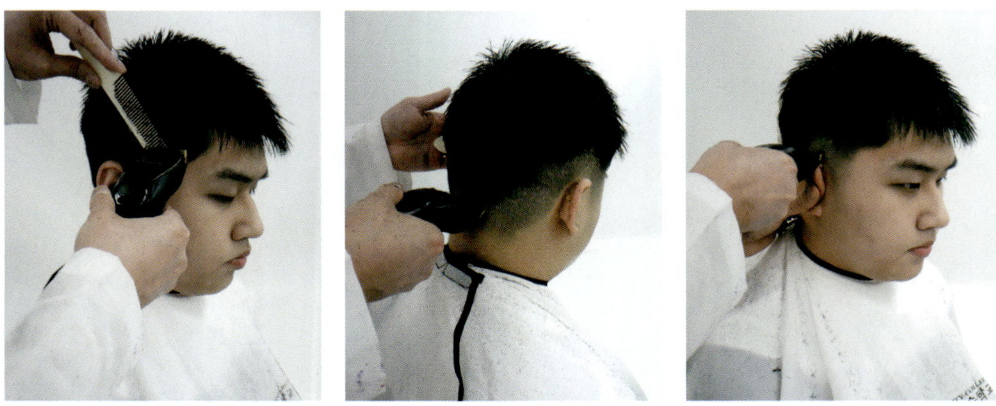

⑥ 백에서 골덴 부분을 향하여 싱글링으로 층이 나지 않게 엘리베이션 하여 자연스럽게 윗머리와 연결시켜 커트한다. 앞머리의 사이드라인은 빗을 밀어 깎기 잡기로 빗살을 두피에 대고 각도를 점점 올려 주면서 코너를 스퀘어 형태로 라운딩하여 커트한다.

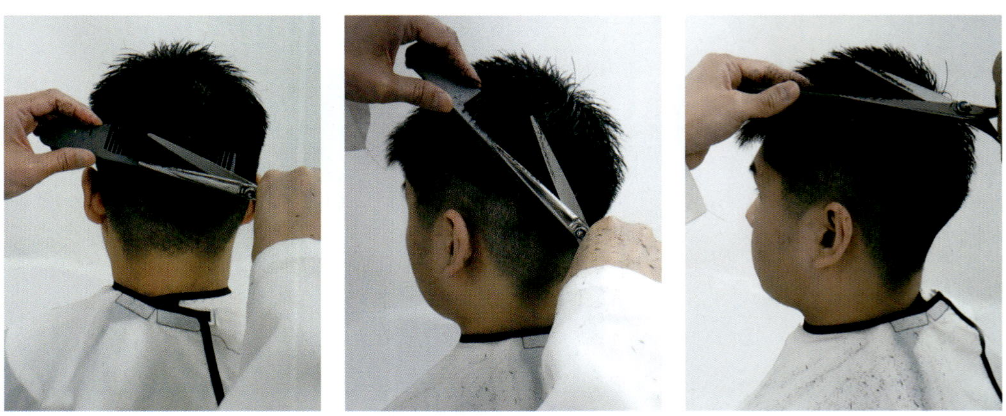

⑦ 빗살을 두피에 대고 각도를 점점 올려 주면서 코너를 스퀘어 형태로 라운딩하여 커트한 후 밀어 깎기와 당겨 깎기로 요철과 튀어나온 모발을 정리하여 커트한다.

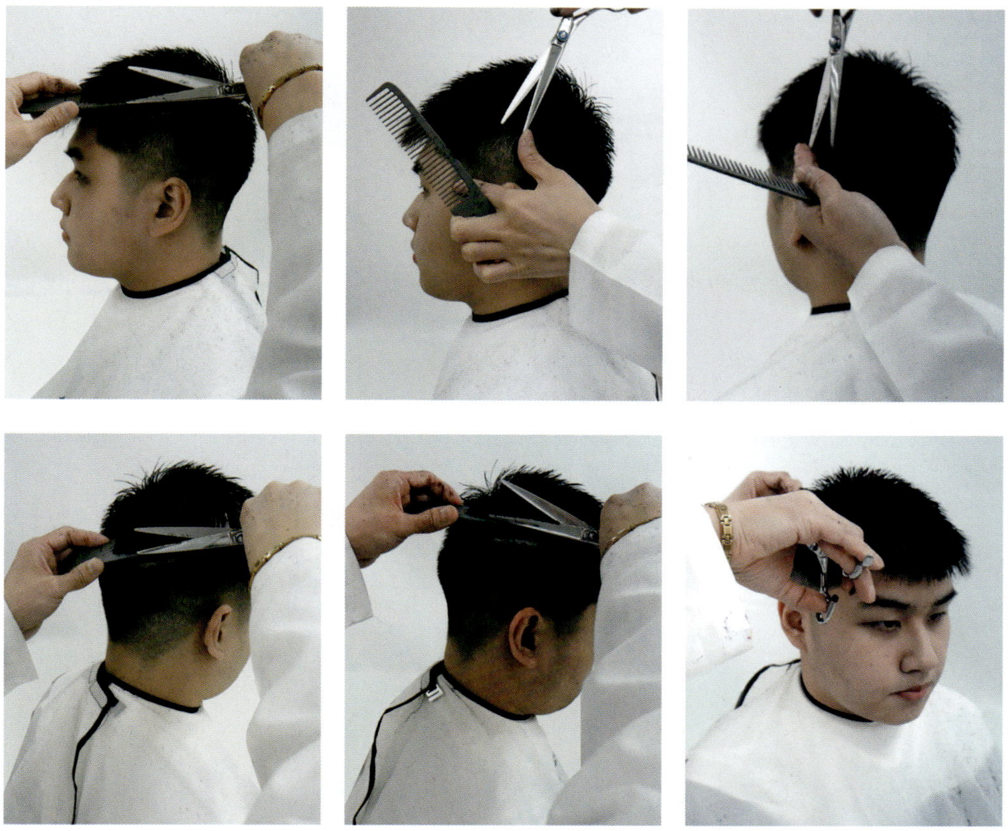

⑧ 요철 부위의 튀어나온 모발을 깔끔하게 정리한다.

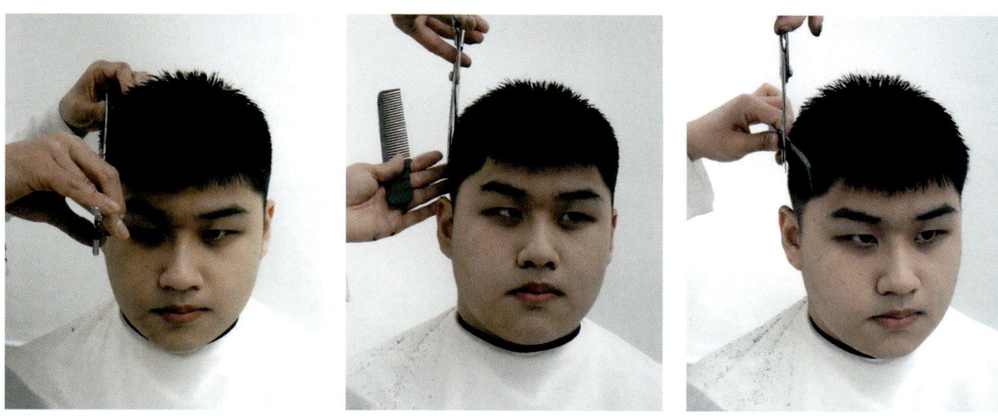

⑨ 틴닝 가위를 이용하여 인테리어는 연속 깎기와 떠올려 틴닝 기법을 이용하여 1/3~1/4 모량을 조절하면서 질감 처리한다. 앞머리는 프리핸드 나칭 기법으로 뭉치지 않게 자연스럽게 틴닝 커트한다.

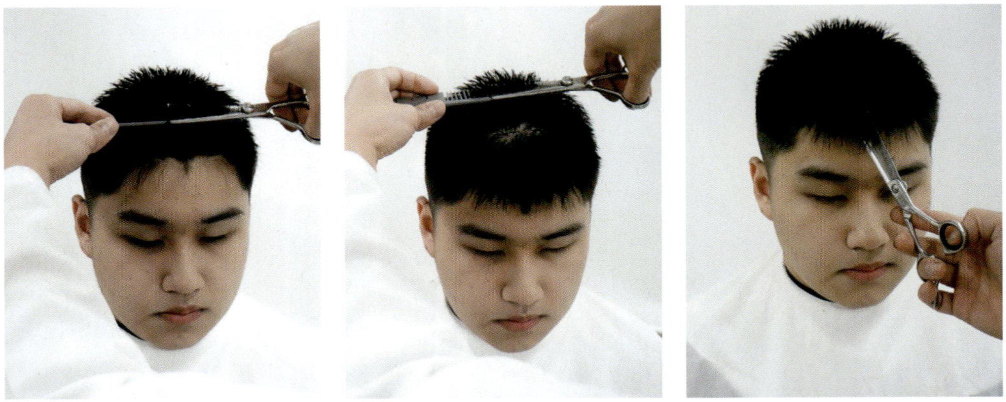

⑩ 백에서 골덴을 향하여 연속 깎기 틴닝과 떠올려 틴닝 기법을 이용하여 1/3~1/4 모량을 조절을 하면서 커트한다.

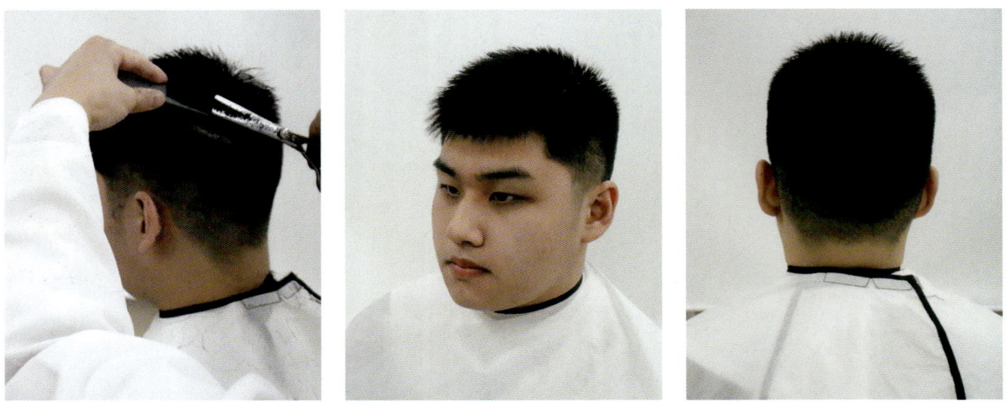

⑪ 덴맨 브러시와 드라이를 사용하여 톱에서 프런트 방향으로 모근을 90° 전후로 각도를 유지하며 모발을 세워 주면서 드라이한다.

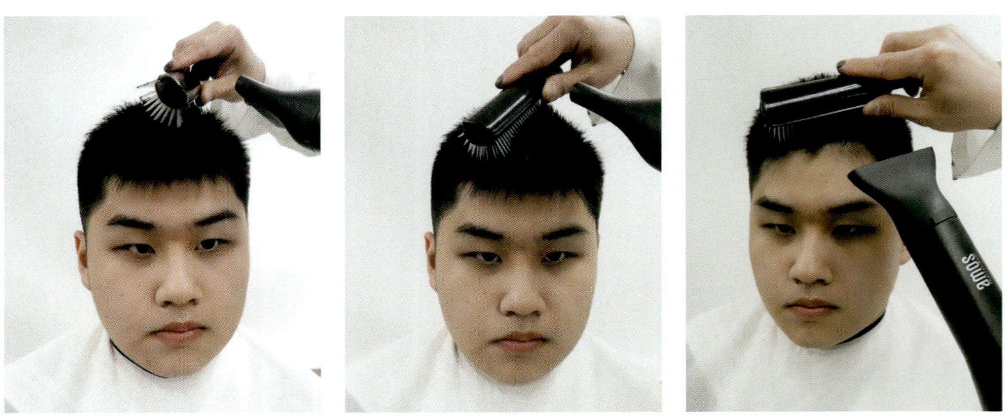

⑫ 에센스를 바른 후 디자인에 맞춰 형태를 잡아 주면서 빗겨준다.

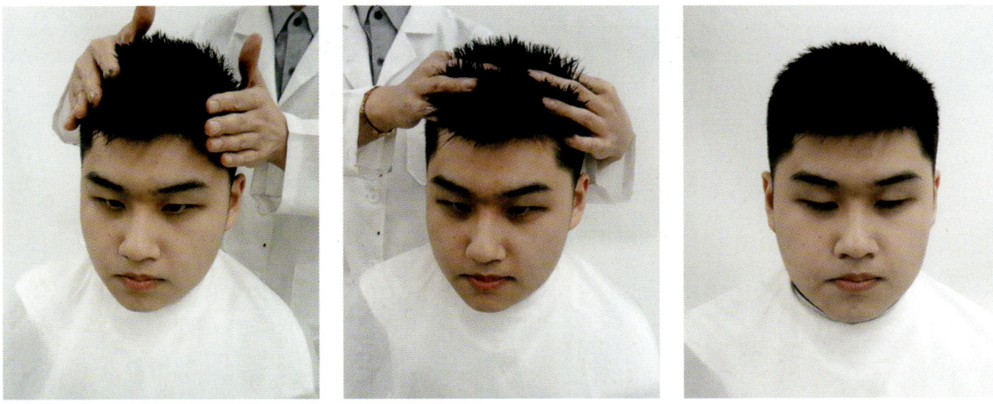

⑬ 스타일링이 완성된 상태이다.

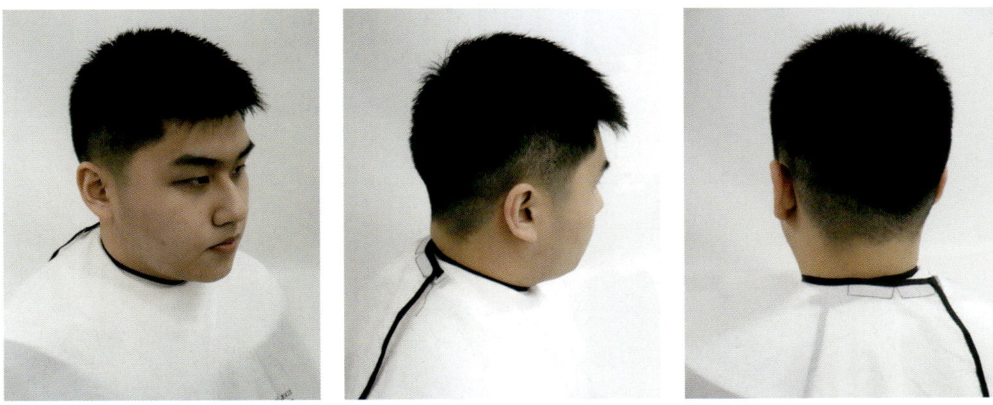

06 모히칸 스타일

모히칸 스타일은 북아메리카 동부의 삼림 지대에 사는 인디언의 헤어스타일로 1980년대에는 다양한 모히칸 스타일이 생겨나기도 하였으며 '닭 벼슬' 머리로 불리게 되었다. 옆머리가 뜨는 스타일에 잘 어울리며 짧고 깔끔한 스타일에 강하고 개성 있는 스타일로 표현할 수 있다.

학습 내용	모히칸 스타일
수업 목표	· 모히칸 스타일의 기본 구조와 도해도를 분석할 수 있다. · 모히칸 스타일의 시술 순서에 대입하여 시술할 수 있다. · 모히칸 스타일을 맞게 시술 각도를 조절할 수 있다. · 모히칸 스타일 시술 시 싱글링과 밀어 깎기를 사용할 수 있다. · 커트 스타일에 맞게 틴닝 가위를 사용하여 질감 처리를 할 수 있다. · 스타일링 시술 시 드라이어를 사용할 수 있다.

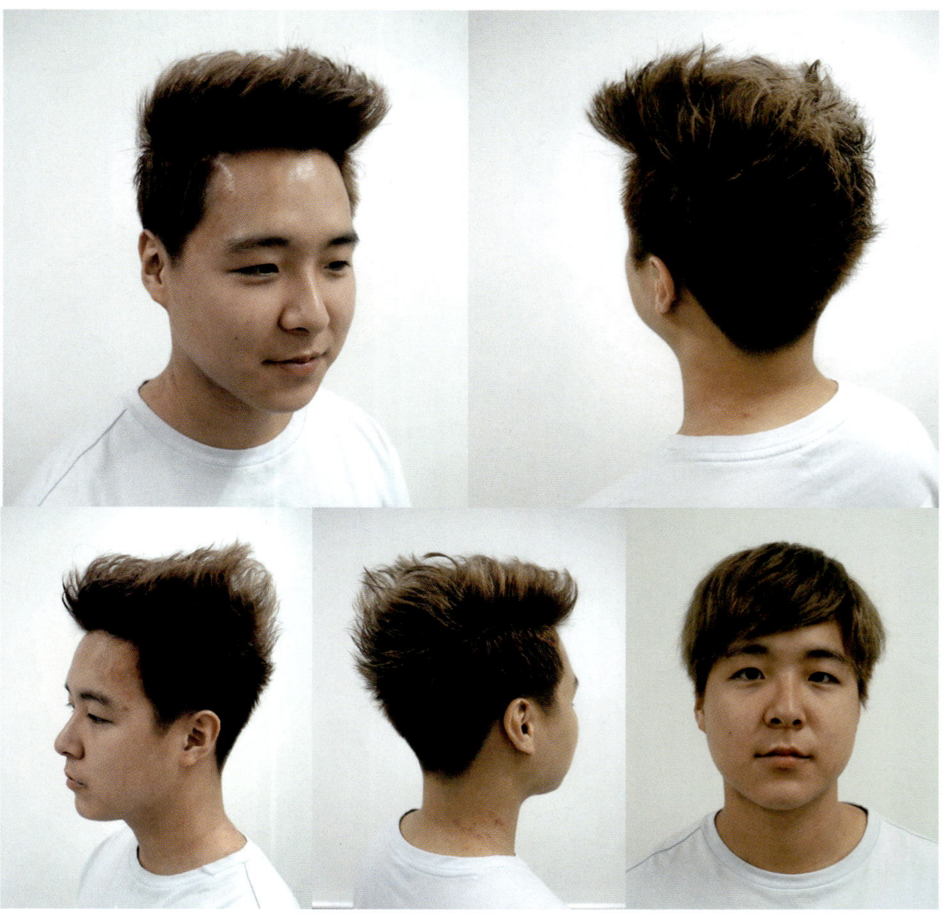

(시술 전)

① 센터 포인트에서 톱 포인트를 향하여 점차 길어지게 가이드를 설정하여 커트한다. 가이드를 기준으로 방사선 섹션과 온 더 베이스로 오버존과 미들존의 커트를 진행한다.

② 가이드를 기준으로 커트를 진행한 후, 앞머리는 불규칙한 디자인 선과 질감을 제거하기 위해 지그재그로 자연스럽게 나칭 커트한다.

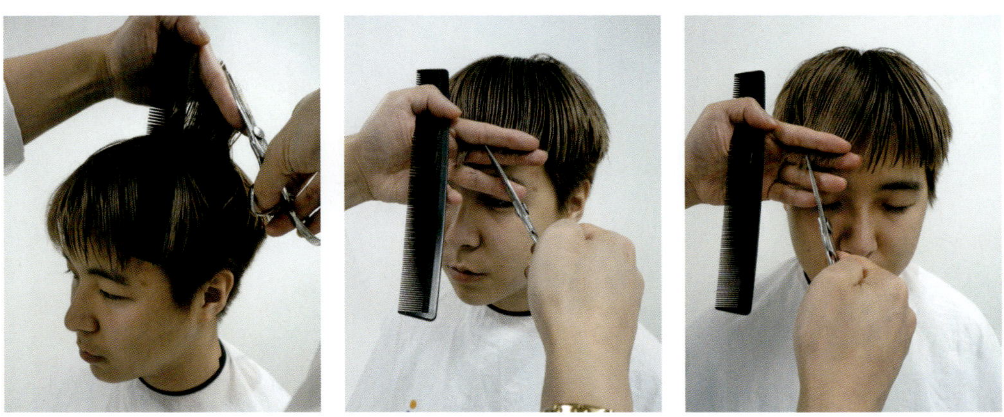

③ 옆머리를 연속 깎기(싱글링)로 각도를 조금씩 들어 올리면서 층이 나지 않게 엘리베이션 하여 자연스럽게 연결시킨 후 세워 깎기로 요철과 튀어나온 모발을 정리한다.

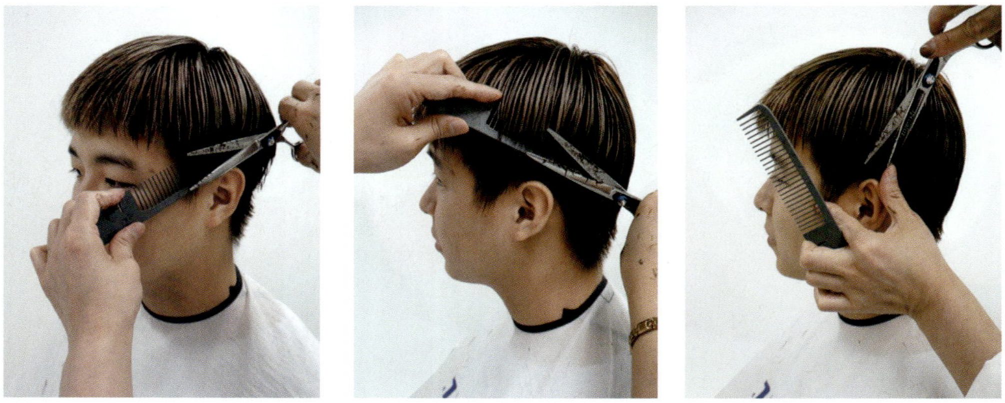

④ 장가위로 백에서 우측 사이드를 향하여 연속 깎기(싱글링)와 세워 깎기로 자연스럽게 연결시켜 커트한다. 왼손으로 빗을 잡고 엄지로 귀를 앞으로 젖혀 주어 이어 라인의 형태 선을 정리한다.

⑤ 사이드와 이어백의 언더존을 클리퍼 콤오버 기법으로 깔끔하게 커트 후 빗을 검지와 중지 사이에 잡아주고 왼손으로 클리퍼를 고정시켜 라인을 정리한다.

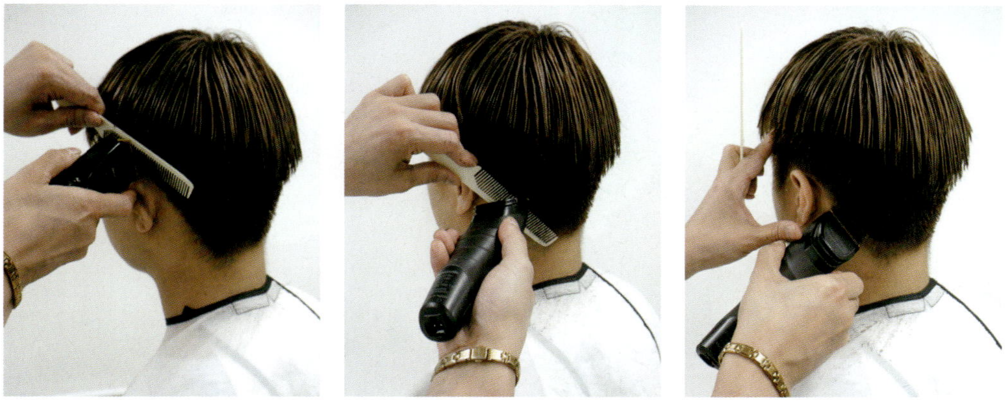

⑥ 오른손으로 귀를 젖혀 주고 왼손으로 클리퍼를 안전감 있게 받쳐 이어 라인 커트한다. 자연스러움과 가벼움을 표현하기 위해 사이드와 백사이드는 다운 슬라이싱으로 커트하여 밑머리와 부드럽게 연결한다.

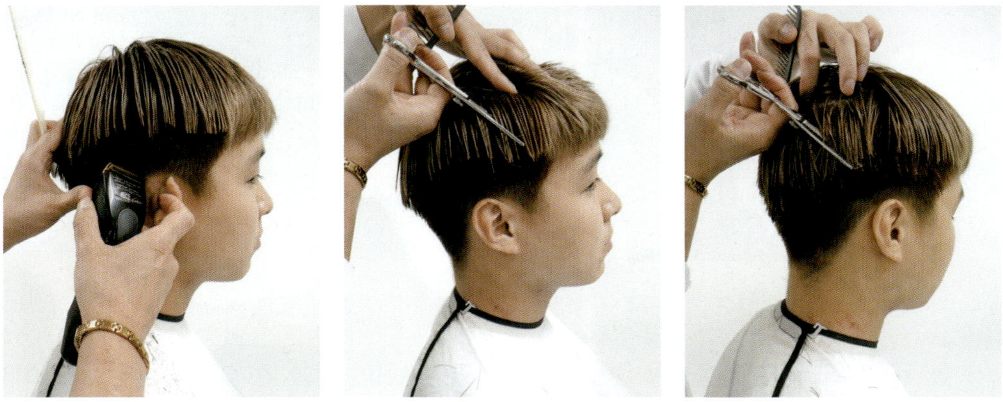

⑦ 백에서 좌측 사이드를 향하여 다운 슬라이싱으로 커트하여 밑머리와 부드럽게 연결한 후 세팅 시 윗머리를 세우기 위해 가위를 사용하여 사선으로 골덴에서 센터를 향하여 딥 포인팅 커트한다.

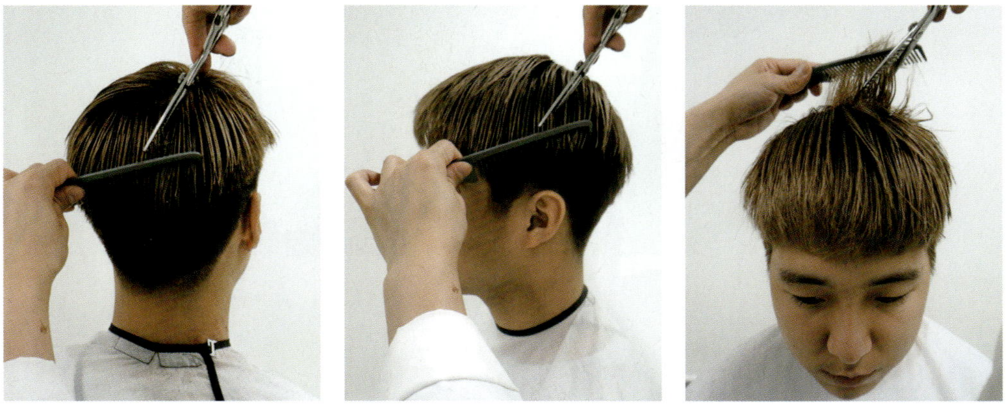

⑧ 드라이를 사용하여 각도를 90° 이상 들어 모근 부위에 볼륨을 준 후, 모발을 주먹을 쥐듯이 가볍게 잡아주고 손가락 사이로 열을 가하여 볼륨과 웨이브, 모류의 방향성을 잡아준다.

⑨ 두정부도 최대한 볼륨을 만들기 위해 모근 부위에 열을 가해 디자인에 맞게 스타일링한다.

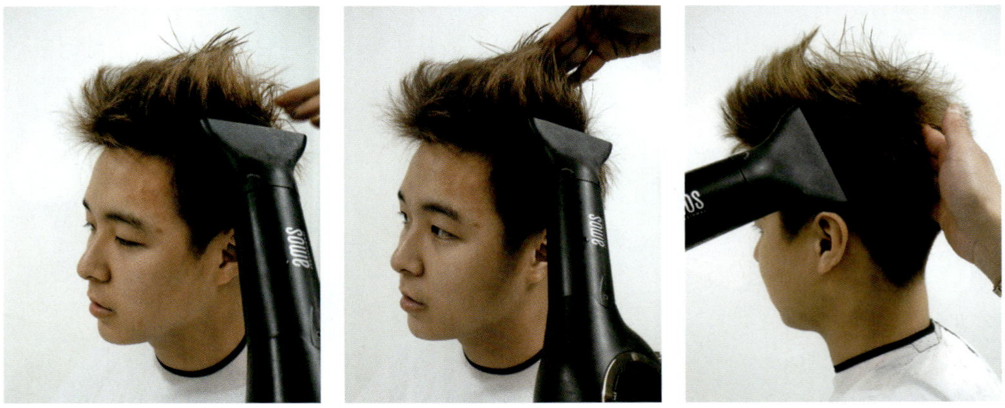

⑩ C컬과 아웃 컬을 연출하기 위해 모근에 열을 가해 볼륨을 주고 모발을 주먹을 쥐듯이 가볍게 잡아주고 손가락 사이로 열을 가해 모류의 방향성을 잡으면서 스타일링 한다.

⑪ 모히칸 형태를 만들어 주기 위해 전체적으로 광택제를 분사 후 윗머리의 좌측과 백을 손가락으로 컬과 메시를 잡아주면서 스프레이로 고정시켜 모발 표면을 매끄럽게 마무리한다.

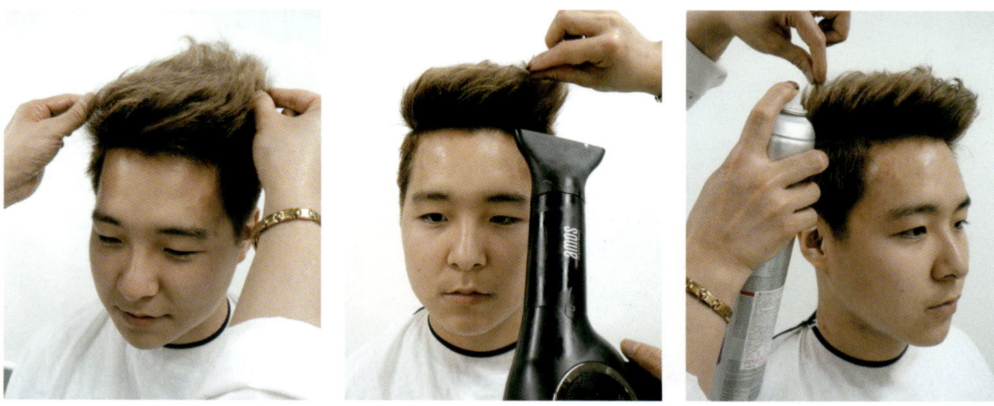

⑫ 스타일링이 완성된 상태이다.

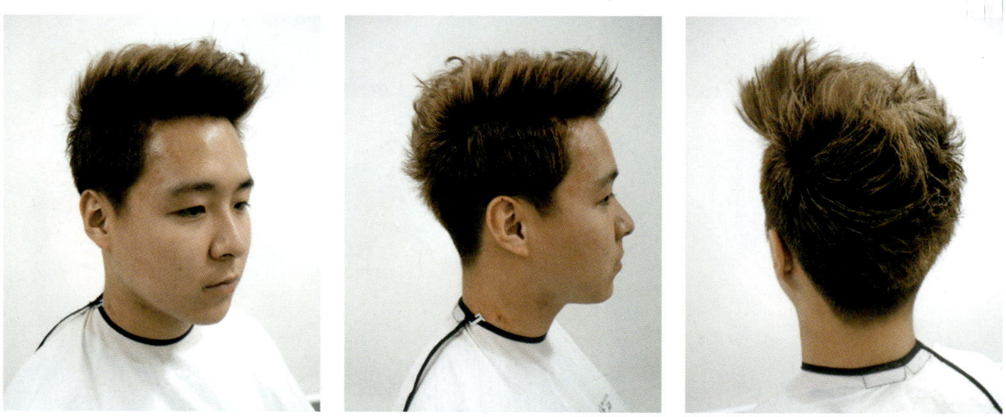

07 낮은 상고 스타일(클리퍼)

상고 스타일은 커트 시술 시 각도의 변화와 모발의 길이에 따라 상상고, 중상고, 하상고로 나눈다. 클리퍼를 사용하는 낮은 상고 스타일은 옆머리가 뜨지 않게 귀상단과 닿는 헤어라인 선과 후두부 밑머리 2cm 정도의 모발을 클리퍼를 사용하여 깔끔하게 정리하여 시술한다.

학습 내용	낮은 상고 스타일(클리퍼)
수업 목표	• 낮은 상고 스타일의 기본 구조와 도해도를 분석할 수 있다. • 낮은 상고 커트의 시술 순서에 대입하여 시술할 수 있다. • 스타일에 맞게 시술 각도를 조절할 수 있다. • 시술 시 클리퍼를 사용할 수 있다. • 시술 시 싱글링과 세워 깎기를 할 수 있다. • 커트 스타일에 맞게 틴닝 가위를 사용하여 질감 처리를 할 수 있다. • 스타일링 시술 시 아이론을 사용 할 수 있다

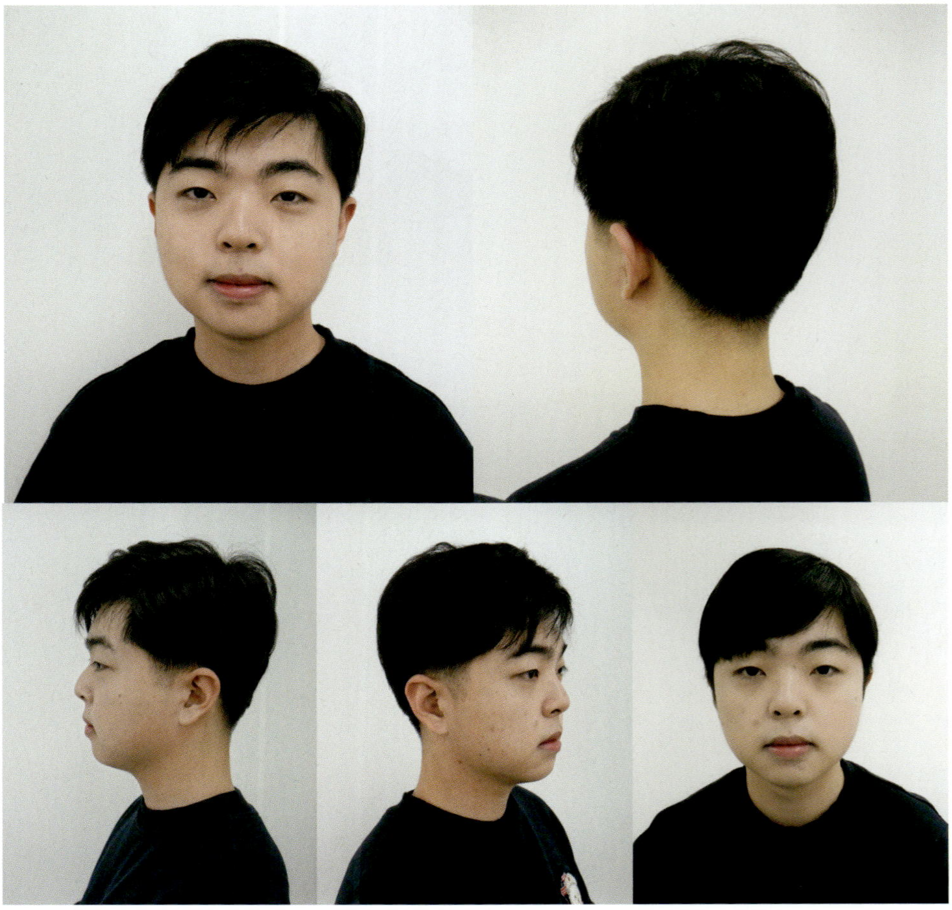

(시술 전)

① 좌측의 사이드 코너 부분에 빗을 사선으로 대고 클리퍼를 사용하여 45° 커트를 시술한다.

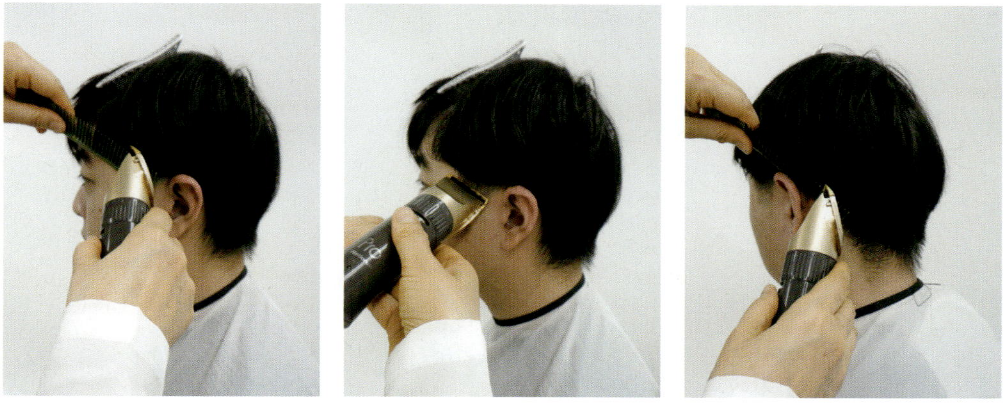

② 우측도 동일한 방법으로 시술한다. 빗을 45°로 대고 클리퍼를 이용하여 커트를 진행한다.

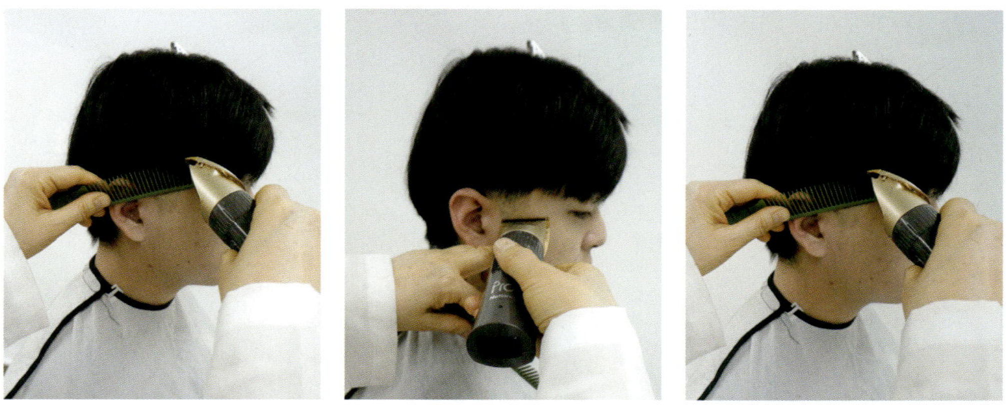

③ 백 사이드를 향하여 45° 각도로 자연스럽게 윗머리와 연결시켜 커트한다.

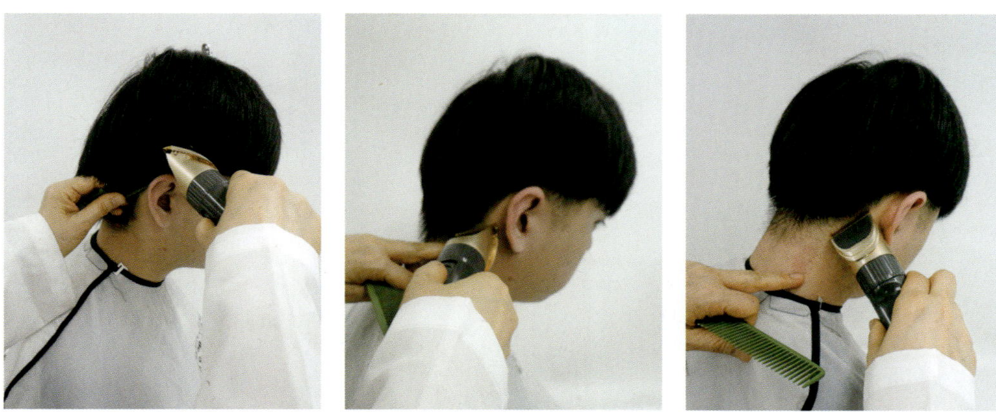

④ 네이프 부분에 빗을 45°로 대고 클리퍼를 사용하여 커트를 시술한다. 양쪽 네이프 코너 부분도 동일하게 커트 후 라인을 깔끔하게 정리를 한다.

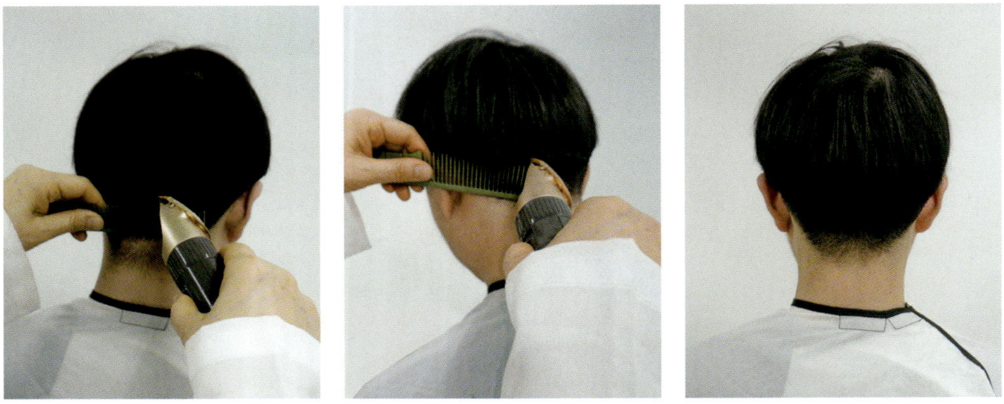

⑤ 톱 포인트(T.P) 모발 길이를 설정한 다음, 모발 길이를 가이드로 삼아 센터 포인트로 이동하면서 블런트 커트를 시술한다.

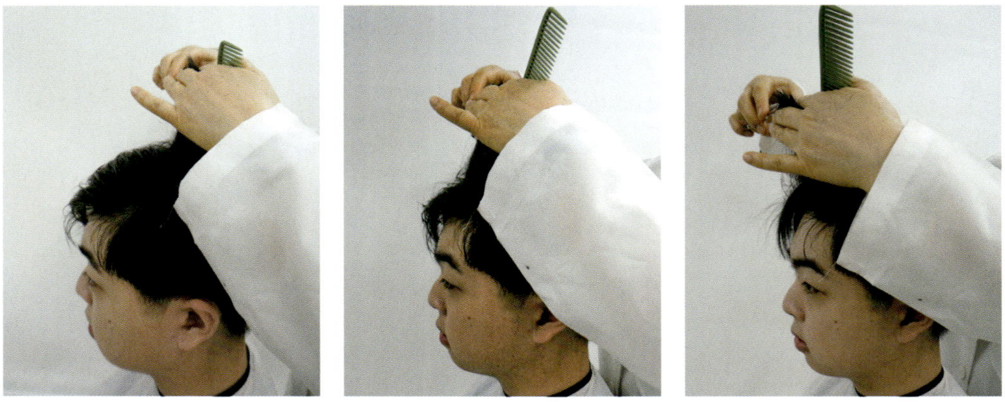

⑥ 인테리어는 톱 포인트의 모발 길이에 맞춰 온 더 베이스로 두상 곡면과 연결하며 시술한다.

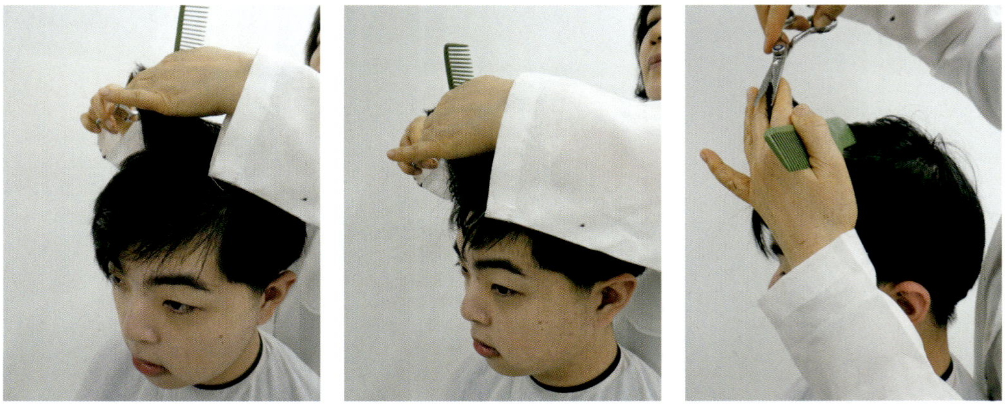

⑦ 엑스테리어는 크레스트의 모발을 가이드로 설정하여 우측에서 좌측으로 이동하면서 45°로 그래쥬에이션 커트를 시술한다.

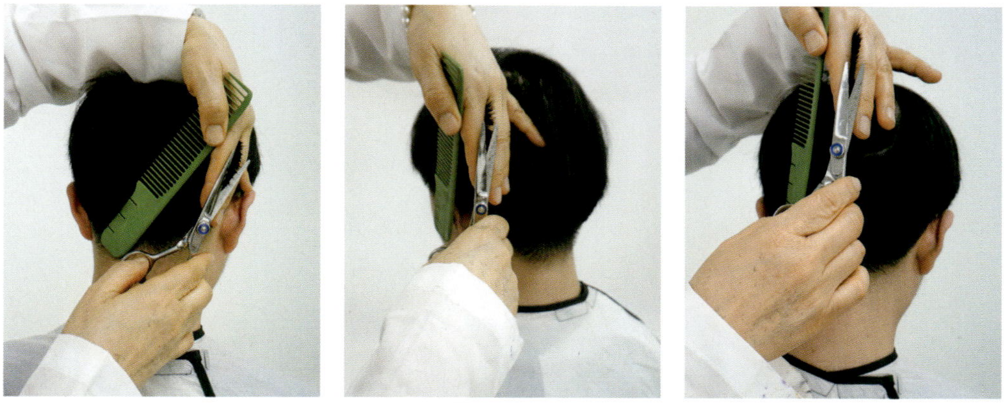

⑧ 우측 사이드에서 좌측 사이드로 이동하면서 빗과 가위를 이용하여 떠올려 깍기와 연속 깎기(싱글링) 커트를 시술한다.

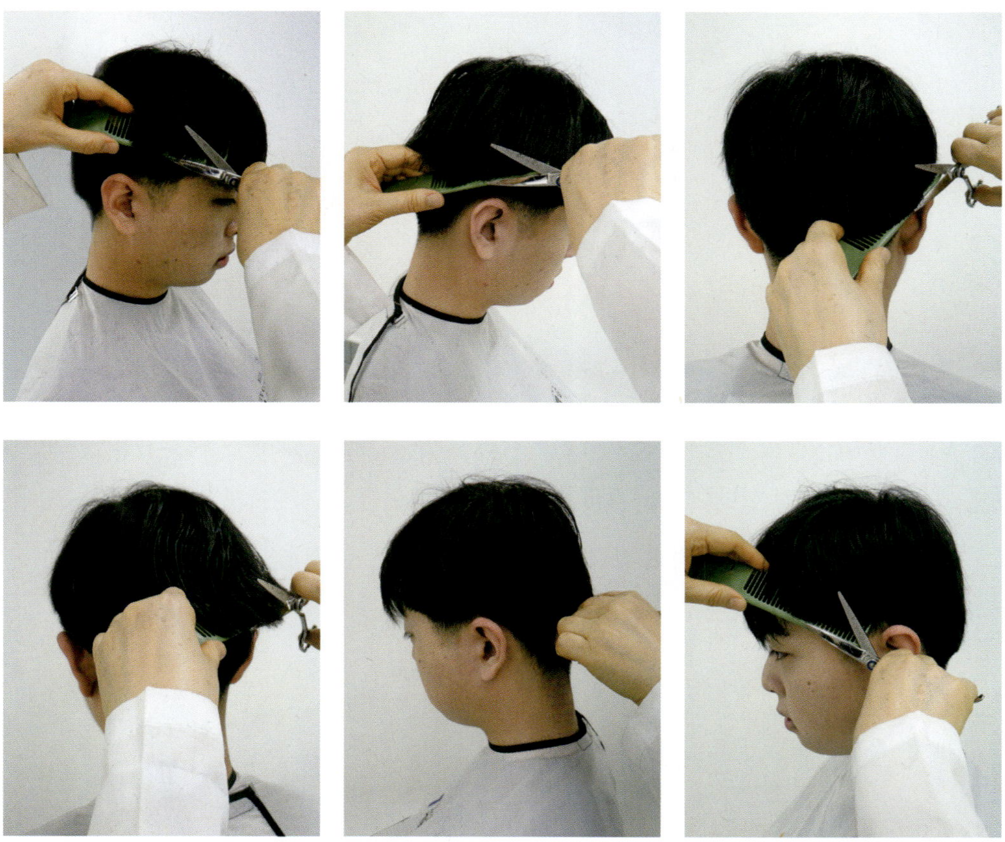

⑨ 싱글링 커트 후 요철 부분의 튀어나온 모발을 제거하기 위해 세워 깎기(옆가위질)로 마무리를 한다. 귀 주변의 커트 시 엄지와 검지로 귀를 잡아주고 세워 깎기로 자연스럽게 연결한다.

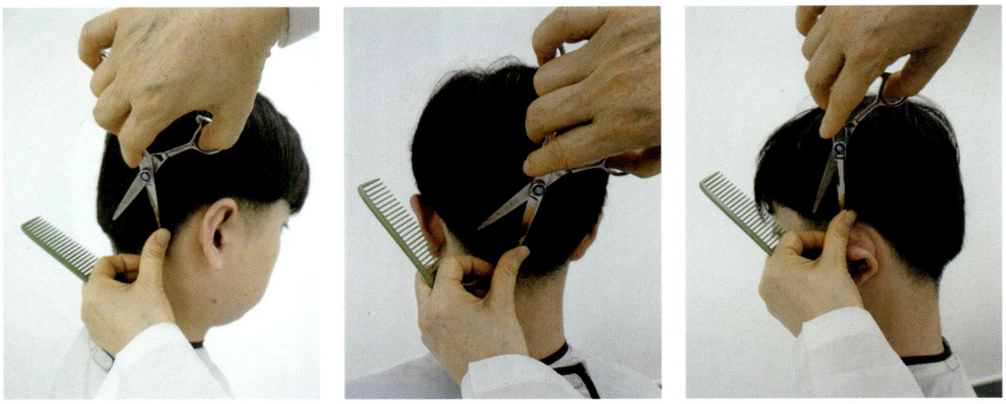

⑩ 탑 부분부터 틴닝 가위로 질감 처리를 한다. 네이프 부분은 싱글링 기법으로 질감 처리를 한 후 좌·우측도 동일하게 시술한다.

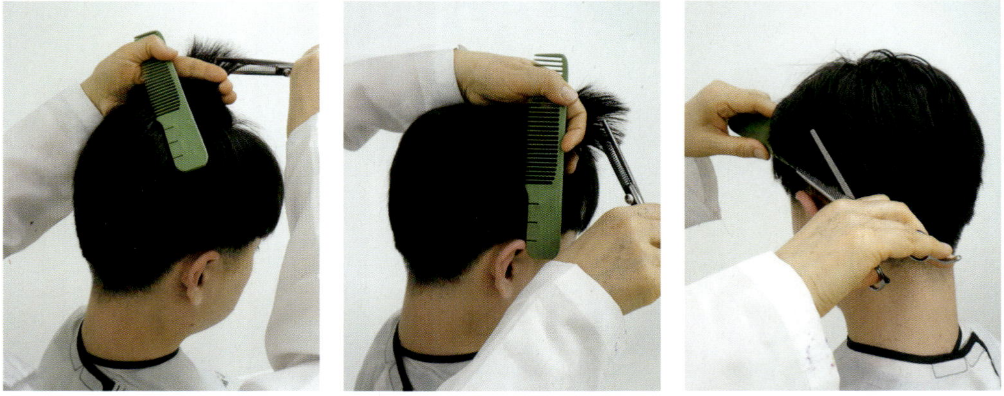

⑪ 원형 아이론을 사용하여 백 부분은 각도를 낮춰 자연스럽게 연결한다. 골덴 포인트에서는 90°로 C컬 형태의 볼륨을 주고, 좌·우 옆머리와 자연스럽게 연결하면서 아이론을 회전시켜 빼준다. 두피가 뜨겁지 않도록 조심하여 시술한다.

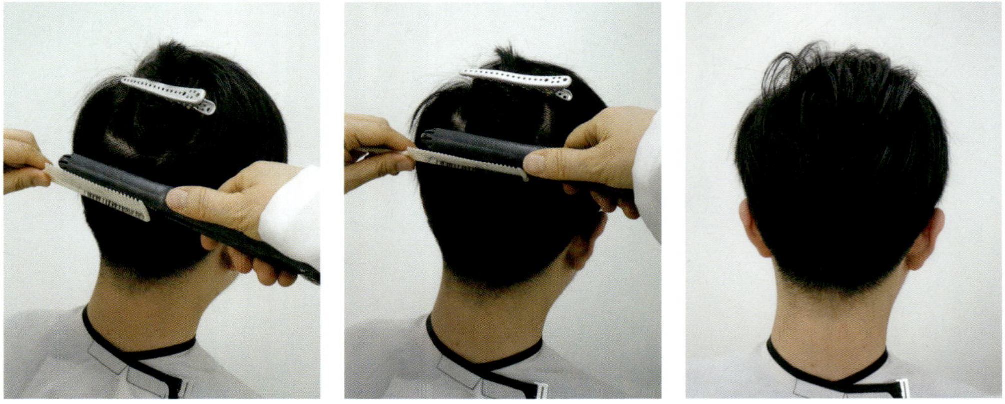

⑫ 아이론 시술이 끝나면 왁스를 도포하고 한 올 한 올 모발 컬을 잡아주면서 스프레이를 도포하여 스타일링한다.

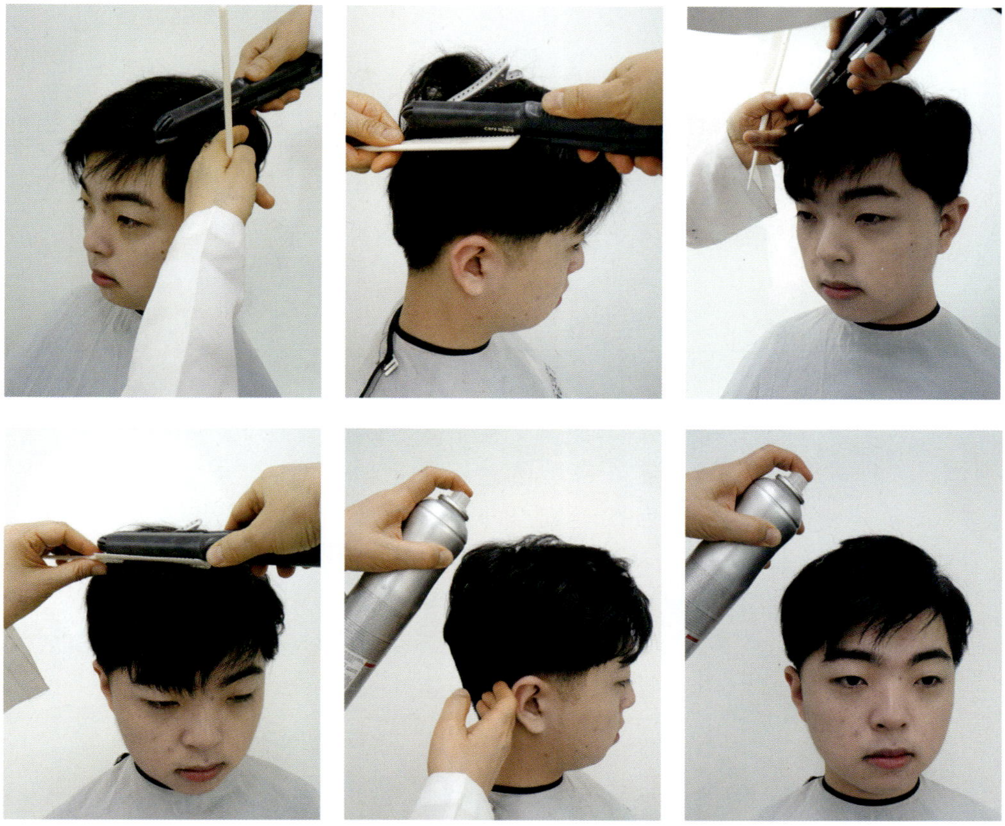

⑬ 스타일링이 완성된 상태이다.

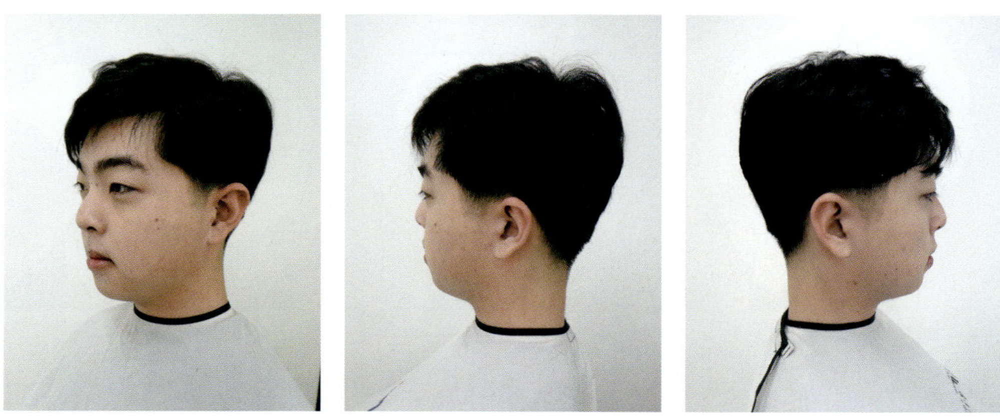

08 리젠트 스타일

MAN'S HAIR CUT MAN'S HAIR CUT MAN'S HAIR CUT MAN'S HAIR CUT MAN'S HAIR CUT MAN'S HAIR CUT

리젠트(Regent) 스타일은 앞머리와 뒷머리를 짧게 커트하고 앞머리를 길게 해서 반 올백으로 올려주는 형태로 고급스런 느낌을 준다. 1950년대 미국의 엘비스 프레슬리를 선두로 뮤지션들에 의해 유행하기 시작하여 세계적인 인기를 끌었던 헤어스타일이다.

학습 내용	리젠트 스타일
수업 목표	· 리젠트 스타일의 기본 구조와 도해도를 분석할 수 있다. · 리젠트 커트의 시술 순서에 대입하여 시술할 수 있다. · 리젠트 스타일에 맞게 시술 각도를 조절할 수 있다. · 시술 시 클리퍼를 사용할 수 있다. · 스타일 시술 시 싱글링과 밀어 깎기를 사용할 수 있다. · 커트 스타일에 맞게 틴닝 가위를 사용하여 질감 처리를 할 수 있다. · 스타일링 시술 시 아이론을 사용할 수 있다

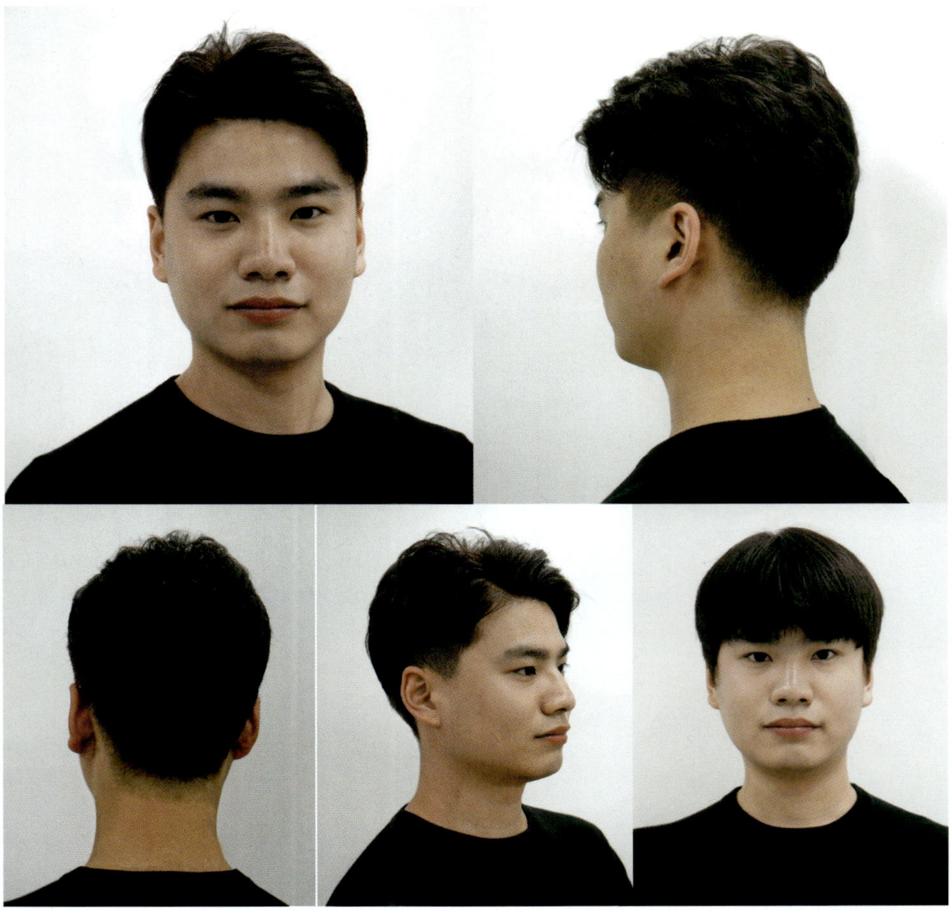

(시술 전)

① 양쪽 F.S.P와 T.P에 U 브로킹을 한다. 좌측 사이드 코너 부분에 빗을 사선으로 대고 2cm 정도 커트한다. 사이드는 빗을 45°로 대고 위쪽으로 이동하면서 커트를 시술한다.

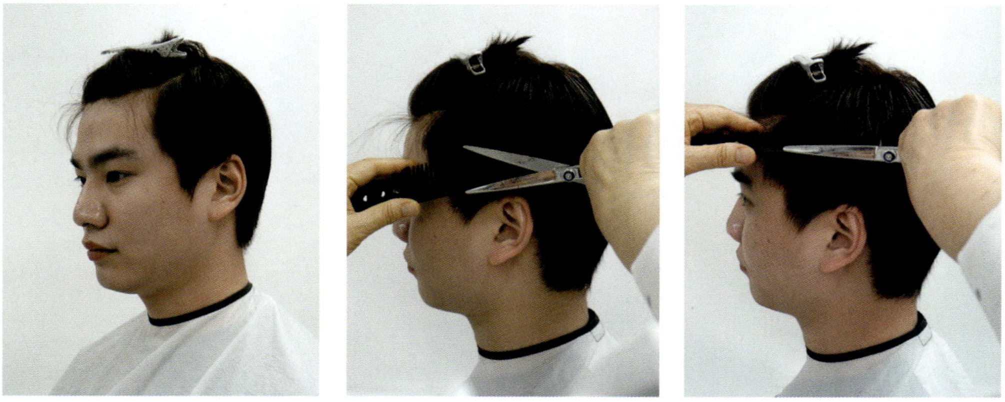

② 빗살은 두피에 대고 빗등은 살짝 들어서 70° 시술한다. 백사이드 부분에 45°로 빗살을 두피에 대고 빗등에 가위를 지지하여 커트한 후 위쪽은 70°로 시술한다. 네이프 코너 부분도 자연스럽게 연결 후 가위 끝 선을 이용하여 가이드라인을 정리한다.

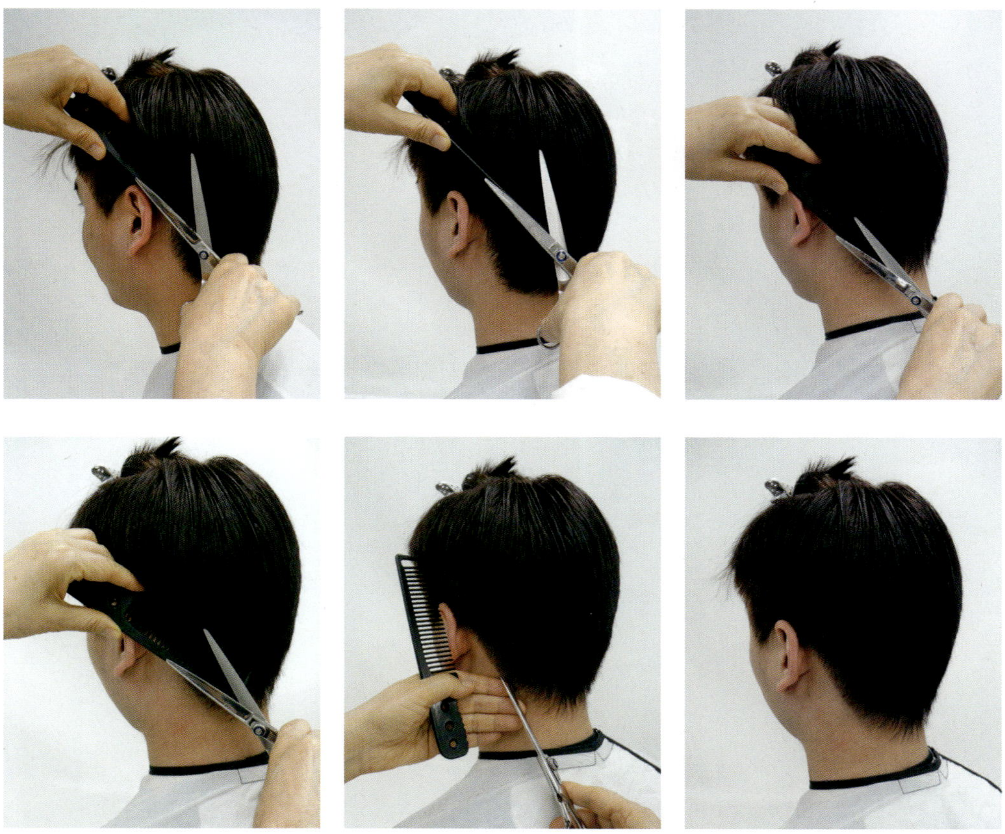

③ 우측도 좌측과 동일하게 하단은 45°로 커트를 하고, 상단은 70°로 커트한 후 가위 끝 선으로 옆선을 깨끗하게 정리한다.

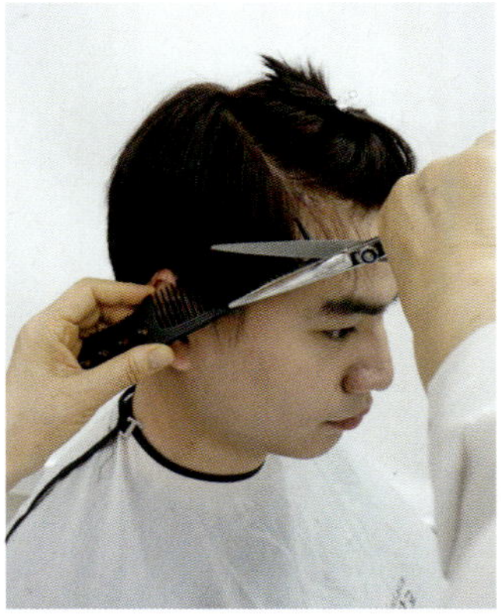
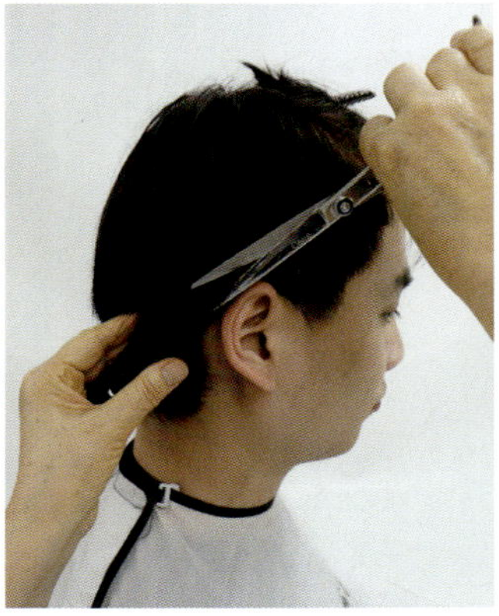
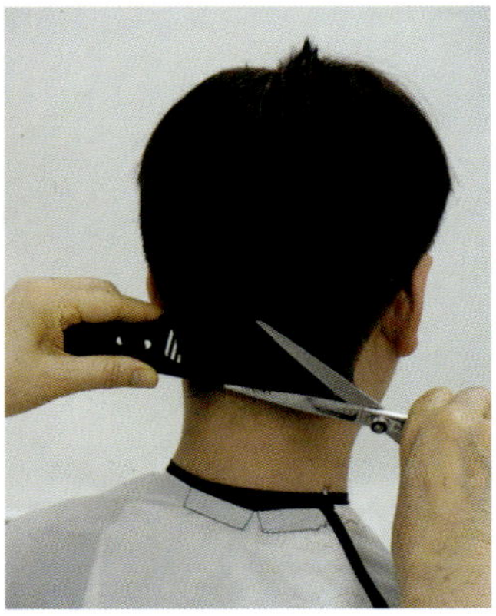

④ 네이프에서 백포인트까지 떠올려 깎기로 커트를 시술한 다음, 양쪽 백사이드와 연결한다.

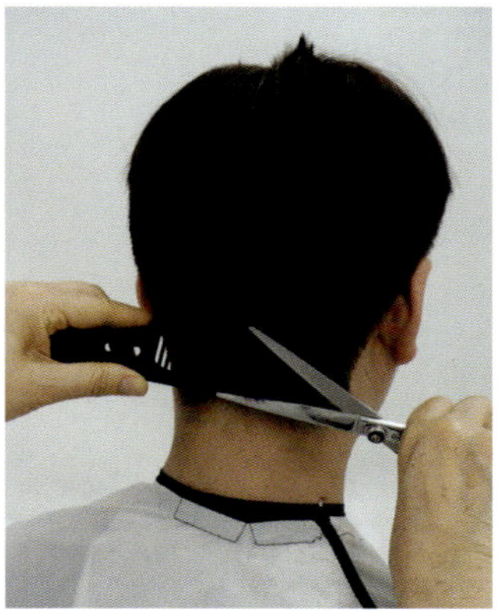
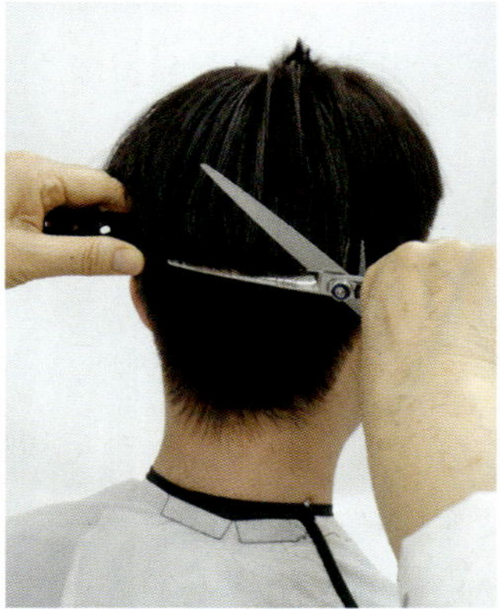
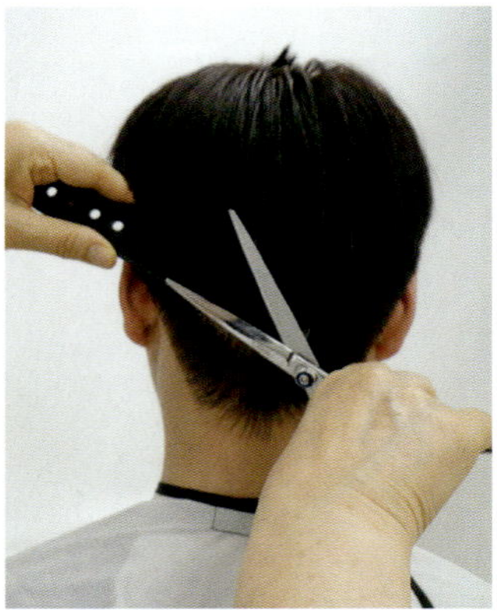

⑤ 톱 부분은 수평 섹션으로 블러트 커트를 시술한다. 후두부 쪽의 모발은 톱 부분으로 끌어다가 커트하고 센터 포인트 앞쪽도 톱 부분의 가이드에 맞추어 모발을 자른다.

⑥ 톱과 크레스트 부분은 피봇 섹션으로 옆머리와 연결한다.

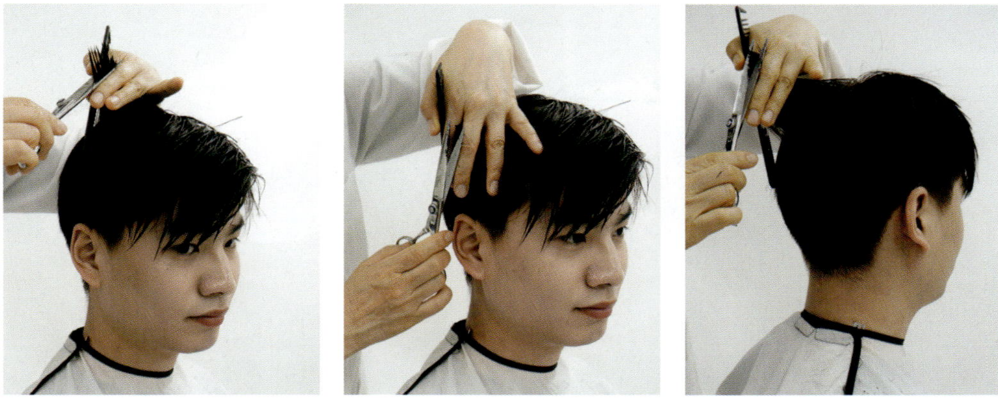

⑦ 클리퍼를 사용하여 좌측 사이드 페이스 라인 앞쪽부터 사선으로 커트를 시술한다. 사이드 부분을 정리한 후 백사이드 하단 및 이어 라인까지 깨끗하게 정리한다.

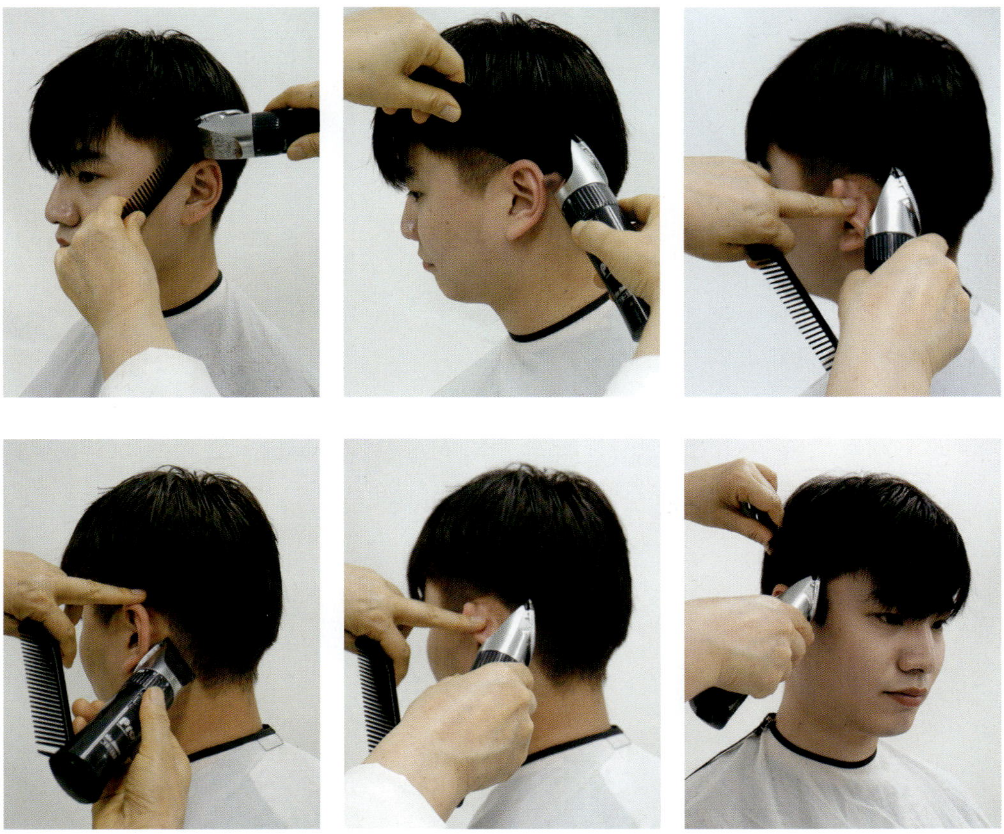

⑧ 네이프는 클리퍼를 사용하여 전체적으로 튀어나온 모발을 깨끗하게 라인 정리를 한다.

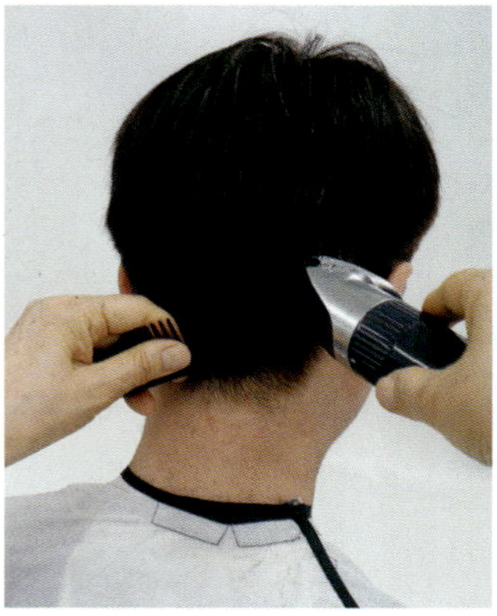
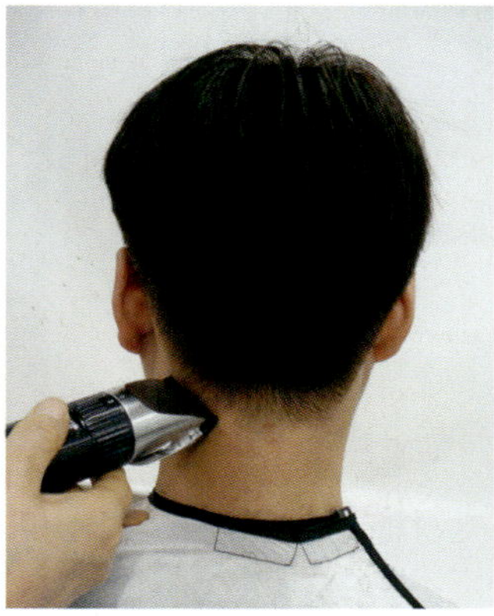
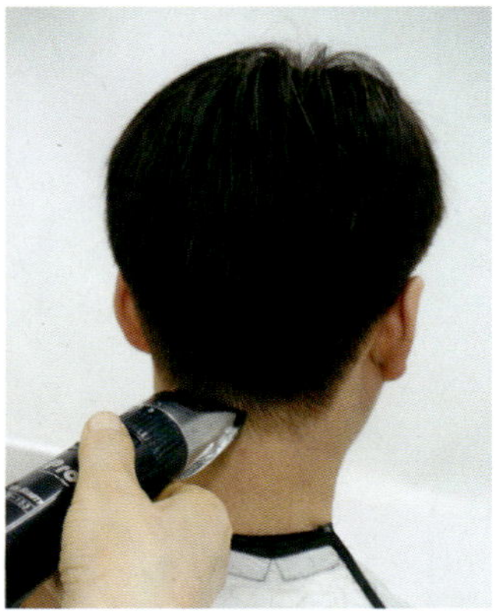

⑨ 틴닝 가위를 사용하여 질감 처리를 한다. 톱을 중심으로 후두부 쪽 모발을 톱 쪽으로 모발을 끌어와서 틴닝을 한 후 센터 쪽 모발도 톱 쪽으로 끌어와서 질감 처리를 한다.

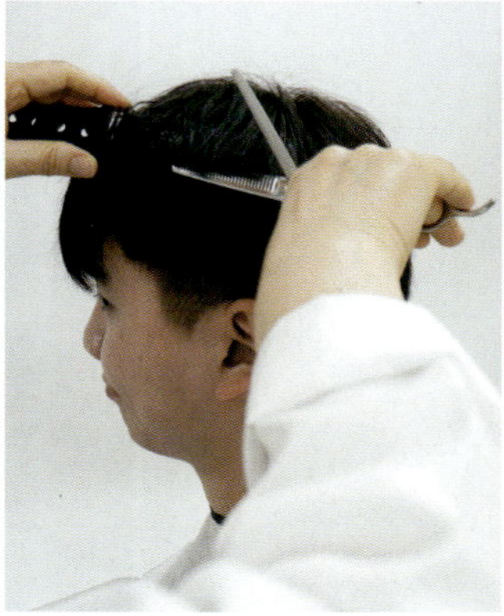
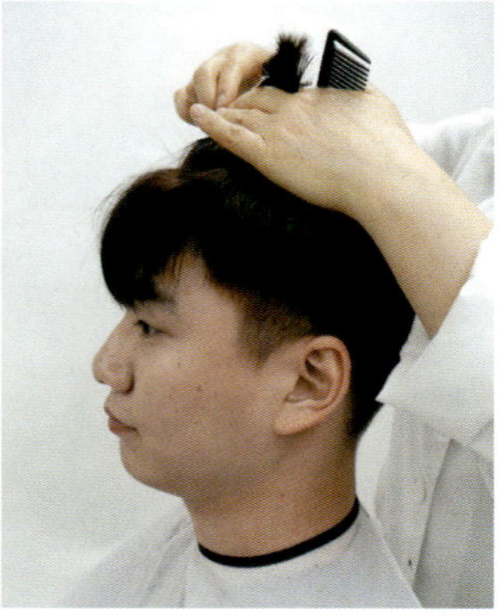

⑩ 전체를 연속 깎기(싱글링) 기법으로 커트 시술 후 튀어나온 모발을 커트한다. 세워 깎기(옆 가위질)로 튀어나온 모발을 매끄럽게 정리한다.

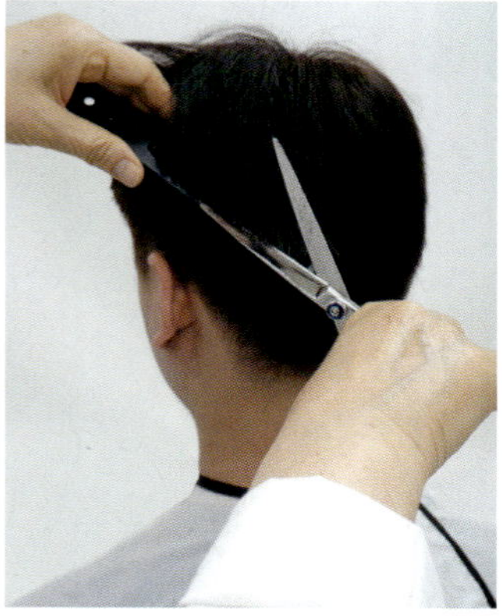
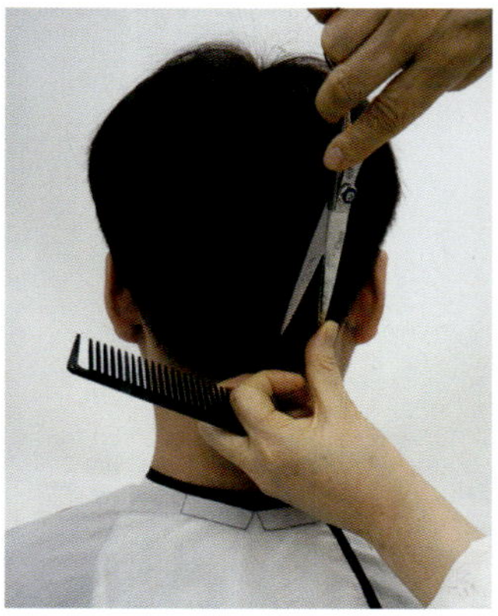
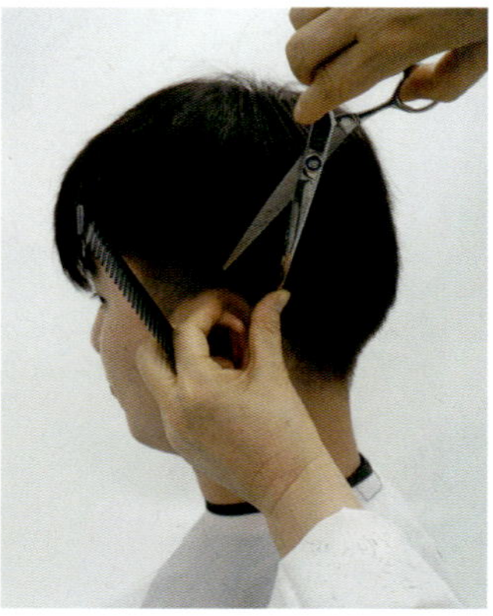

⑪ 백 부분은 빗과 아이론를 섹션과 평행하고 잡고 각도를 낮춰 시술한다. C컬이 시작하는 접점에서 C자 형태로 포물선을 그리면서 아이론을 회전시킨다.

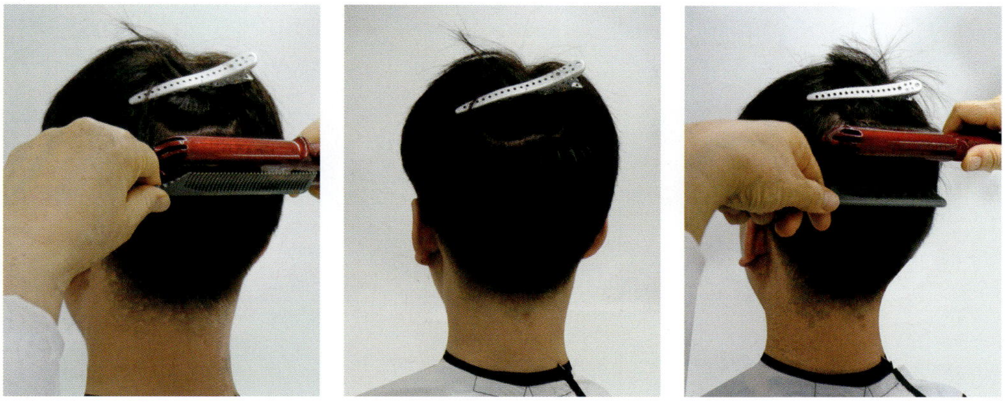

⑫ 다음 단도 동일하게 시술한다. 모발 끝부분을 매끄럽게 하기 위해 반복 시술하고 모근에서 90°로 시술한 다음, C자 형태로 포물선을 그리면서 아이론을 빼준다.

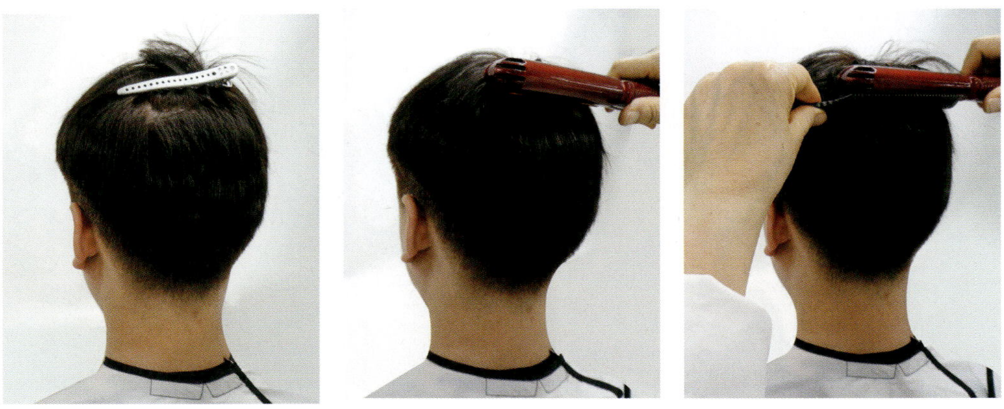

⑬ 사이드는 백 부분과 자연스럽게 연결하면서 아이론 자국이 생기지 않도록 강도를 조절하면서 시술한다.

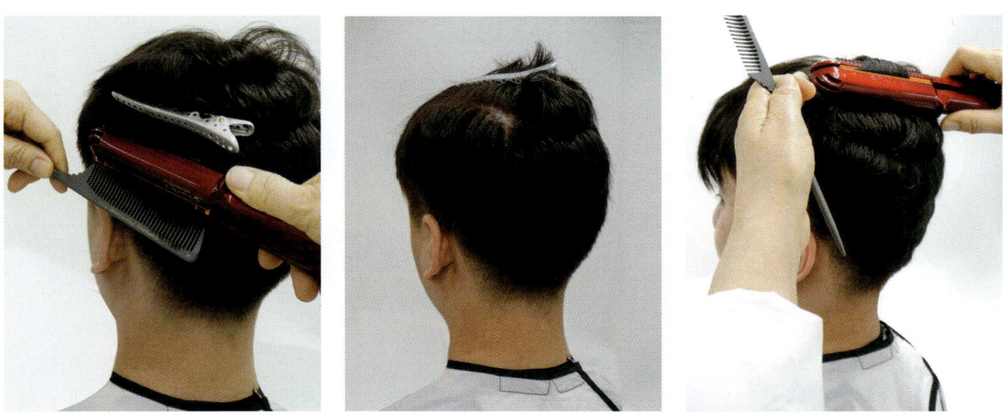

⑭ T.P 부분은 120°로 모근에 볼륨을 준 다음, C컬을 만들고 자연스럽게 연결하면서 아이론을 회전시켜 빼준다. 두피가 뜨겁지 않도록 조심한다.

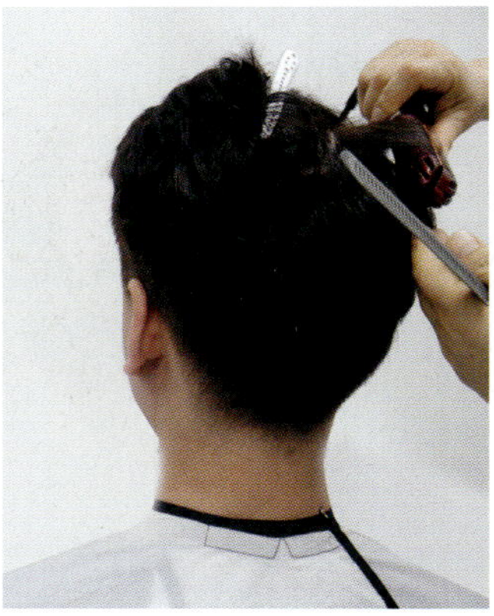
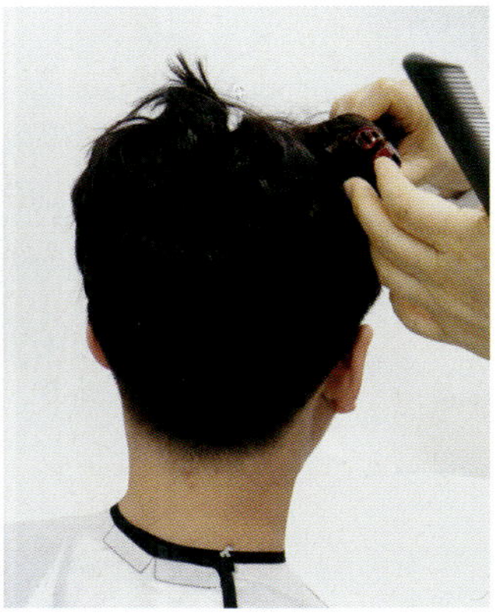
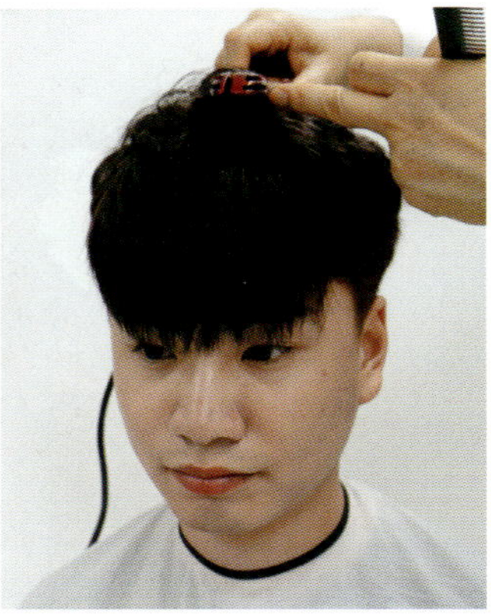

⑮ 앞머리는 사선 섹션하여 각도를 낮춰 반원으로 롤링하여 옆머리와 자연스럽게 연결되도록 스타일링한다. 아이론 시술이 끝나면 왁스를 사용하여 마무리한다.

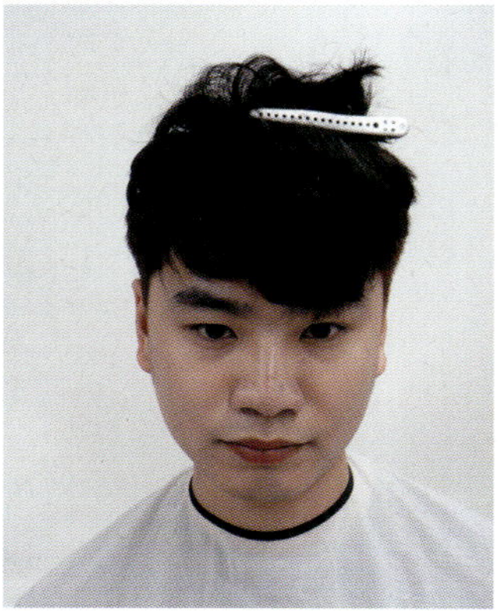

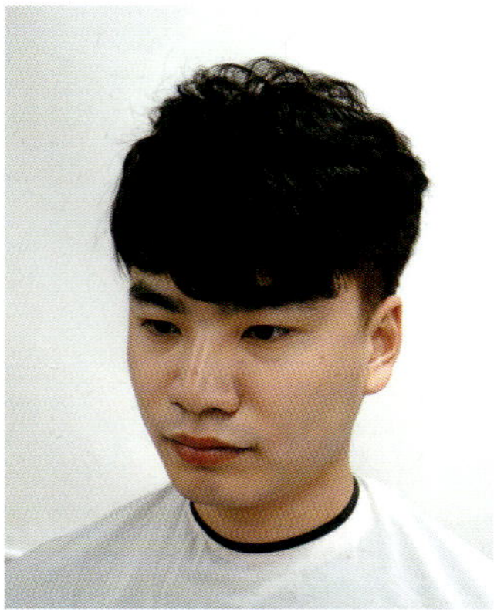

⑯ 스타일링이 완성된 상태이다.

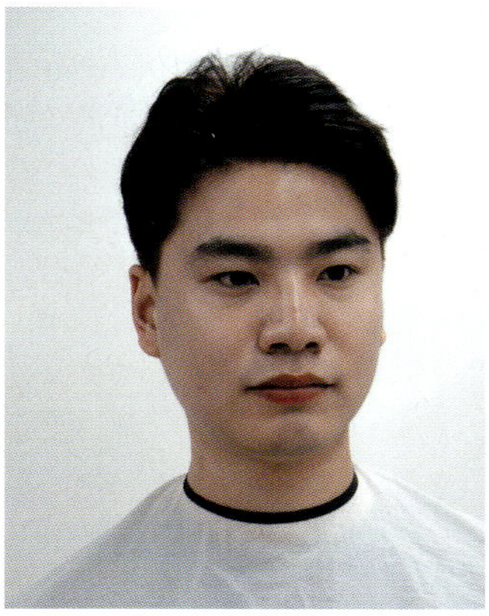
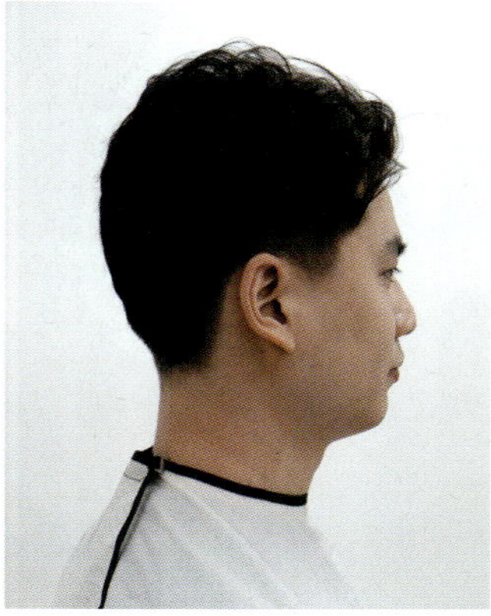
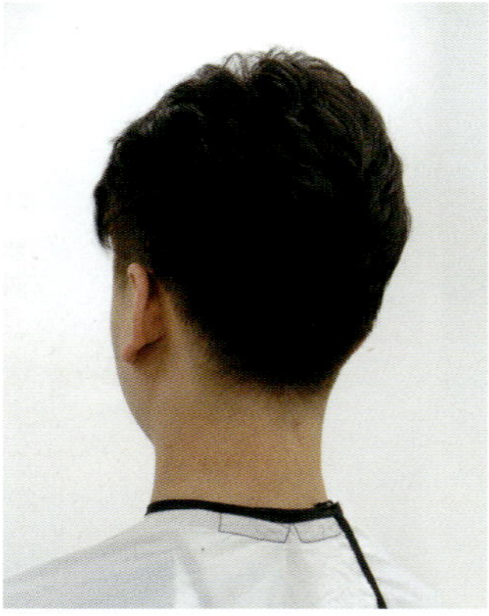

MAN'S HAIR CUT

CHAPTER 3

남성헤어 캡스톤 디자인

PART

01 남성헤어 캡스톤 디자인

1. 디자인의 분석과 개발

1) 디자인의 정의

디자인이라는 용어는 일상생활에서 자주 접하게 되는 단어이다. 디자인이라는 용어는 초기에는 '밑그림', '도안'이라는 의미로 해석되었으나 모던 디자인의 개념이 성립된 이후에는 보다 넓은 의미로 사용되고 있다. 넓은 의미로의 디자인은 심적 계획(Mental Plan)을 말하는 것으로 형태나 색을 포함하고 있지 않더라도 구조의 설계나 계획을 하는 의미로 사용된다.

좁은 의미로는 보다 사용하기 쉽고 안전하며, 아름답고 쾌적한 생활 환경을 창조하는 조형 행위이다. 미술에 있어서의 계획(Plan in Art)으로 특히 회화 제작에 있어서의 예비적인 스케치류를 의미하기도 한다.

* 프랑스어: Dessin(데쌩), 이탈리어: Disegno(디세뇨오)을 말한다.

사전적 의미로서의 디자인을 살펴본다면 명사로서의 디자인은 이탈리아어의 Disegno와 프랑스어의 Dessin에서 볼 수 있는 것처럼 '계획'이라는 의미로 쓰인다.

2) 디자인의 창조성

현대에 있어서 디자인은 '새로운 것을 만들어 내는 것'이라 볼 수 있다. 새로운 것을 만드는 작업을 '창조'라고 하는데 사전적 의미를 보면 '새로운 것을 처음으로 만들어 냄' '기존의 요소나 소재의 독창적 조합으로 새로운 형태의 사물을 만들어 내는 것'이라고 되어 있다. 비슷한 용도를 가지고 있는 물건이라고 해도 디자인에 따라 독특함과 재미, 편의성, 시각적 즐거움을 줄 수 있다.

유행에 민감하게 반응하는 헤어디자인이 세분화된 계획에 의해 창조적으로 디자인되어지게 되면 좀 더 시각적 즐거움과 다양성을 표현할 수 있다. 가장 성공적인 창작 헤어디자인은 두상의 이해를 바탕으로 시대적 예술적인 미를 충족시키고, 조형성을 기반으로 한 창의 작업을 통해 이루어진다고 볼 수 있다.

3) 디자인의 발상 조건

(1) 합목적성

새로운 아이디어를 얻기 위해서 구체적 목적을 가지고 접근하는 것이 필요하다. 구체적인 목적과 주제가 필요한 정보를 찾는 것에 실마리가 되므로 문제 해결 방법에 영향을 미친다. 디자이너 스스로 정보를 수집하여야 목적에 맞는 디자인을 할 수 있다.

(2) 심미성

심미성은 개인이 주관적으로 아름답다는 느낌, 즉 미의식을 뜻한다. 미의식은 시대성, 국제성, 민족성, 사회성, 개성 등이 복합되어 나타나며 유행과도 밀접한 관련이 있다. 아름답다고 느껴지는 작품을 디자인하기 위해서는 기본 조형 능력이 매우 중요하다. 점, 선, 면을 다루는 법과 색의 조화를 만들어 내는 미적 능력이 요구되는데 이는 훈련을 통해서도 얻을 수 있지만 일상생활에서의 세밀한 관찰을 통해서도 길러질 수 있다.

(3) 경제성

최소의 재료와 노력에 의해 최대의 효과를 얻으려는 것이다. 적은 비용으로 좋은 디자인을 만들려면 재료, 조립, 가공 등 전 분야에 걸친 철저한 계획이 있어야 한다.

(4) 독창적 사고

창작의 본질은 독창적 사고에 있다. 독창적 사고를 개발하기 위해서는 타고난 사람의 인지 능력 위에 자료를 수집하고 재분석하고, 새로운 시각으로 보려 하는 노력에 의해 길러질 수 있다. 발상의 전환이 독창적 사고를 가능하게 한다. 그러나 독창성만을 강조하여 대중성이나 기능을 무시해서는 안 된다. 기능을 중심으로 디자인된 것들도 충분히 미적 독창성을 가지고 있는 것들이 있다. 좋아 보이는 것들은 잘 이루어진 기본적인 조형만으로도 충분히 아름다울 수 있다.

(5) 열정

디자인은 여러 과정을 통해 이루어지며 독창적 사고를 함에 있어 매우 어려움을 느낀다. 이 과정에서 많은 좌절을 겪게 되고 정보의 수집에서도 많은 정보를 모으고 버리고 하는 반복 과정을 통해 정말 목표에 맞는 자료를 얻게 된다. 여러 실패 과정에서 긍정적인 에너지를 가지고 디자인 발상을 해 나가야 한다. 이에 필요한 것이 열정이다. 계획의 수립을 잘했다고 하더라도 수많은 수정과 평과 과정을 거쳐 한 차원 높은 새로운 디자인이 나오게 되는 것이다. 의욕과 열정을 가지고 작업해 간다면 창의적 발상을 하는 디자이너가 될 수 있을 것이다.

(6) 질서성

질서성은 앞의 네 가지 조건, 즉 합목적성, 심미성, 경제성, 독창성, 열정이 서로 조화롭게 유지되는 것을 말한다. 이 모든 조건이 갖추어졌을 때 좋은 창의적 디자인을 할 수 있다. 이것은 디자인에 있어서 매우 중요하고 필요하다. '디자인은 질서(Order)'라고 하는 것도 이 때문이다.

4) 디자인 방법론

인간이 바라는 것을 파악하고 이를 구체화하여 형태를 가진 것을 만들어 내는 과정을 디자인하는 과정, 즉 디자인 방법이라고 할 수 있다. 창의적인 디자인을 위해서는 단계를 나누어서 체계적으로 접근하는 것이 필요하다. 디자인 과정을 크게 목표, 수집, 계획, 창조, 수정 및 완성의 단계로 나누어 각각의 단계에 집중할 수 있도록 한다.

(1) 목표

시대적 공감대를 형성할 수 있는 주제를 선정하고 형상화 시킬 수 있는지를 검토하여 주제를 정한다. 가장 먼저 정해져야 하는 부분이며 현 시대의 사회, 문화를 고려하여 구체적인 주제를 정하는 것이 바람직하다. 주제가 논의할 만한 가치가 있는 주제인지 고려하여 결정한다.

(2) 수집

주제에 맞는 자료를 수집, 분석하고 자료를 정리한다. 주제에 맞는 자료를 최대한 많이 수집하는 것이 필요하며 수집한 자료는 분석을 통하여 버리고 재수집하는 과정을 거쳐야 한다. 최종적으로 주제에 부합하는 자료가 모아졌을 때 이를 분석하여 아이디어를 구상하는 발판으로 삼는다.

(3) 계획

분석한 자료를 바탕으로 형상화 작업에 필요한 계획을 수립한다. 아이디어 스케치와 일러스트 등을 통해 전략을 세운다. 이 부분에서 개인의 창의성, 발상의 전환 능력, 개성, 지식, 경험 등이 영향을 미친다.

(4) 창조

주제에 맞는 디자인을 만들어 내기 위해 다양한 재료와 새로운 접근법을 실행하고 조형적 아름다움과 시각적 즐거움이 있는 작품을 제작한다. 아이디어를 발전해 감에 있어 주제를 잘 표현하고 있는지의 평가가 필요하다. 객관적 평가자로부터 도움을 받는 것이 좋으며, 이를 고려하여 시간과 노력을 들여 능률적으로 작업해야 한다.

(5) 수정 및 완성

작품에 대한 객관적인 평가와 수정을 통해 창의적 작품을 완성한다. 스타일보드 등을 통하여 주제와 아이디어, 작업물이 나아가는 방향을 검토하고 아이디어의 장단점을 깊이 있게 검토하여 수정 및 보완을 하도록 한다. 충분한 검증 과정을 거쳐야 완성도 있는 완성작이 나올 수 있다.

이 과정에서 가장 중요하다고 볼 수 있는 과정은 목표 설정과 수집이다. 요즘 트렌드에 부합하며 사람들의 관심을 유발할 수 있는 주제를 정하고, 주제에 부합하는 가능한 많은 정보를 수집하는 것이 창의적인 작업을 하는데 있어서 많은 아이디어를 도출해 낼 수 있는 방법이 될 것이다. 작품 제작에 빨리 들어가는 것보다 명확한 계획의 수립을 통하여 제작 단계로 들어가는 것이 더 빠른 지름길이 된다.

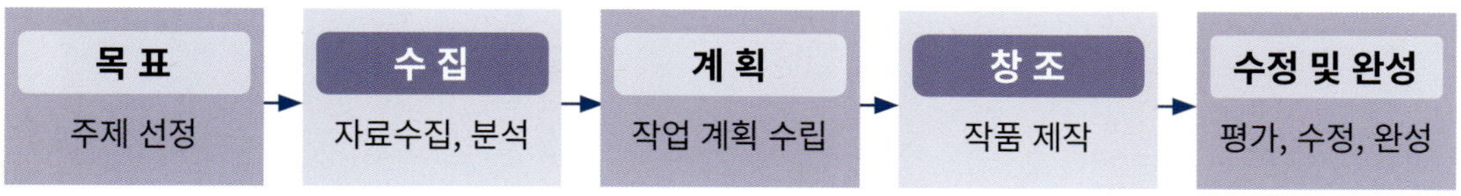

2. 헤어 캡스톤 디자인(Hair Capstone Design)의 개념

캡스톤(Capstone)이란 사전적 의미로 돌기둥 벽 등의 관석, 갓돌, 절경, 정점을 뜻하는 의미로서 캡스톤 디자인 교육은 학부과정에서 배웠던 모든 지식을 종합하여 하나의 결과물을 제시함으로써 학부과정을 마무리하는 최종 교육 단계라고 할 수 있다.

디자인이란 조형의 요소와 질서를 종합적으로 판단하고 그 위에 자신에게 맞게 발전시키며 구성하는 작업이다. 디자인(Design)이라는 용어는 '지시하다, 표현하다, 성취하다'의 뜻을 가지고 있는 프랑스어의 데생(Dessin)과 마찬가지로 그리스어 데자노(Diseno)에서 기원하였고 몇천 년 전부터 사용되어 오던 용어이다. 근래에 와서는 모든 조형 활동에 대한 계획을 의미하며 도안, 설계, 구상 등의 의미까지도 포함한다.

캡스톤 디자인의 개념에 대하여 Wagenaar(1993)은 학생들이 각자의 전공에서 얻은 지식을 확장하고 비판하며 응용하는 방식으로 구체적인 연구에 통합하는 경험을 맛보도록 하는 과정이라고 하였으며, Moore(2004)는 전공에서 공부한 내용을 여타의 과목에서 공부한 내용과 연계시키는 과정으로 사회가 교육에 대해 가진 기대와 대학의 사명, 그리고 전공 교육 프로그램의 사명을 연결시키고 통합시키는 것이라고 하였다.

최근 교육부와 한국연구재단은 산업계의 인지도가 높은 'LINC' 브랜드를 계속 유지하면서 기존 LINC 사업과 신규 추진되는 사회맞춤형 학과 지원사업을 LINC+사업 내 각 유형으로 구성하여 2017년부터 사업을 추진하고 있다.

캡스톤 디자인 교과목은 사회맞춤형 산학협의 선도(전문)대학(이하 LINC+: Leaders in INdustry-University(College) Cooperation+) 사업의 일환으로 참여하는 전국의 각 참여 대학에서 전공필수로 정해지면서 2017년부터 전면적으로 확대 · 실시하고 있다.

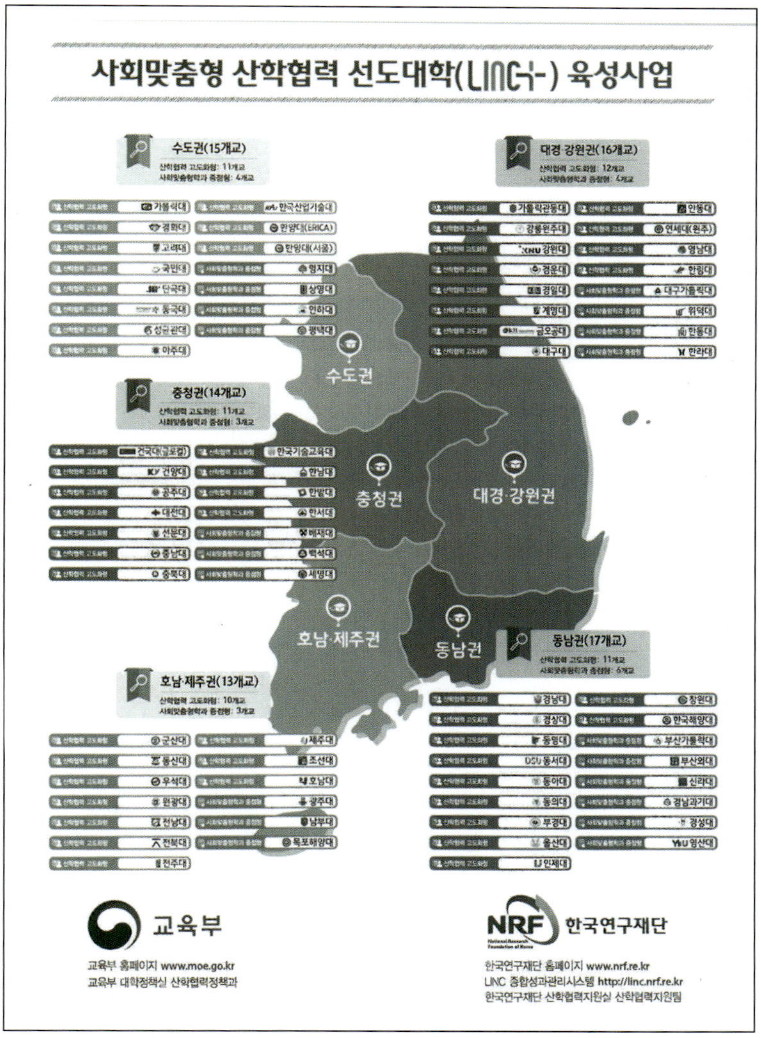

(출처: 캡스톤디자인 Workbook, 2018)

헤어 캡스톤 디자인(Hair Capstone Design)이란 '창의적 종합설계'로서 작품으로 분석 · 디자인 콘셉트 설정· 제품 제작· 연구를 통한 결과로써 다양함과 창의성이 돋보이는 작품들로 구성한다. 이는 산업 현장에서 근무하면서 부딪히는 문제를 시술자들이 주도하여 스스로 해결할 수 있도록 습득한 지식을 바탕으로 기획· 설계· 결과물 제작까지 끌어내는 작업이다. 이 같은 작업 방식은 창의적이고 실무 능력을 향상시키며, 산업 현장에서의 적응력을 높이고 있어 각광받고 있다.

\+

1) 헤어 캡스톤 디자인의 개발 과정

일반적으로 헤어 캡스톤 디자인을 효과적으로 수행하기 위해서는 다음의 과정을 거친다.

[헤어 캡스톤 디자인의 프로세스]

기획 단계	필요에 의한 심리적 욕구가 생기는 단계이다. 헤어 캡스톤 디자인 대상의 목표 설정 및 기획, 시장조사(헤어트렌드 조사, 패션쇼, SNS, 인터넷) 및 분석, 소비자 조사가 이루어진다.
↓	
조형 단계 (디자인 발상)	구체적으로 시각화하는 단계이다. 디자인의 콘셉트와 테마 설정, 헤어 분석(커트, 컬러, 스타일링), 마인드 맵 구성, 이미지 맵 작성, 헤어 캡스톤 계획서, 헤어디자인을 결정한다.
↓	
재료 결정 단계	분석을 토대로 구체적 재료를 사용하는 단계이다. 커트 도구 및 형태 결정(커트 도해도), 컬러 색상과 컬러 기법 결정(컬러 도해도), 스타일링 도구 및 방법 결정을 체계화한다.
↓	
작업 단계 (디자인 구현)	선택한 재료 및 시술 방법을 토대로 작업이 이루어지는 단계이다.
↓	
디자인 완성 (발표 및 평가)	졸업작품 발표, 작품 전시, 디자인 평가, 경진대회 및 포상

2) 헤어 캡스톤 디자인 교과목의 개설 대학 현황

수도권(서울, 인천, 경기 지역)의 전문대학과 전공대학은 서울 11개, 인천 3개, 경기 31개로 총 45개(2019 전문대학 개황현황/통계청 자료)가 있으며, 전문대학교에 미용(헤어디자인) 관련 학과와 전공은 서울 2개, 인천 2개, 경기 21개로 총 25개의 전문대학에 26개 전공(부천대학교 헤어 관련 2개 전공)과 전공대학에 1개가 있다. (한국전문대학협의회 「2020학년도 전문대학 전공별 입학상담 자료집」 & 해당 전문대학 홈페이지 자료)

헤어 캡스톤 디자인 교과목을 개설한 대학은 서울 2개, 인천과 경기 23개 전문대학교과 전공대학에서 헤어 캡스톤 교과목을 운영하고 있다. (한국전문대학협의회 「2020학년도 전문대학 전공별 입학상담 자료집」 & 해당전문대학, 전공대학 홈페이지 자료)

지역	헤어 캡스톤 디자인 교과목의 개설 대학
서울 (2개)	정화예술대학교(미용예술학부 미용전공), 삼육보건대학교(뷰티헤어과)
인천. 경기 (23개)	경인여자대학교(I Belle 헤어뷰티과), 인천재능대학교(뷰티케어과), 경민대학교(뷰티케어과), 경복대학교(준오헤어디자인과), 국제대학교(뷰티코디네이션학과), 김포대학교(뷰티아트과), 동남보건대학교(뷰티케어과), 동서울대학교(뷰티코디네이션학과), 동원대학교(뷰티디자인과), 두원공과대학교(뷰티아트과), 부천대학교(뷰티케어과 뷰티디자인전공), 서영대학교(뷰티아트과), 서정대학교(뷰티아트과), 수원과학대학교(뷰티코디네이션과), 수원여자대학교(미용예술과), 신구대학교(뷰티케어과), 신안산대학교(뷰티디자인과), 안산대학교(뷰티아트과), 여주대학교(준오헤어스타일과), 연성대학교(뷰티스타일리스트과 헤어디자인전공), 오산대학교(헤어전공), 용인송담대학교(뷰티케어과), 장안대학교(뷰티케어과)

3. 헤어 캡스톤 디자인의 개발

1) 디자인의 기획 단계

(1) 트렌드 조사

트렌드란? 일반적인 의미는 경향, 추세, 방향을 말하며 “일정 범위 소비자들이 일정 기간 동조하는 변화된 소비 가치”를 말한다. 라틴어의 트렁키스(Truncus), 영어의 트렁크(Trunk)를 잘라서 만든 ‘이동, 진행’이 그 목적인 수레바퀴에서 유래되었다.

① 트렌드의 유형은 지속 기간에 따라 패드(Fad), 트렌드(Trend), 메가 트렌드(Mega Trend), 마이크로 트렌드(Micro Trend)로 분류한다. 일반적으로 패드는 1년 이내, 트렌드는 3~5년 이내, 메가 트렌드는 10년, 마이크로 트렌드는 수시, 문화는 30년 이상 걸쳐 지속되는 변화되는 동향 추세로 대다수의 사람에 영향을 받는 변화라고 할 수 있다.

② 트렌드의 히트는 제품보다는 소비 패턴이나 선호에 기반하는 좀 더 거대한 소비 유행이다.

③ 일시적 유행인 패드(Fad)는 제품 자체에 해당되는 말로써 소비자들에게 매우 빨리 인기를 얻지만 그만큼 빠르게 소비자들로부터 잊혀 진다. 반면에 트렌드는 소비자들이 물건을 사도록 이끄는 원동력에 관한 것으로써 보다 크고 광범위하다.

④ 트렌드는 반드시 마켓이 만들어 내는 것은 아니며, 소비자가 마켓보다 앞서서 트렌드를 만들어 내고 마켓이 이에 따르는 경우도 있다.

⑤ 트렌드의 핵심은 변화다. 사회적인 요인, 경제적인 요인, 정치적인 요인, 문화적인 요인에 의해 크게 작용된다. 또한, 라이프 스타일과 소비자 의식구조의 개인적인 요인이 생활 전반에 트렌드가 형성되어 이것은 패션과 뷰티 디자인에 반영된다.

트렌드의 유형	동조 기간	내 용
패드 (Fad)	1년 이내	마이크로 트렌드보다 동조의 범위가 넓고 지속 기간이 긴 1년 이내의 트렌드(일시적인 유행)
트렌드 (Trend)	1~5년 이내	단순한 유행을 넘어 1~5년 정도 지속하며 상당수 소비자들이 동조하는 움직임
메가 트렌드 (Mega Trend)	10년	사회 대다수의 사람이 동조하여 10년 이상 지속되는 경향
마이크로 트렌드 (Micro Trend)	수시	단기간 동안 소수의 소비자가 동조하는 작은 변화
문화	30년 이상	메가 트렌드를 넘어 30년 이상, 다시 말해 세대를 넘어 지속하는 현상

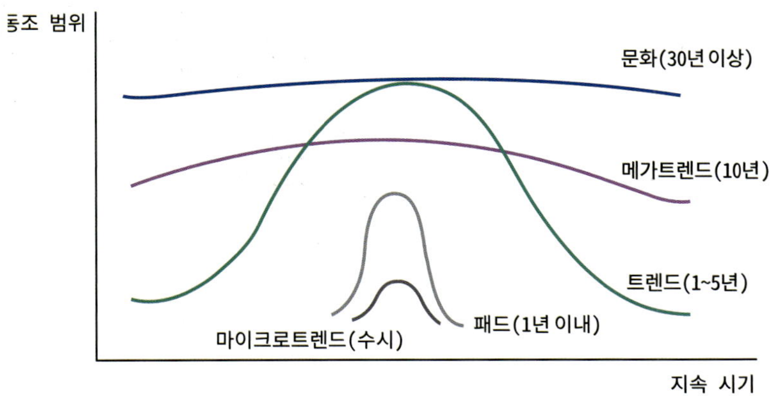

| 트렌드의 유형 |

트렌드의 변화 요인	내 용
사회적인 요인	산업의 고도화로 물질적 풍요로움은 차원 높은 서비스을 요청하게 되고 기술력의 향상은 질 높은 서비스를 제공 (정보 고속화 사회, 도시화 사회, 여성의 지위 향상, 성 역할의 변화)
경제적인 요인	경제 성장과 교류가 이루어지고 부의 광범위 확산, 안정적인 고용보장 확립, 생활의 필요 경비 이상의 수입 증가, 중상계급 증가
정치적인 요인	국가 통치 행위 형태와 국제 간의 정치적인 교류
문화적인 요인	어느 시대를 막론하고 그 시대를 풍미했던 유행 스타일은 바로 그 시대의 문화를 담고 있다. 종교, 예술, 지식, 도덕, 관습 등을 포함하는 생활양식의 총체는 문화로 함축
개인적인 요인	라이프 스타일, 소비자 의식 구조

(2) 트렌드 와칭(Trend Wathching)

'트렌드 와칭'이란 '트렌드(Trend)'와 '와칭(Watching)'을 결합한 조어로, 일상생활 속 모든 현상들을 치밀하게 관찰하여 트렌드를 발견하는 방법이다. 이러한 트렌드 와칭은 문화, 다자인, 사회 변화 등의 흐름을 지켜보고 파악함으로써 새로운 디자인을 개발하고 적용하기 위해서 필요하다. 생활 속의 트렌드 와칭 방법은 다양한 인맥을 통해 사람을 관찰, 약속 장소를 다양하게 잡아서 폭넓게 관찰, 스마트폰 메모 활용들을 들 수 있다.

경향, 추세, 방향

보다, 지켜보다, 주시하다

트렌드 와칭에 대해 김선주, 안현정(2013)은 '일상생활 속에서 사람들이 무엇에 관심을 두는지, 어떠한 행동을 하는지 관찰함으로써 변화를 감지하고 변화 속에서 기회를 찾아내는 것, 또는 새로운 기획을 위한 아이디어를 찾아가는 과정' 이라고 하였다.

트렌드 와칭의 필요성은 다른 사람보다 먼저 사회의 변화와 시장의 변화를 인식하는 것이 가능, 아이디어를 기반으로 새로운 것을 기획하는 역량이 중요, 잠재된 고객이 필요한 것이 무엇인지 찾는 것이 어려움이 있으며, 고객의 니즈를 파악한 다음 새로운 아이디어를 제시함으로써 고객을 만족시킬 수 있다.

■ 잠재 니즈의 유형

① 의식된 잠재 니즈-고객은 자신이 원하는 것이 무엇인지는 알고 있지만, 표현하지 못하는 경우
② 무의식 잠재 니즈-고객 스스로도 원하는 것이 무엇인지를 인식하지 못하는 경우 (표정이나 행동에서 나타나는 상태-인식하지 못하는 문제점 찾아내어 대안 제시)

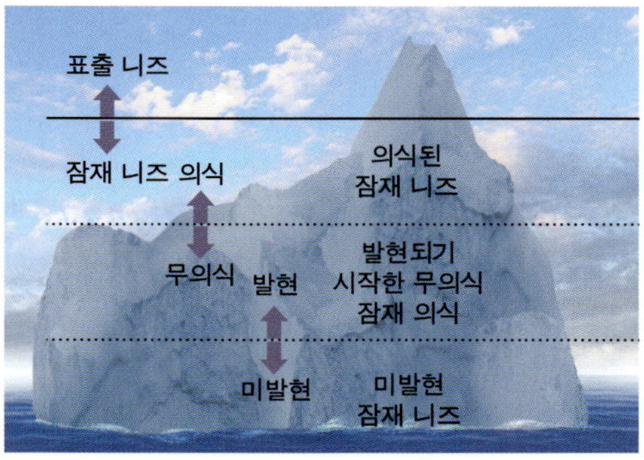

(잠재 니즈의 구조)

③ 미발현 잠재 니즈-고객이 자신의 니즈를 굳이 표현하고 싶어 하지 않는 경우 (고객 입장에서도 본인이 진짜 원하는게 뭔지, 앞을 내가 뭘 원하게 될지 현재로서는 전혀 모르는 상태)

(3) 헤어와 패션 트렌드 시장조사 및 분석

헤어스타일은 '머리형이나 머리 풍' 등 머리의 꾸밈새를 말하며, 패션의 어원은 '만드는 일과 행위 활동' 등의 의미에서 유래되어 오늘날 패션(Fashion)으로 되었다. 패션은 우리나라 말로 유행, 모드(Mode)라는 의미이며, 양식(Style), 풍조(Trend)의 의미를 가지고 있다

헤어스타일과 패션 트렌드는 정치, 사회, 경제, 역사 흐름 등의 영향을 받으면서 변화되고 발전되어 왔다.

현대인들은 헤어스타일과 패션의 변화로 개성 표현의 방법 중 하나가 되고 있으며, 개인의 감정까지도 표현하고 있다. 이는 타고난 신체를 변화시킬 수는 없지만, 자그마한 변화를 통해 자신이 남들과 다른 개성 있는 감각의 패션을 연출할 수 있기 때문이다.

한편, 이러한 트렌드 시장조사와 분석은 대중매체와 헤어쇼, 메이크업쇼, 패션쇼 등을 통해 정보를 수집할 수 있다.

① 잡지, 신문, 브랜드에서 S/S 트렌드, F/W 트렌드를 발표하는 헤어쇼, 메이크업쇼, 패션쇼를 통해 헤어스타일, 컬러 트렌드, 패션 등에 대한 정보를 수집할 수 있다.
② 영상매체인 영화나 TV 등을 통해 등장인물들의 최신 헤어스타일, 메이크업, 패션 등을 통해 정보를 수집할 수 있다.
③ 헤어스타일과 관련된 CD와 DVD, 인터넷, 이동통신 등을 활용하여 헤어 트렌드와 헤어스타일 관련 자료를 수집할 수 있다.

다음은 트렌드의 변화를 알아보기 위해 헤어와 패션의 국내 · 외의 연도별 유행 경향을 분석해 보았다.

<table>
<tr><td rowspan="6">1900년</td><td rowspan="3">국외</td><td>헤어</td><td>가르마가 없이 자연스럽게 넘기는 브레상 스타일, 앞가르마를 나누어 머리에 달라붙게 하는 아비용 스타일이 유행</td></tr>
<tr><td>패션</td><td>재킷은 어깨에 패드가 들어가고 품이 넉넉한 스타일, 테일러드 칼라에 싱글, 더블 여밈이 대중적
검은 드레스 코트와 흰 베스트, 윙 칼라, 케이프, 톱 해트, 외알 안경 유행
캐주얼하고 편안한 디너 재킷 등장, 라운지 슈트와 체스터필드 코트 유행</td></tr>
<tr><td colspan="2">  </td></tr>
<tr><td rowspan="3">국내</td><td>헤어</td><td>하이칼라 머리(신식 남자), 중머리(일반인)</td></tr>
<tr><td>패션</td><td>상투가 사라진 머리에는 갓 대신 중절모 착용, 도포와 중치막이 사라지고 두루마기 착용 , 개화파 남성들은 흰색 두루마기, 저고리, 바지, 구두 착용
문관복은 대례복, 소례복(연미복-프록 코트), 일상복(색 코트)
최초로 양복을 입은 사람은 유길준을 위시한 신사유람단</td></tr>
<tr><td colspan="2">   </td></tr>
</table>

<table>
<tr><td rowspan="6">1910년</td><td rowspan="3">국외</td><td>헤어</td><td>머리카락을 앞에서 뒤로 빗어 넘긴 스타일이 유행</td></tr>
<tr><td>패션</td><td>슈트는 어깨에 패드가 들어가고 품이 넉넉한 스타일
라운지 슈트와 코트는 직선 라인, 바지는 매우 좁은 약간 팽이 모양
스포츠 웨어와 트렌치 코트(허리에 벨트 착용) 유행, 중절모 유행</td></tr>
<tr><td colspan="2">  </td></tr>
<tr><td rowspan="3">국내</td><td>헤어</td><td>하이칼라 머리, 까까머리(중머리)</td></tr>
<tr><td>패션</td><td>일본화된 제복인 경찰복과 교복(1918년) 등장
전국적으로 양복 확산(투 버튼, 쓰리 버튼의 재킷, 조끼, 커프스 있는 바지), 외출복은 두루마기, 단발하지 않은 촌로들은 두루마기와 갓 착용
학생들은 까까머리에 학생모자, 저고리, 바지, 두루마기 착용</td></tr>
<tr><td colspan="2">  
 </td></tr>
</table>

<table>
<tr><td rowspan="6">1920~1930년</td><td rowspan="3">국외</td><td>헤어</td><td>런던의 리젠트가(街)라는 유명한 패션 거리의 청년들의 즐겨하던 리젠트 헤어스타일 유행
앞가르마나 옆 가르마를 타고 포마드를 발라 올백형으로 머리카락이 달라 붙게 하는 스타일 유행</td></tr>
<tr><td>패션</td><td>• 20년대: 캐주얼하고 편안한 의상 선호, 바지는 아래로 갈수록 넓어지는 벨 보텀 스타일, 직선적인 실루엣이 출현하여 점차 간소화되고 활동적으로 변함. 슈트는 어깨선과 앞 중심에 3개 단추 부착한 싱글 브레스티드 재킷 유행
• 30년대: 남성복은 보수적이어서 짙고 어두운색의 재킷과 칼라, 타이, 모자 등 착용. 컨버터블 컬라에 래글런 소매가 달린 코트, 벨트가 달린 폴로코트, 레인코트 유행, 밀리터리 룩 출현</td></tr>
<tr><td colspan="2">  </td></tr>
<tr><td rowspan="3">국내</td><td>헤어</td><td>하이칼라 머리, 까까머리(중머리)</td></tr>
<tr><td>패션</td><td>• 20년대: 양복이 대중화됨(과거보다 상의의 길이 길어지고, 바지 폭 넓어짐), 콤비(세퍼레이츠), 앙상블 슈트, 라운드 슈트, 색 코트 유행. 개량한 복과 양복 같이 착용
남학생들의 교복은 저고리, 바지, 두루마기로 구성된 한복이 양복(스탠드 칼라의 네루 재킷과 팬츠, 검은색 사각 모자로 구성) 으로 바뀜
• 30년대: 양복 착용이 일반화되고 다양화됨(프록코트, 싱글 브레스티드 슈트, 더블 슈트, 트렌치코트, 스프링코트, 체스터필드코트). 볼드 룩(양어깨에 심을 넣어 과장), 모닝코트 유행, 양복 안에 조끼 착용. 중절모, 스트로 해트, 밀짚모자 착용</td></tr>
<tr><td colspan="2">  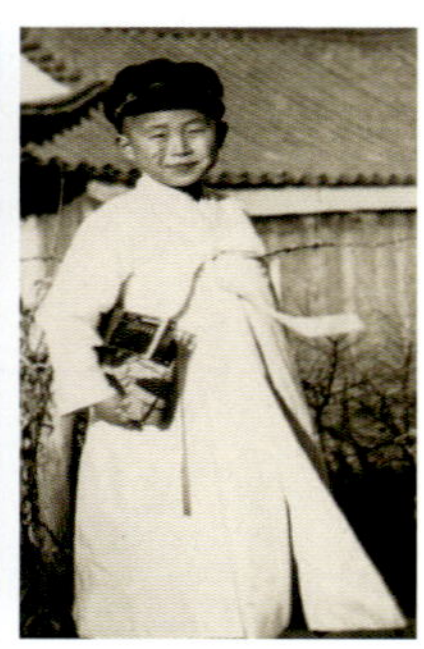</td></tr>
</table>

<table>
<tr><td rowspan="6">1940~1950년</td><td rowspan="3">국외</td><td>헤어</td><td>• 40년대: 제2차 세계대전이 일어났던 시기로 크루 컷이 유행
• 50년대: 슈퍼스타 제임스딘과 엘비스 프레슬리의 옆머리를 붙이고 윗머리를 올리는 헤어스타일(피프티즈 룩)</td></tr>
<tr><td>패션</td><td>• 40년대: 남성 패션에 큰 변화 적음. 몽고메리 장군의 더플코트 유행
• 50년대: 검은색, 회색 계열의 튀지 않은 의상 착용. 재킷은 길이가 약간 길어지고, 어깨 패드는 얇아짐. 회색 플란넬 슈트 유행
면 소재 티셔츠, 반바지, 비치웨어, 트렁크 유행</td></tr>
<tr><td colspan="2">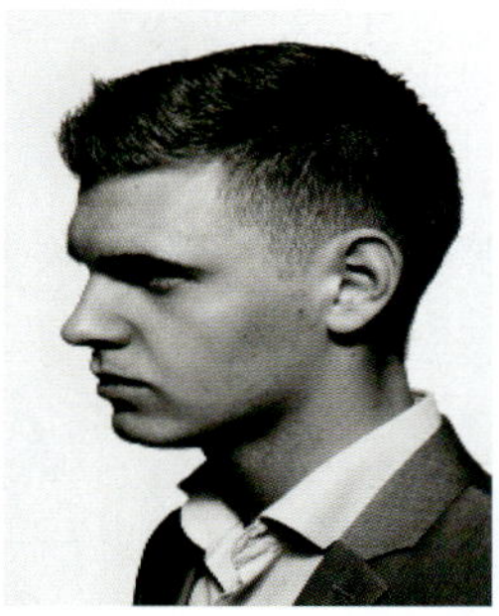  </td></tr>
<tr><td rowspan="3">국내</td><td>헤어</td><td>• 40년대: 앞가르마를 타서 넘긴 하이칼라 머리, 상고머리, 중머리 유행. 남학생들은 기본적으로 머리에 모자 착용
• 50년대: 하이칼라 머리, 긴 스포츠, 모판머리, 중머리, 포마드를 머리에 바른 스타일</td></tr>
<tr><td>패션</td><td>• 40년대: 획일적인 국민복(스탠드칼라에 양 가슴에 뚜껑이 있는 큰 포켓), 한복과 양복을 절충하여 바지저고리 위에 오버코트나 망토 입음. 광복 이후에는 아이비 스타일과 유럽 스타일 도입(마카오 신사)
• 50년대: 멋쟁이 신사들은 영국에서 수입한 양복지로 신사복 지음. 한복도 꾸준한 주류 이룸. 대부분의 남성은 흰색 셔츠에 검은색과 짙은 감색 양복 착용, 남자아이들은 여름에 흰색 반소매 셔츠에 반바지 착용</td></tr>
<tr><td colspan="2">  </td></tr>
</table>

<table>
<tr><td rowspan="6">1960~1970년</td><td rowspan="3">국외</td><td>헤어</td><td>• 60년대: 전반적으로 동글동글한 아웃라인이 포인트인 몹톱 스타일(바가지머리)과 히피 문화와 비틀즈 영향을 받아 장발 유행
• 70년대: 머리를 부채살 모양으로 세운 폴큐핀 스타일 유행(히피 문화가 꽃 피우는 시기), 여성들과 같이 길고 다양한 커트와 긴 구레나룻, 콧수염, 턱수염이 60년대 중반부터 70년대까지 유행</td></tr>
<tr><td>패션</td><td>• 60년대: 모즈 룩(비틀즈에 의해 크게 유행)은 남성복에 있어 주요 스타일, 캐주얼한 룩, 슬림라인 슈트와 정장 유행
• 70년대: 유니섹스 스타일(가죽 재킷, 캐주얼 웨어, 뷰츠)이 패션의 일부가 됨. 스포츠 웨어, 펑크 문화의 영향으로 헐렁한 티셔츠 인기(펑크 패션), 캐주얼 형태인 진 유행</td></tr>
<tr><td colspan="2">  </td></tr>
<tr><td rowspan="3">국내</td><td>헤어</td><td>• 60년대: 하이칼라 머리, 상고머리, 긴 스포츠형, 올백 스타일 포마드 전성기
• 70년대: 장발, 상고머리, 스포츠머리, 바람머리, 맘보머리</td></tr>
<tr><td>패션</td><td>• 60년대: 젊은이들 사이에서 스포츠 캐주얼 웨어 인기, 양복 수요의 증가(양복점의 전성기), 1965년 남성 양복의 패션쇼 개최
• 70년대: 기성복 착용 대중화, 블루진, 캐주얼 웨어, 테일러드 슈트 인기 상승 청년 문화 탄생(티셔츠, 청바지, 통기타, 생맥주), 유니섹스 패션산업 확대, 신사복은 콘티넨털 룩과 볼드 룩 유행</td></tr>
<tr><td colspan="2">  </td></tr>
</table>

<table>
<tr><td rowspan="6">1980~1990년</td><td rowspan="3">국외</td><td>헤어</td><td>• 80년대: 맥가이버 헤어스타일(뒷머리 길이만 길게 기른 레이어 커트 스타일), 불규칙한 커트
• 90년대: 다양한 컬러의 등장, 레이저를 사용하여 자유분방한 불규칙한 커트, 힙합 헤어스타일, 샤기 헤어스타일, 바람머리 스타일, 댄디 스타일, 어시매트릭 스타일 유행</td></tr>
<tr><td>패션</td><td>• 80년대: 부와 권력을 과시하고자 상체가 커 보이는 어깨 패드가 들어간 파워 슈트를 입기 시작. 여피족들은 넓은 어깨의 이탈리아풍 재킷과 밑으로 가면서 좁아지는 바지, 생가죽 구두와 단화 유행
• 90년대: 편안하게 살려주는 부드러운 실루엣과 미니멀리즘적인 몸에 맞는 정장 유행, 화려한 슈트 시도, 캐주얼 브랜드들이 유행 (리바이스, 게스 등)</td></tr>
<tr><td colspan="2">  </td></tr>
<tr><td rowspan="3">국내</td><td>헤어</td><td>• 80년대: 상고머리, 스포츠머리, 핀컬파마, 닭벼슬머리, 자존심머리
• 90년대: 다양한 컬러 변화(염색, 코팅) 및 탈색(브리치), 레이저 커트 시술</td></tr>
<tr><td>패션</td><td>• 80년대: 캐주얼 시장의 확대 및 스포츠 웨어(리복, 라피도, 엘레세)의 부각, 진 의류 시장 활성화(뱅뱅, 화이트 호스, 죠다쉬, 리바이스, 서지오 바렌테, 리), 컬러 TV의 보급으로 교복 자율화
남성복 시장 세분화됨(캐주얼풍 신사복과 고급 신사복), 기성복과 맞춤복을 병행
• 90년대: 남성 정장 디자인의 다양화, 콤비(세퍼레이츠)와 소프트 재킷 유행, 남성복 감성의 세분화, 유니섹스의 스포츠웨어 대거 출시, X세대, N세대, 힙합족, 명품족 등장</td></tr>
<tr><td colspan="2"> </td></tr>
</table>

연도	구분	항목	내용
2000년	국외	헤어	메트로 섹슈얼(Metro Sexual)과 워버 섹슈얼(Uber Sexual)의 시대, 커트는 전반에는 댄디 헤어스타일(남성적이면서도 깔끔하고, 단순한 미니멀한 형태의 헤어스타일) 유행 컬러는 차가운 잿빛 브라운과 블루의 조화, 금빛 브라운과 잿빛 브라운의 조화 후반에는 커트라인은 하이 레이어 컷에서 아웃라인이 그레쥬에이션으로 좀 더 트렌디한 라인으로 바뀜
		패션	글로벌 브랜드(스페인의 자라/ZARA, 스웨덴의 H&M, 미국의 갭/GAP, 일본의 유니클로/ Uniqlo, 영국의 톱 숍/Top Shop)경쟁 심화. 패션의 아이콘은 스포츠 스타, 의복의 종류 간의 경계가 무너짐 전통 슈트, 캐주얼 웨어, 액티브 스포츠 웨어 시장으로 구분 2000년대 후반은 패딩이나 아우터, 벨벳 스포츠 코트 스포츠 웨어의 변신(패셔너블하게 변해 일상복으로 많이 입음)

	국내	헤어	헤어스타일은 커트와 파마의 전성시대(자유자재로 개성이 강한 스타일 유행), 상고머리, 짧은 스포츠, 스왓커트, 소프트 모히칸 커트, 샤기 커트 유행, 매직스트레이트 펌, 굵은 웨이브 펌 유행
		패션	아웃도어 웨어 시장의 성장(일상복의 개념으로 자리 잡음), 얇은 패닝 아웃도어 출시, 과감한 디자인의 스포티 캐주얼, 슈트에서는 스리버튼 재킷이 사라지고 투버튼 유행, 젊은 층의 패셔너블한 슈트는 소매의 길이가 짧아지고 폭도 좁아짐.

<table>
<tr><td rowspan="6">2010년</td><td rowspan="3">국외</td><td>헤어</td><td>가벼운 레이어형의 비대칭 스타일과 디스커넥션의 투 블록 스타일, 샤기 커트, 스트록 커트, 볼륨 펌과 옆머리를 붙이는 다운 펌 유행, 앞머리를 올리고, 옆머리는 붙이는 리젠트 스타일 유행</td></tr>
<tr><td>패션</td><td>펑크룩, 모즈룩 유행</td></tr>
<tr><td colspan="2">  </td></tr>
<tr><td rowspan="3">국내</td><td>헤어</td><td>메트로 섹슈얼(Metro Sexual)과 워버 섹슈얼(Uber Sexual), 크로스 섹슈얼의 시대, 남자이면서 여자보다 예쁜 남자(자신을 가꾸는데 좀 더 신경을 쓰고 자신의 스타일 표출)
댄디 커트, 비대칭 커트, 댄디 리젠트 스타일, 투 블록 커트 유행</td></tr>
<tr><td>패션</td><td>2014년은 여러 겹 겹쳐 입는 레이어드룩 유행, 2015년은 롱코트, 항공점퍼, 맨투맨 유행, 2017년은 트래블 룩(Travel Look), 보더리스(Borderless) 스타일링 대두, 2018년은 레트로(복고)와 스포티즘 열풍으로 스포티룩 유행, 2019년은 댄디룩, 백투베이지(Back to Beige), 미니멀리즘, 트렌치코트, 블루종 재킷, 항공점퍼</td></tr>
<tr><td colspan="2">  </td></tr>
</table>

2) 디자인의 조형 단계

디자인의 조형 단계는 구체적으로 시각화하는 단계이다. 얼굴형과 이미지, 이미지에 따른 컬러와 패션, 헤어 분석을 토대로 알아본다.

(1) 얼굴형과 이미지에 따른 분석

① 얼굴형에 따른 헤어 분석

둥근형	특징	귀여운 느낌, 둥근 이마 라인과 둥근 턱 선을 형성하는 얼굴형
	컬러	투톤 컬러 시술(전체적으로 밝은 컬러, 페이스 라인은 어두운 컬러 시술)
	커트	투블럭 커트, 쇼트커트, 비대칭 커트(윗머리를 짧게 커트 후 스타일링 시 세워 세로 라인 강조)
	스타일링	윗머리에 볼륨을 살리고 옆머리는 볼륨을 최대한 억제
	가르마	8:2 가르마, 7:3 가르마
긴형	특징	얼굴 길이가 길며, 볼이 꺼져 있고 좁은 얼굴형
	컬러	그라데이션 컬러(윗부분은 어두운 컬러, 아랫부분으로 갈수록 밝아지게 그라데이션 컬러 시술)
	커트	미디엄 길이의 헤어커트
	스타일링	톱 부분의 볼륨을 낮추고 앞머리에 웨이브 컬을 이용
	가르마	6:4가르마, 7:3 가르마
각진형	특징	직선 이마 라인과 사각형의 턱선을 가진 넓은 얼굴형으로 각진 얼굴은 선이 딱딱하고 날카롭게 보임
	컬러	어두운 컬러는 피하고 부드러워 보이는 브라운 컬러나 밝은 컬러 시술
	커트	투블록 커트나, 비대칭 커트
	스타일링	헤어스타일은 비대칭 스타일이 잘 어울리며 웨이브로 앞머리를 부드러운 곡선 연출
	가르마	5:5 가르마, 7:3 가르마

얼굴형	항목	내용
역 삼각형	특징	이마 폭이 넓고 볼과 턱선 부분이 좁은 얼굴형으로 날카로운 인상
	컬러	어두운 톤을 사용하여 단정한 이미지를 표현
	커트	귀 옆 구레나룻 부분을 살려 단점을 커버하고 깔끔하게 커트(미디엄 길이의 헤어커트)
	스타일링	프린지는 볼륨을 살려 웨이브를 주어 이마를 좁게 보이게 시술
	가르마	노파트(무가르마)
마름모형	특징	전체적으로 넓적하고 턱이 가늘게 돌출된 얼굴형으로 광대뼈가 돌출
	컬러	투톤 컬러 시술(부드러워 보이는 브라운 컬러로 점진적으로 톱 부분이 밝아지는 그라데이션 컬러 시술)
	커트	이마 부분과 턱 부분을 폭넓게 보이도록 커트
	스타일링	톱 부분에 볼륨을 적당하게 한다든지 가르마를 이용하여 샤프한 이미지를 연출, 펑키 스타일 어울림
	가르마	노파트(무가르마)
삼각형	특징	이마 부분이 좁고 턱이 넓어 보이는 형
	컬러	투톤컬러 시술(부드러워 보이는 브라운 컬러), 카키 계열과 골드 계열 컬러
	커트	좁은 이마와 관자놀이가 들어가 보이는 타입으로 넓은 턱 주위의 너비를 축소시켜 얼굴 윤곽을 부드럽게 하는 커트 스타일, 미디엄 길이의 그래쥬에이션 커트
	스타일링	좁은 이미를 감출 수 있는 큰 뱅을 이용하고 양볼의 선을 좁게 보이게 하기 위해 부드러운 웨이브를 주어 귀를 살짝 덮어 주는 스타일
	가르마	6:4 가르마, 7:3 가르마

② 이미지에 따른 컬러와 패션, 헤어 분석

로맨틱 	컬러	사랑스러운 분위기를 잘 표현하는 색채는 파스텔 톤 라이트 톤, 페일 톤, 브라이트 톤으로 비교적 밝은 톤의 피치, 핑크, 옐로우, 퍼플 계열
	패션	꽃무늬의 패턴이나 부드러운 질감의 소재를 사용해 프릴, 레이스, 주름
	헤어	밝고 가벼운 느낌의 색상, 웨이브가 있거나 볼륨이 있는 자연스러운 헤어스타일

매니시 	컬러	도시적인 남성의 이미지를 가진 색 차가운 색조나 무채색의 색조
	패션	유니섹스한 티셔츠, 정장 슈트, 드레스 셔츠, 테일러드 재킷
	헤어	단발이나 짧은 커트 스타일, 긴 머리의 경우 머리를 뒤로 넘겨 하나로 깔끔하게 정리, 단정하고 샤프하게 연출

내추럴 	컬러	베이지 계열, 카키색 계열, 브라운 계열 가공하지 않은 자연의 부드럽고 친근감이 있는 색채
	패션	니트류나 부드러운 소재, 면, 마, 울 등의 천연 소재
	헤어	앞머리를 자연스럽게 흘러내리거나 얼굴의 윤곽선이 부드럽게 보이도록 웨이브 연출

클래식 	컬러	고전적인 예술품에서 보여 지는 색상들과 중후해 보이는 색 와인, 다크 그린, 겨자, 딥 블루, 다크 브라운, 골드 등의 색상이 딥 톤과 다크 톤의 다양한 색채
	패션	테일러드 슈트, 카디건 슈트
	헤어	무난하고 유행을 타지 않는 깔끔한 헤어스타일

스타일	구분	내용
모던 	컬러	무채색으로 현대적인 감각인 차갑고 깔끔한 색상
		그레이시 톤의 블루, 베이지, 화이트, 블랙 등의 무채색과 배색
	패션	화이트와 블랙 컬러의 대비를 이용해 도시적인 세련된 스타일
	헤어	짧은 커트, 비대칭 커트 스타일로 세련된 이미지를 표현
스포티브 	컬러	스포티는 엘레강스와 반대되는 개념
		비비드 톤을 위주, 스트롱 톤 등 화려하고 밝은 색상
	패션	T셔츠, 점퍼, 스포츠 재킷, 진
	헤어	활동성이 강해 보이는 짧은 커트 후 왁스나 젤을 사용하여 위로 쭉 뻗게 연출
에스닉 	컬러	비비드 톤의 강한 배색 대비을 위주로 하며 화려하고 밝은 색상
		황갈색과 올리브 그린, 오렌지, 레드 등의 난색 계열
	패션	화려한 문양, 이국적인 모티브가 나타난 문양
	헤어	자연스럽게 길게 내린 헤어스타일, 특수머리 스타일(콘로우, 브레이드) 레게풍 스타일
빈티지 	컬러	카키, 베이지, 브라운, 와인 등의 어두운 계열
		톤 온 톤, 톤 다운 톤 등 비슷한 색채
	패션	옷 끝이 닳아 실밥이 터져 나온 바지, 구멍이 숭숭 뚫린 셔츠, 오래 입어 색이 바랜 옷
	헤어	히피 펌, 부스스한 컬링과 내추럴한 웨이브

구분	항목	내용
아방가르드	컬러	선명한 비비드 톤
		자유로운 색의 조화와 배색으로 명도와 채도의 대비를 강하게 배색
	패션	기능과 소재에 있어 제약이 없이 자유, 다양한 소재의 믹스매치, 좌우 비대칭 라인, 자유로운 실루엣
	헤어	다양한 컬러와 기하학적이고 비대칭적인 헤어스타일

프리티	컬러	밝고 가벼운 라이트 톤이나 브라이트 톤, 파스텔 계열로 배색
		옐로우, 레드, 연한 그린 계열
	패션	로맨틱룩보다는 좀 더 톡톡 튀고 발랄한 느낌을 강조, 귀엽고 화사하고 부드러움
	헤어	자연스러운 웨이브, 미디엄 길이의 굵은 웨이브 헤어스타일

(2) 헤어트렌드의 디자인 기법 분석

헤어디자인은 헤어스타일을 만들기 위한 필요한 디자인 과정으로 창의성과 조형성이 결부되어 모든 디자인 분야에서 기초가 되는 과정이다. 형태(Form), 질감(Texture), 컬러(Color)를 헤어디자인의 3요소라고 한다.

① 형태

헤어디자인의 형태는 4가지 커트 기본형인 원랭스 유형, 그래쥬에이션 유형, 유니폼 레이어 유형, 인크리스 레이형 또는 이들을 혼합하여 만든다.

② 질감

질감은 표면의 모양, 형태, 색체 등 보이는 면을 나타내는 요소로써 물체의 조성 성질을 의미하며, 헤어디자인의 머릿결을 의미한다. 매끈한 질감(Un Activated)과 거친 질감(Activated), 매끈한 질감과 거친 질감 등 두 가지 질감이 혼합되는 혼합형 질감으로 구분된다.

③ 컬러

컬러는 물리적 현상인 색이 감각기관인 눈을 통해서 지각되거나 그와 같은 지각 현상과 마찬가지의 경험 효과를 가리키는 현상을 말한다.

■ 인터컬러(국제유행색협회, International Color Association)

프랑스 파리에 있는 국제유행색협회는 제품 구매 시점보다 2년 먼저 세계의 유행색을 지정 · 보급함으로써, 패션 트렌드에 있어 가장 앞선 컬러 정보를 제시하고 있는 국제 유행색 지정 기관으로 1년에 두 번 1월과 7월 20개국이 참가하여 2년 뒤에 대한 유행할 색상을 미리 정한다.

■ 팬톤(Pantone)

로렌스 허버트(Lawrence Herbert)가 1963년 창립한 색채 연구소로 다양한 산업 분야에 정확한 컬러 선정과 색채의 아름다움을 제공하고 있으며, 여러 가지 색에 고유번호를 붙여 팬톤 컬러 매칭 시스템(PMS: Pantone Matching System)을 운영하는 회사이다. 팬톤은 지난 2000년부터 매해 12월 '올해의 색(The Color of the Year)'을 발표하고 있으며, 팬톤에서 매년 발표되고 있는 트렌드 컬러는 패션, 뷰티, 제품, 인테리어 등에 많은 영향을 주며 트렌드에 따라서 상품은 물론 소비자들의 감성도 변화시키고 있다.

'팬톤' 2010년부터 2020년까지의 올해의 컬러와 의미

연도	컬러	의미
2010년		터콰이즈(Turquoise)- 안정을 찾는 탈출구
2011년		허니 서클(Honey Suckle)- 도전을 북돋는 생동감
2012년		탠저린 탱고(Tangerine Tango)- 재충전
2013년		에메랄드(Emerald)- 성장 · 치유 · 일치
2014년		래디언트 오키드(Radiant Orchard)-창조성
2015년		마르살라(Marsala)- 자신감 · 안정 · 풍요
2016년		로즈 쿼츠(Rose Quartz)와 세레니티(Serenity) - 차분함, 융합, 성평등
2017년		그리너리 (Greenery)-새로운 시작
2018년		울트라 바이올렛(Untra Violet)- 창의력 · 예지력
2019년		리빙코랄(Living Coral)- 긍정과 활력 · 생명력 · 자연 보호
2020년		네오 민트(Neo Mint)- 과학과 기술이 자연과 조화

■ 퍼스널 컬러(Personal Colour)

퍼스널(개인인)+컬러(색상) = 개인 고유의 컬러

퍼스널 컬러는 신체 색과 조화를 이룰 때 얼굴에 생기가 돌고 활기차 보이나, 맞지 않는 경우에는 피부결이 거칠어 보이고, 투명감이 사라져 피부의 결점만이 드러나게 된다. 따라서 자신의 신체 색을 아는 것은 이미지 관리를 위해 효과적인 방법이 된다.

미국, 일본 유럽 등에서는 퍼스널 컬러를 4계절에서 보이는 이미지 색채를 이용하여 개인의 개성 있는 이미지를 연출한다.

(3) 마인드 맵 구성

마인드 맵은 두뇌의 기능들을 정확하게 파악한 후 그 기능들을 효과적으로 활용할 수 있도록 고안된 학습 방법으로 '생각의 지도'를 말한다. 생각 그물은 그림을 그리듯이 주요 줄거리와 내용을 이해하며 정리하는 방법이다. 실제로 유기적인 나뭇가지 모양으로 그려지는 마인드 맵은 뇌에서 정보를 전달하는 도로망에 위치한 뉴런(신경세포)과 유사한 구조로 제시된다.

이러한 특징을 최대한 효율적으로 활용하기 위해서는 마인드 맵을 작성할 때 적용하는 규칙들을 관찰할 필요가 있다.

영국의 전직 언론인 토니 부잔이 주장하여 유럽에서 선풍을 일으킨 이론이다.

① 마인드 맵의 구조

- 종이의 중심에서 시작한다. (주제명 기입)
- 중심 생각을 나타내기 위해 이미지나 사진을 사용하고 단어도 함께 쓴다.
- 3가지 이상의 색깔을 사용한다.
- 중심 이미지에서 주가지로 연결한 다음, 주 가지에서 부 가지로 연결한다.
- 각 가지당 하나의 키워드만을 사용한다.
- 전체적으로 이미지를 사용한다.

예시 1) 댄디 스타일/클래식 이미지

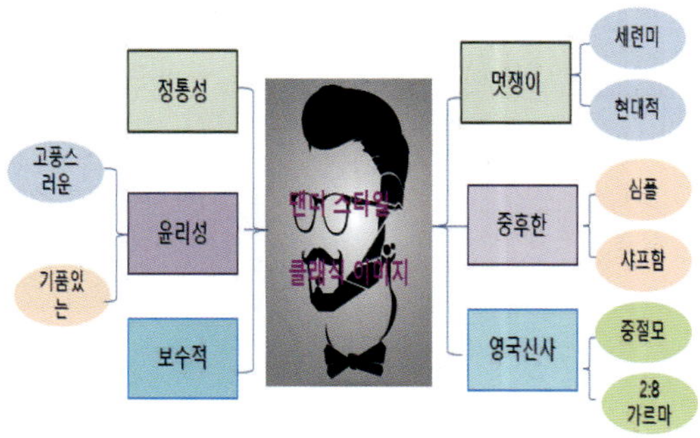

예시 2) 그라데이션 컬러

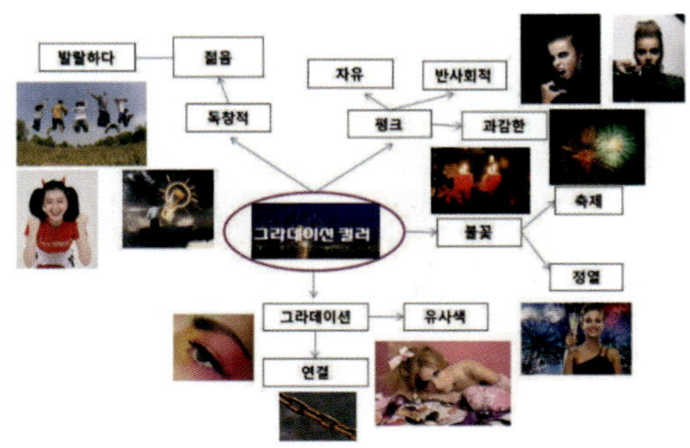

예시 3) 오로라의 불꽃

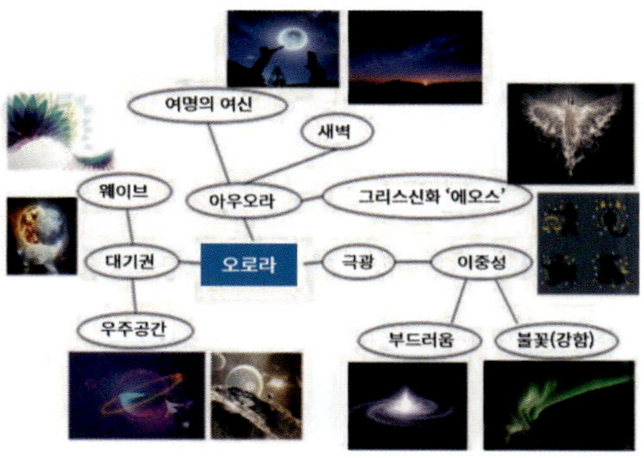

예시 4) Woman in lingerie

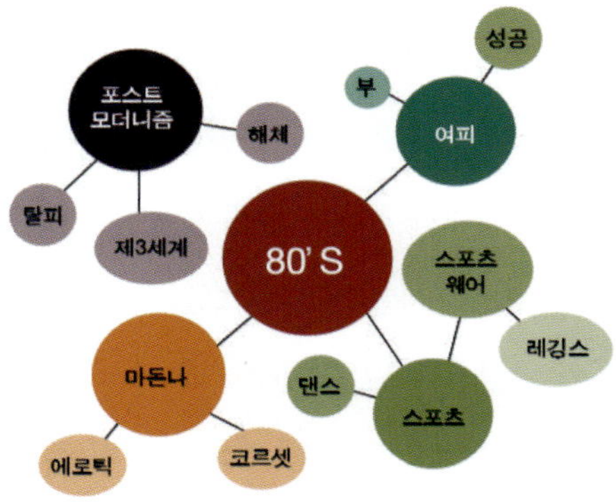

마인드 맵은 두뇌에 숨어 있는 잠재적 가능성을 쉬게 끌어내며, 신속하게 시작할 수도 있고 짧은 시간 동안 많은 어휘를 발생해 내는 것도 가능하며, 자유롭게 나열할 수 있는 핵심 단어 유형은 순식간에 마인드 맵의 한 부분에 단어를 첨가하고 다른 부분으로 건너뜀으로써 새로운 어휘를 끌어낼 수 있는 기회를 제공한다.

(4) 이미지 맵 작성

어떤 것을 디자인할 때, 만들고자 하는 이미지를 생각하며 그에 해당하는 이미지를 모으고 주어진 테마에 따라 이미지 안에 구획을 설정하여 상하, 좌우에 분류한다. 따라서 콘셉트에 맞게 정리한 것으로 새로운 디자인 개발을 위한 아이디어 발상에 도움이 되는 지도이다. 이때 이 구획들을 이미지 맵이라고 한다.

이러한 구획별 분류를 통하여 주제와 아이디어, 제작하려고 하는 작품이 나아가는 방향을 검토하고 아이디어의 장단점을 깊이 있게 검토하여 수정 및 보완을 하도록 한다.

■ 이미지 맵의 작성 방법

테마별 헤어디자인의 작품 관찰

∨

모티브의 이미지를 분석하고 자료를 수집

∨

수집된 자료를 수집하여 분류

∨

테마별 이미지에 적합한 분류명 명명

∨

주어진 테마에 따라 자료 분리

∨

분석 내용 정리 및 배열

∨

이미지 맵 완성

■ 일본 NCD(Nippon Color and Design Research Institute) 컬러 연구소

일본 컬러 연구소에서는 색의 온도와 차가움(Cool), 따뜻한(Warm), 딱딱함(Hard), 부드러움(Soft)로 4개의 축을 나누어 이미지 공간을 제작했으며, 총 36칸으로 분류되어 색에 해당하는 언어를 찾아갈 수 있다. 프리티(Pretty), 로맨틱(Romantic), 내추럴(Natural), 엘리건트(Elegance), 캐주얼(Casual), 쿨 캐주얼(Cool Casual), 고저스(Gorgeous), 시크(Chic), 다이내믹(Dynamic), 클래식(Classic), 댄디(Dandy), 모던(Modern)으로 나눌 수 있으며 이에 포함된 세부적인 감정 형용사를 파악할 수 있다.

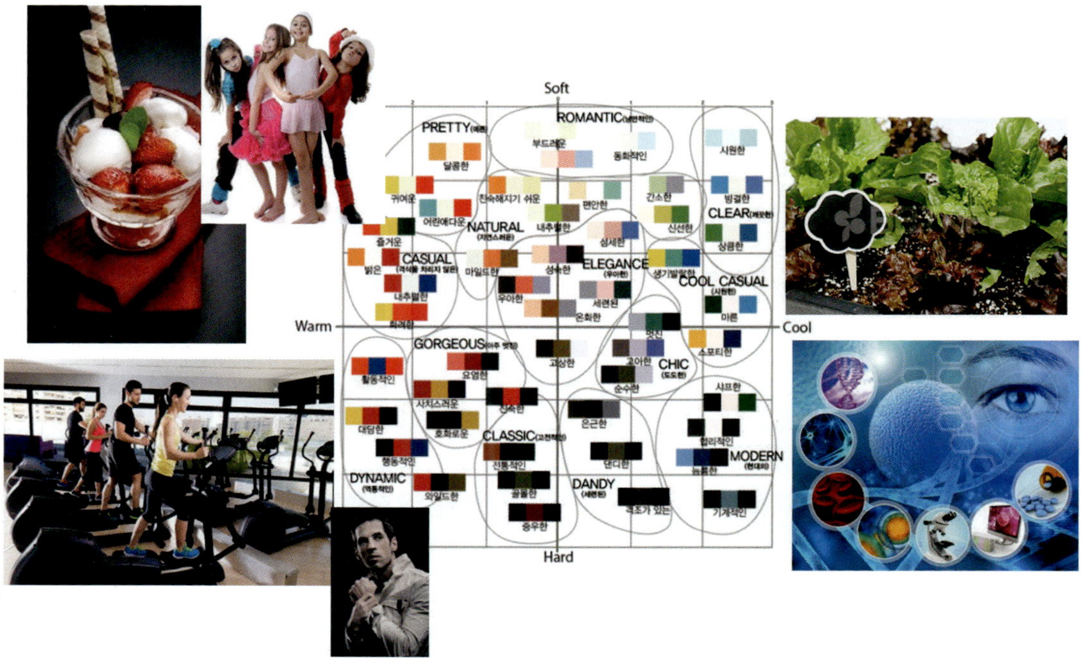

예시 1) 아방가르드

예시 2) 클래식

예시 3) 모던

예시 4) 로맨틱

예시 5) 민속적

예시 6) 즐거운

(5) 일러스트 작성

일러스트는 목적과 용도를 알리기 위해 내용을 암시하기 위하여 혹은 아이디어를 효과적으로 전달하기 위해 제작된 시각디자인 작업이다. 어떤 의미나 내용을 시각적으로 전달하기 위하여 사용되는 삽화, 사진, 도안 따위를 통틀어 이르는 말로 상대가 이해하기 쉽고 생각되는 위험을 찾아내서 그 작업에 정진하도록 제시하는 그림을 말한다.

뷰티 디자인 분야에서는 헤어디자인, 헤어 컬러링, 메이크업, 네일 아트 등 미용 전반에 걸쳐 시술이나 창작에 임했을 때 기초가 되며 미적 감각을 일깨워주는 데 없어서는 안 될 중요한 작업이다.

헤어 일러스트는 머리부터 어깨선까지 표현하는 선의 흐름과 스타일의 표현이다. 헤어디자인의 선의 흐름이 중요하며, 헤어 부분인 모발의 표현을 하기 위한 이해도적 설명도라고 할 수 있다.

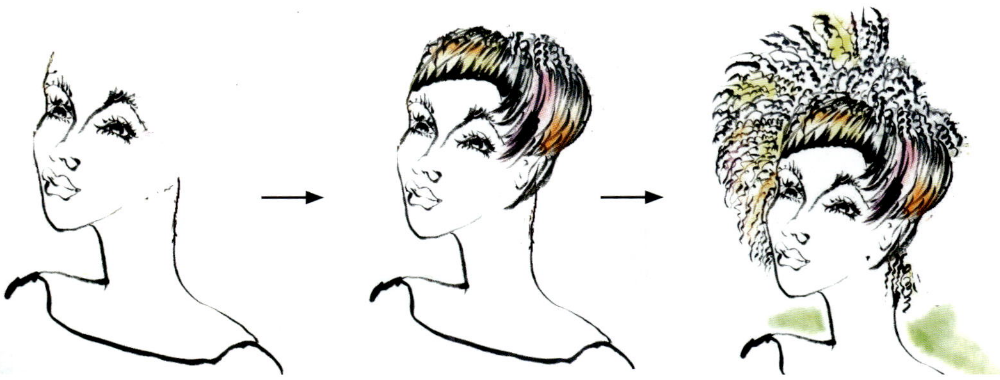

① 일러스트는 주제 선정 후 지금까지 조합된 구체적인 이미지를 바탕으로 창조적인 아이디어를 그림으로 표현한다.

② 예를 들어 작품 주제가 '로맨틱한 이미지의 헤어스타일'을 표현하고자 할 경우 비교적 밝은 톤의 피치, 핑크, 옐로우, 바이올렛 계열의 파스텔 톤의 컬러를 선정한다.

③ 헤어스타일링에서도 사랑스럽고 귀여운 이미지를 연출하기 위해 웨이브가 있거나 볼륨이 있는 자연스러운 헤어스타일로 디자인한다.

(6) 계획서 작성

디자인의 목표 설정과 기획, 디자인의 콘셉트와 테마 설정, 마인드 맵 구성, 이미지 맵 작성, 일러스트 작성을 토대로 디자인 계획서를 작성한다.

① 프로젝트 과제명(작품명)을 결정한다.

② 프로젝트 과제명의 개요를 작성한다.

③ 프로젝트 공동 참여자를 기입한다.

④ 작업하고자 하는 디자인의 콘셉트와 마인트 맵, 이미지 맵, 일러스트를 구체적으로 작성한다.

| 남성헤어 캡스톤 디자인 계획서 |

<table>
<tr><td rowspan="3">제출자</td><td rowspan="3">성명</td><td rowspan="3" colspan="2"></td><td>학과</td><td></td></tr>
<tr><td>학번</td><td></td></tr>
<tr><td>E-mail</td><td></td></tr>
<tr><td>프로젝트
과제명</td><td colspan="5"></td></tr>
<tr><td rowspan="2">프로젝트
개요</td><td colspan="5">내 용</td></tr>
<tr><td colspan="5">개념도</td></tr>
<tr><td rowspan="6">공동
참여자</td><td colspan="2">성 명</td><td>학 번</td><td>학년</td><td>E-mail</td></tr>
<tr><td colspan="2"></td><td></td><td></td><td></td></tr>
<tr><td colspan="2"></td><td></td><td></td><td></td></tr>
<tr><td colspan="2"></td><td></td><td></td><td></td></tr>
<tr><td colspan="2"></td><td></td><td></td><td></td></tr>
<tr><td colspan="2"></td><td></td><td></td><td></td></tr>
<tr><td>담당교수</td><td colspan="2"></td><td>확 인</td><td colspan="2">인</td></tr>
</table>

<table>
<tr><td colspan="2">DESIGN PROCESS</td></tr>
<tr><td>DESIGN
CONCEPT</td><td></td></tr>
<tr><td colspan="2"></td></tr>
<tr><td>MIND
MAP</td><td></td></tr>
<tr><td>IMAGE
MAP</td><td></td></tr>
<tr><td>ILLUST</td><td></td></tr>
</table>

3) 디자인의 재료 결정 및 작업 단계

디자인의 목표 설정과 기획이 결정되면 디자인의 콘셉트와 테마 설정, 이미지 맵을 토대로 계획서를 작성한다. 그다음 구체적인 분석을 토대로 재료 결정과 작업이 이루어진다.

① 디자인 요소(형태, 질감, 컬러)를 구체화한다.

② 작업하고자 하는 재료를 결정한다.

③ 커트 도해도 및 시술 방법과 컬러 도해도 및 시술 방법, 스타일링 시술 방법을 구체화한다.

④ 계획서를 토대로 작업이 이루어진다.

(예시 1)

■ **프로젝트 과제명:** 특수머리 스타일(핑 파마, Ping Perm)/로맨틱 이미지

(1) 디자인의 요소

디자인의 요소	형태	• 비대칭 커트 • 컨백스 라인의 그래쥬에이션과 레이어의 혼합형 커트
	질감	• 그래쥬에이션 커트의 무거운 질감 • 모발 끝부분을 가볍게 하기 위해 레이저 커트 시술
	컬러	• 핑크 계열과 오렌지 계열 컬러를 사용하여 로맨틱한 이미지 표현 • 달콤하고 사랑스러운 이미지를 표현하기 파스텔 톤 사용

(2) MATERIAL PROCESS

| 마네킹 |

| 헤어 메니큐어 |

| 호일 |

| 헤어스프레이 |

| 광택제 |

| 탈색제 |

| 산화제 |

| 롤브러시 |

| 철사 |

| 드라이기 |

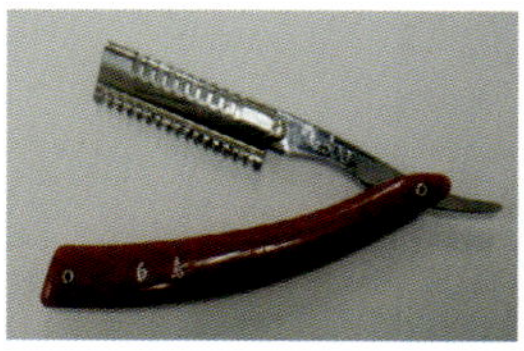

| 레이저 |

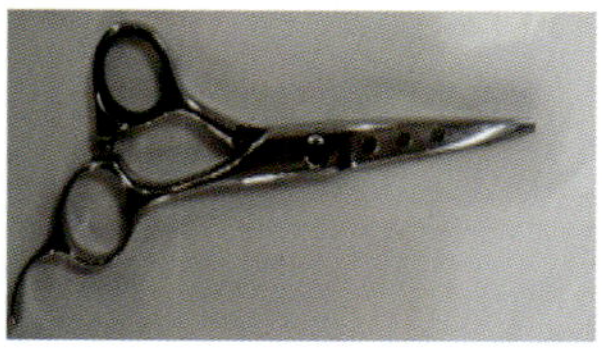

| 가위 |

| 파지 |

| 염색볼 |

| 염색붓 |

(3) CUT PROCESS

Graduation Cut(컨백스 라인)+ Layer Cut=혼합형 커트		
Structure	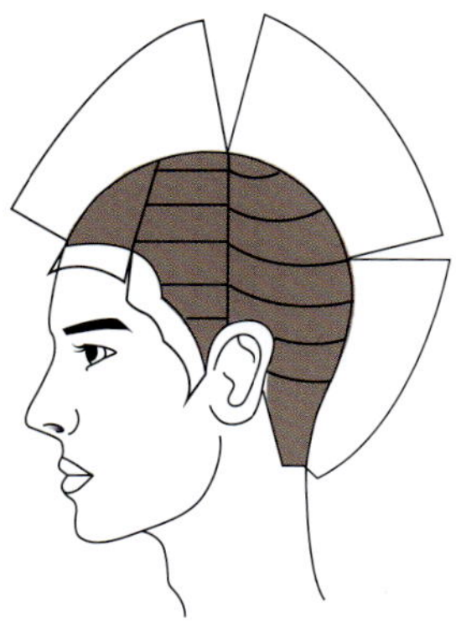	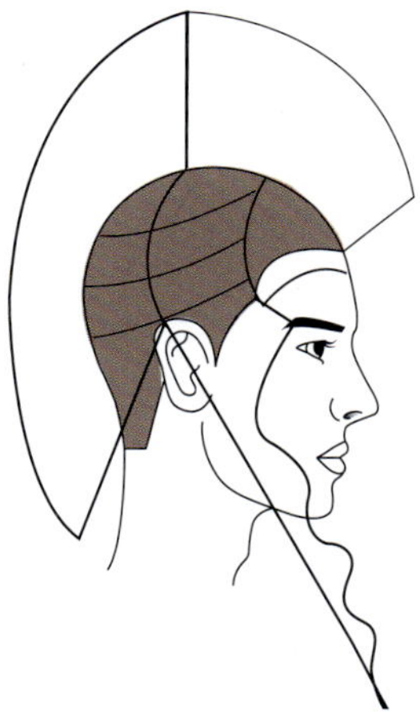

① 좌측: 그래쥬에이션 커트(중간 시술각, 이동 가이드 라인, 후대각 섹션, 수평 섹션)

② 우측: 인크리스 레이어 커트(90° 이상, 고정 가이드 라인, 후대각 섹션)

③ 앞머리: 삼각 섹션, 낮은 시술각

④ 분배: 직각 분배

⑤ 테크닉 : 레이저 에칭 기법

(4) COLOR PROCESS

<table>
<tr><td rowspan="5">Structure</td><td colspan="2">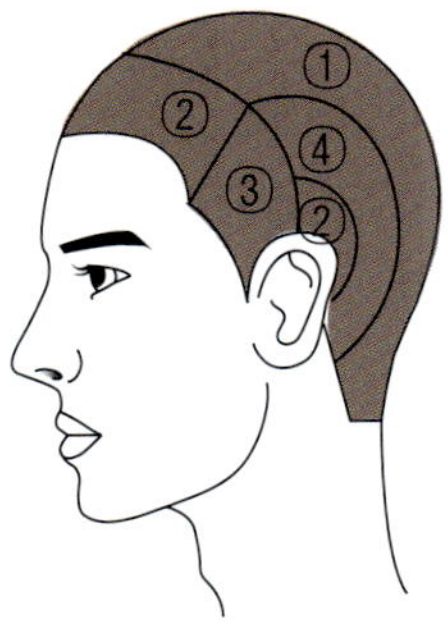
</td><td>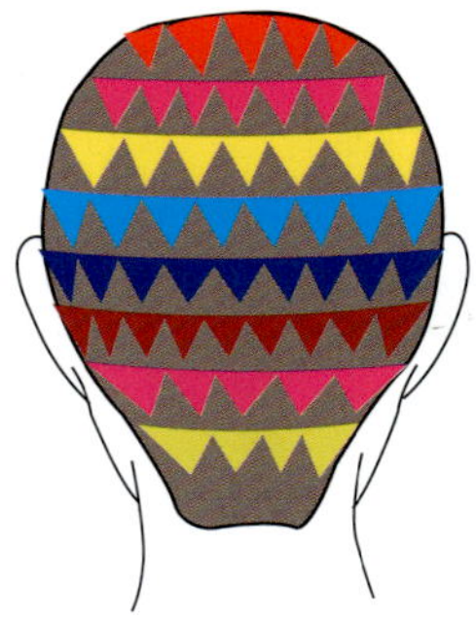</td></tr>
<tr><td rowspan="4">산성 컬러</td><td>①</td><td>아주 연한 옐로우, 연한 핑크, 연한 바이올렛,
아주 연한 바이올렛, 연한 오렌지</td></tr>
<tr><td>②</td><td>아주 연한 옐로우, 연한 오렌지</td></tr>
<tr><td>③</td><td>연한 바이올렛, 아주 연한 그레이, 연한 핑크,</td></tr>
<tr><td>④</td><td>아주 연한 그레이, 아주 연한 옐로우, 연한 핑크</td></tr>
<tr><td colspan="4">아주 연한 그레이, 아주 연한 옐로우, 연한 핑크, 연한 바이올렛, 아주 연한 바이올렛, 연한 오렌지</td></tr>
<tr><td>Select Color</td><td colspan="3"></td></tr>
</table>

(5) STYLING PROCESS

<table>
<tr><th colspan="3">C-Curl (Dry)/ 핑 파마</th></tr>
<tr><td></td><td></td><td></td></tr>
</table>

① 앞머리와 좌측은 디자인에 맞춰 각도를 낮춰 C컬 시술
② 두정부와 우측은 핑 파마 시술, 헤어 무스를 모발에 도포 후 얇은 철사를 사용하여 스파이럴 식 와인딩 시술
③ 15분 열 가열, 2시간 방치한 다음, 철사를 아웃시켜 디자인에 맞게 손가락으로 빽콤을 넣어 스타일링 연출
④ 광택제와 스프레이를 사용하여 마무리

4) 디자인 완성

02 남성헤어 스타일과 이미지 분석에 따른 작품 제작

1. 모히칸 스타일/에스닉 이미지

단순하다는 것은 평범한 것이 아니다. 가장 단순하고 보편적인 상상의 세계는 창의적이고 예술적이다. 옆머리가 짧고 윗머리가 긴 스타일로 B.P에서 F.S.P의 밑 부분을 클리퍼를 사용하여 6mm로 커트한다. 스크래치로 헤어 타투 디자인을 한 후 그래쥬에이션 컨백스 라인의 형태로 커트를 시술하였다.

커트 시술 후 굵은 롯드로 와인딩하여 펌 시술을 한 다음, 핸드 드라이로 T.P와 G.P에 볼륨을 살려주면서 말려준다. 앞머리는 볼륨을 주고 컬의 느낌을 그대로 살리면서 핸드 드라이한다. 왁스를 사용하여 컬의 흐름을 그대로 살리고 스프레이를 도포하여 모히칸 스타일의 야성미와 강한 남성적인 이미지로 연출하였다.

1) DESIGN CONCEPT

[주요 분석 자료]

① 1970년대 후반 히피 문화를 뒤쫓아 청소년 하위문화 스타일로 새로운 펑크족이 탄생

② 사회적 반항 의식을 표현한 히피 문화

③ '히피(Hippie)'는 행복하다는 뜻의 해피(Happy)와 앞서간다는 뜻의 히프(Hip), 미친 듯이 한 가지에 열중한다는 뜻을 지닌 히프드(Hipped) 등의 합성어

④ 북미 인디언의 한 종족인 모히칸족의 헤어스타일

⑤ '마히칸'의 이름의 유래는 '늑대'를 의미하는 '마힌간(Mahiingan)'

⑥ 에스닉은 민족적인, 민속풍의 뜻으로 에스니커스와 에스니코스에서 유래

⑦ 모티브는 인디언, 닭벼슬 , 민속품

[디자인의 요소]

디자인의 요소	형태	• 투 블럭 그래쥬에이션 커트의 안정적인 구도 • 두정부는 컨백스 라인, 직각 분배를 사용하여 좌·우 대칭 • 클리퍼를 사용하여 헤어 타투 디자인
	질감	• 그래쥬에이션 커트의 무거운 질감 표현 • 커트 시술 후 펌 와인딩을 시술
	컬러	• 전체적으로 블랙 컬러 사용

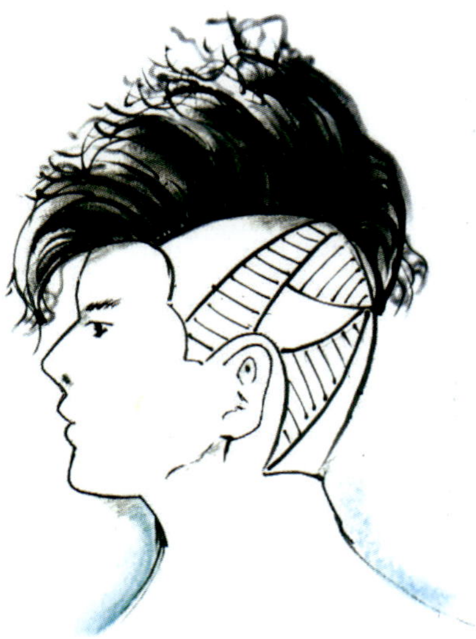

2) DESIGN PROCESS

DESIGN PROCESS

Mind Map

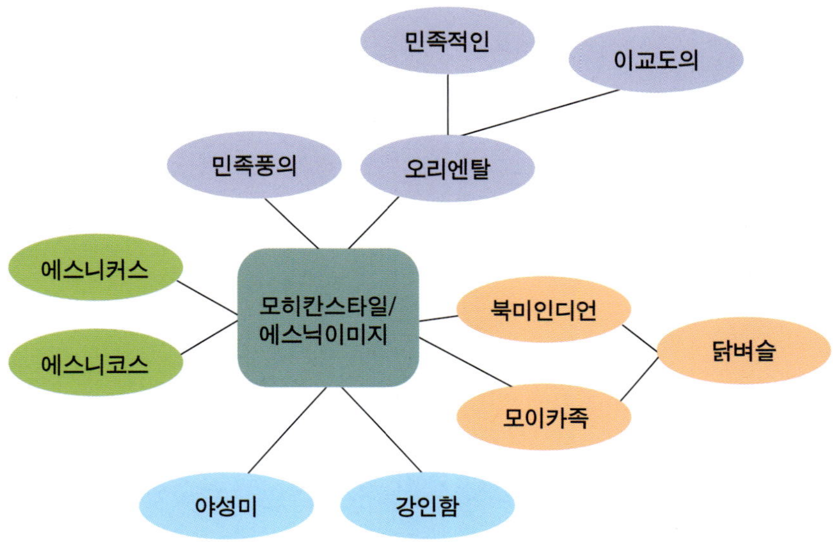

Image Map

<table>
<tr><td rowspan="2">Cut Process</td><td>Structure</td><td>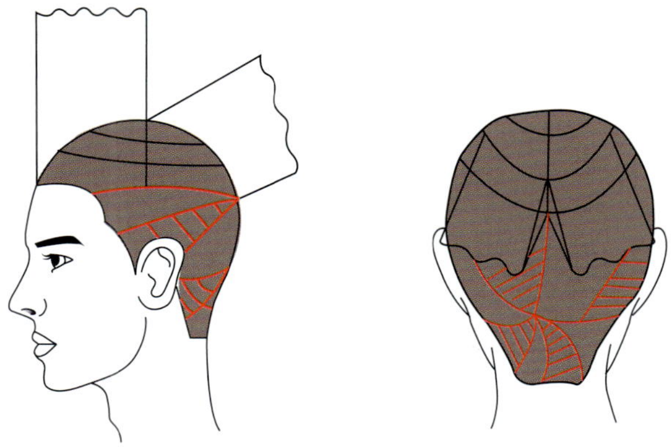</td></tr>
<tr><td colspan="2">① F.S.P에서 B.P 밑 부분은 클리퍼를 사용하여 6mm로 커트 시술 후 헤어 타투 디자인을 한다.
② 그래쥬에이션 낮은 시술각으로 컨백스 라인 형태로 커트를 시술한다.
③ 전두부는 방향 분배하여 스퀘어 커트를 시술한다.
④ 전체적으로 틴닝 가위를 사용하여 가볍게 질감 처리한다.</td></tr>
<tr><td rowspan="3">Color Process</td><td colspan="2">블랙</td></tr>
<tr><td>Select Color</td><td></td></tr>
<tr><td colspan="2">① 전체적으로 블랙 컬러를 도포한다.
② 60분 정도 자연 방치 후 샴푸한다.</td></tr>
<tr><td rowspan="2">Styling Process</td><td colspan="2">Perm 시술 / Hand Dry</td></tr>
<tr><td colspan="2"> 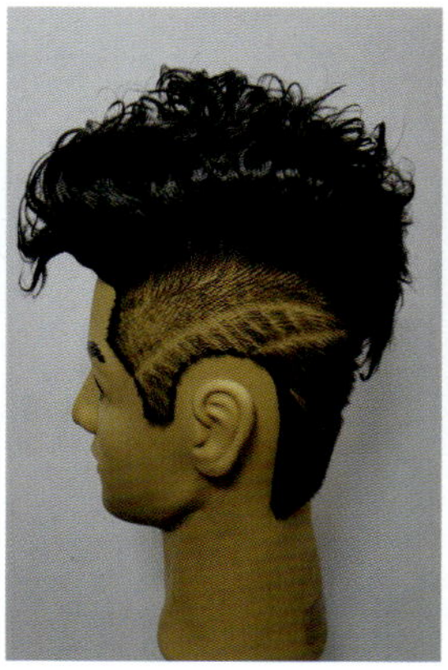 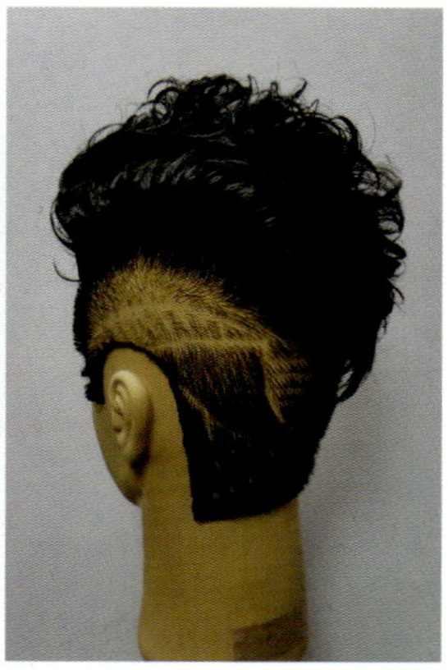</td></tr>
</table>

Styling Process	
	① 1제 펌제를 도포 후 롯드 1호와 2호를 사용하여 펌 와인딩을 시술한다. ② 열처리 10분, 자연 방치 30분 후 2제를 도포(10분 자연 방치)하여 롯드를 풀어 깨끗하게 트리트먼트한다. ③ 핸드 드라이로 T.P와 G.P의 모근 부분에 볼륨을 넣어 주고 컬의 흐름을 자연스럽게 살리면서 스타일링 한다. ④ 왁스를 사용하여 한 올 한 올 스타일링을 잡는다. 광택제와 스프레이를 사용하여 마무리한다.

2. 댄디 스타일/아방가르드 이미지

댄디의 겉치레, 멋쟁이, 허세, 맵시꾼이라는 스타일에 아방가르드 이미지의 과감함과 무정형적인 웨이브의 표현으로 창의적인 예술로 승화하여 표현하였다.

커트는 스퀘어커트와 그래쥬에이션 커트의 혼합형으로 고전미를 강조하는 전형적인 'ㄱ'자형의 클래식 커트 스타일을 하였다. 컬러는 블루 계열, 그린 계열, 핑크 계열을 사용하여 서로 대립되는 대비의 기법을 사용하여 과감하고 다이나믹한 느낌을 연출하였다.

헤어스타일은 전두부의 회오리가 연상되는 원을 형성하기 위해 시계 반대 방향으로 몰딩하고, 후두부는 중앙에 시계 반대 방향으로 회전하면서 변형 웨이브인 섀도우 웨이브를 만들어 C컬과 S컬 연출하여 댄디 스타일의 아방가르드 이미지로 연출하였다.

1) DESIGN CONCEPT

[주요 분석 자료]

① 세련되고 멋스러운 '영국 신사 머리'

② 전위예술 - 큐비즘(추상적 디자인인 기하학적 형태)

③ 20세기 초 회화를 비롯해 건축, 조각, 공예 등 전파된 미술 운동으로 인상파에서 시작되어 야수파 운동과 전후해서 일어난 운동

④ 대표화가 - 피카소(Picasso)와 브라크(Braque)

⑤ 모티브는 허리케인 (Hurricane), 무정형 건물, 계단식 녹차 밭

■ **큐비즘 [Cubism]: 20세기 초기에 파리에서 일어났던 미술 운동**

20세기 초기에 파리에서 일어났던 미술 운동. 기존의 원근법과 명암법, 다채로운 색채의 사용 등을 지양하고, 대상을 여러 방향에서 본 뒤에 부분 부분의 모양을 분석하고 그 구조를 기하학적인 형상으로 다시 구성하여 새로운 미를 나타내려 하였다.

[디자인의 요소]

디자인의 요소	형태	• 전체적인 사각형의 안정적인 구도 • 웨이브의 흐름이 C컬과 S컬 연출(시계 반대 방향) • 전두부의 회오리 연상의 원형 웨이브, 측두부의 섀도우 웨이브 연출
	질감	• 그래쥬에이션 커트 후 틴닝을 사용하여 질감 처리 • 릿지와 골을 연결하여 곡선의 웨이브를 시술하여 활동적인 율동감 표현
	컬러	• 블루, 연한 핑크, 연한 그린 컬러를 사용

2) DESIGN PROCESS

DESIGN PROCESS

Mind Map

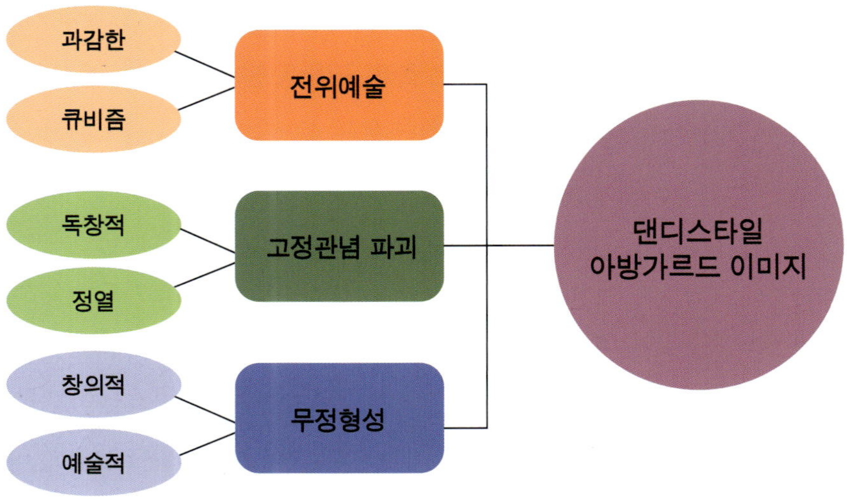

Image Map

Cut Process	Structure	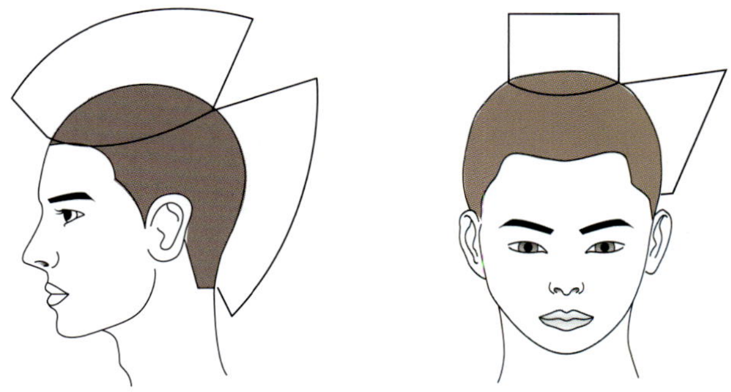
	① 양쪽 템플에서 U라인의 블로킹한 후 E.B.P에서 수직으로 블로킹한다. ② 인테리어는 11~12cm로 가이드를 설정하여 스퀘어 커트로 방향 분배하여 시술한다. ③ 사이드는 위의 U라인 가이드와 E.B.P의 4cm 정도 내려온 지점까지 그래쥬이션 커트를 시술한다. 기장이 짧아지지 않도록 주의한다. ④ 두정부는 G.P 11~12cm, B.P 9cm, N.P 4cm로 가이드를 설정하여 그래쥬에이션 중간 시술각, 직각 분배, 이동 디자인 라인, 컨백스 라인 형태로 커트를 시술한다. ⑤ 레이저를 사용하여 전체적으로 가볍게 질감 처리한다.	
Color Process	Structure	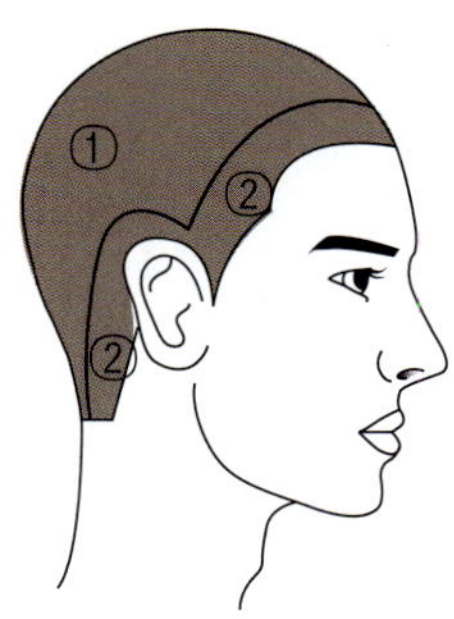
		① 블루, 연한 핑크, 연한 그린
		② 하이라이트(니베아 크림), 블루, 연한 핑크, 연한 그린
	하이라이트, 블루, 연한 핑크, 연한 그린	
	Select Color	

Color Process	블루: 산성 컬러(블루)8: 산성 컬러(투명)2= 8:2 비율 연한 핑크: 산성 컬러(핑크)5: 산성 컬러(투명)5= 5:5 비율 연한 그린: 산성 컬러(그린)3: 산성 컬러(옐로우)3:산성 컬러(투명)4= 3:3:4 비율 ① 1의 부분은 모근에서 블루 컬러를 2cm 도포 후 연한 핑크, 연한 그린 컬러로 그라데이션하여 도포한다. ② 2의 햄라인은 하이라이트(니베아 그림), 블루, 연한 핑크, 연한 그린 컬러를 염색 붓으로 색칠하듯 단차가 생기지 않도록 그라데이션하여 도포한다. ③ 60분 정도 자연 방치 후 샴푸한다.
Styling Process	Blow Dry 

<table>
<tr><td>Styling Process</td><td>① 덴맨 브러시를 사용하여 전두부 윗부분은 정중앙의 작은 원을 형성하기 위해 시계 반대 방향으로 브러시를 회전하면서 볼륨과 텐션을 유지하며 시술한다.
② 앞머리는 높이를 설정하고 앞으로 당겨 45°의 C컬의 웨이브를 만들면서 윗머리와 자연스럽게 연결하여 시술한다.
③ 측두부의 밑머리는 붙여 주고 윗부분은 볼륨을 살리면서 큰 C컬의 웨이브를 만들어 윗머리와 연결한다.
④ 후두부는 중앙에 작은 원을 형성하기 위해 시계 반대 방향으로 회전하면서 웨이브의 변형인 섀도우 웨이브를 만든다.
⑤ 광택제와 스프레이를 분사 후 굵은 빗살로 골을 만든다. 꼬리 빗과 핀셋을 사용하여 정리한다.
⑥ 시계 반대 방향으로 릿지 원과 웨이브을 만들어 잔머리를 매끄럽게 정리 정돈한다. 전체적으로 광택제와 스프레이를 사용하여 도포 후 마무리한다.</td></tr>
</table>

3. 투 블럭 스타일/모던 이미지

동일 계열의 컬러의 명도 변화로 세련미와 도회적인 이미지를 표현하였다.

그래쥬에이션 컨백스 라인 형태의 투 블럭 커트의 투 톤 컬러로 모던한 이미지를 연출하였다. 커트 시술은 네이프는 짧게 하고 클리퍼로 헤어 타투 디자인을 한 후, 그래쥬에이션과 스퀘어의 콤비네이션 커트를 시술하였다.

컬러는 모근 부위에 안정감을 주기 위해 브라운 빛 바이올렛의 어두운 컬러를 도포하고 모발 끝으로 갈수록 아주 연한 그레이 컬러를 도포하여 조화를 이루었다.

스타일링은 핸드 드라이로 백에서부터 사이드로 모발을 위로 올리면서 회오리치는 듯한 느낌을 표현하기 아웃 컬로 방향을 잡아 주었다. 앞머리는 모근에 볼륨을 세워 방향이 위로 향하도록 C컬을 만들고 볼륨 아이론을 사용하여 전체적으로 아웃 컬과 C컬을 혼합하여 웨이브의 흐름에 맞춰 모던한 이미지로 연출하였다.

1) DESIGN CONCEPT

[주요 분석 자료]

① 모던(Modern)은 19세기 말 20세기 초 유럽에서 일어난 '모더니즘(Modernism)'이라는 예술운동

② 1990년대 중반 일시적으로 유행한 '더블 컷'

③ 앞머리와 윗머리는 남기고 옆과 뒷머리를 짧게 자르는 헤어스타일

④ 도회적인 감성과 미래 첨단적인 분위기의 모던 이미지

⑤ 투 톤 컬러 기법을 사용하여 세련미 극대화

⑥ 모티브는 모던한 건축물과 단순하고 간결한 생활용품, 심플한 시계

[디자인의 요소]

디자인의 요소	형태	• 투 블럭 커트 • 두정부는 컨백스 라인의 그래쥬에이션 커트와 스퀘어 커트의 혼합형 커트 • 네이프는 클리퍼를 사용하여 커트 후 헤어 타투 디자인
	질감	• 그래쥬에이션 커트의 무거운 질감 • 모발 끝부분을 가볍게 하기 위해 레이저 커트 시술
	컬러	• 모근 부위에 무게감을 주기위해 브라운 빛 바이올렛의 어두운 컬러 사용 • 모발 끝부분은 아주 연한 그레이 컬러를 사용하여 세련미 표현

2) DESIGN PROCESS

<table>
<tr><th colspan="2">DESIGN PROCESS</th></tr>
<tr><td>Mind Map</td><td>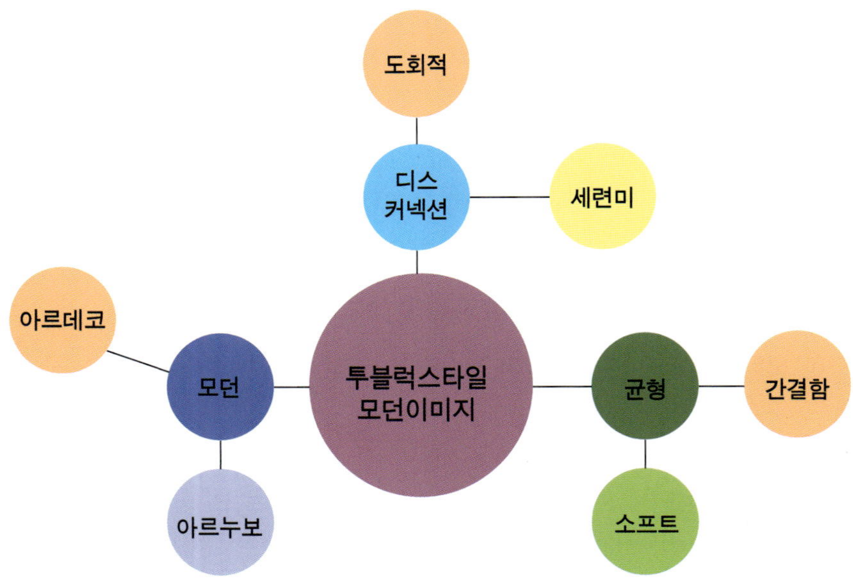
</td></tr>
<tr><td>Image Map</td><td>  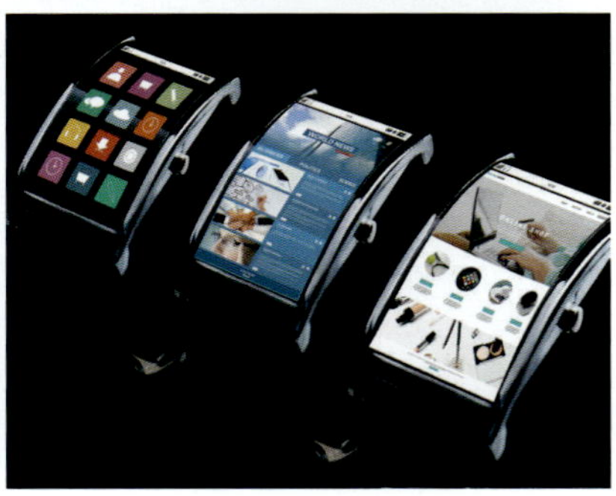</td></tr>
</table>

<table>
<tr><td rowspan="3">Cut Process</td><td colspan="3">Square Cut+ Graduation Cut(컨백스 라인)= 혼합형 커트</td></tr>
<tr><td>Structure</td><td colspan="2">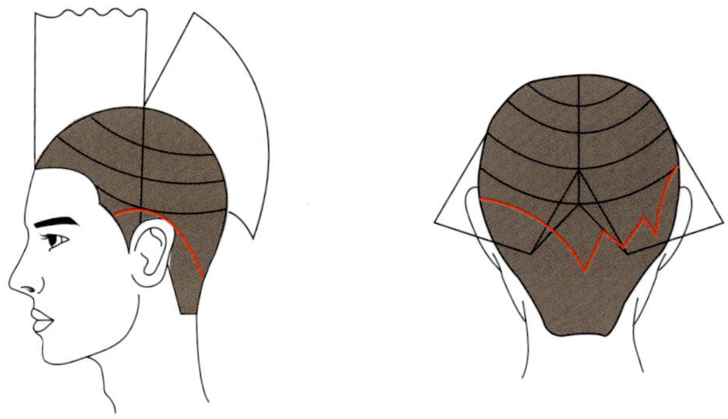</td></tr>
<tr><td colspan="3">① B.P 아래는 클리퍼를 사용하여 커트 시술 후 V자 모양으로 헤어 타투 디자인을 한다.
② B.P는 위는 높은 시술각, 직각 분배, 컨백스 라인의 그래쥬에이션 커트를 레이저 에칭 기법으로 시술한다.
③ 인테리어 부위은 두상 90°로 레이어 커트를 시술한다.
④ 앞머리는 T.P의 가이드라인에 맞춰 스퀘어 커트로 연결한다.
⑤ 모발 끝부분은 가볍게 질감 처리한다.</td></tr>
<tr><td rowspan="6">Color Process</td><td rowspan="3">Structure</td><td colspan="2">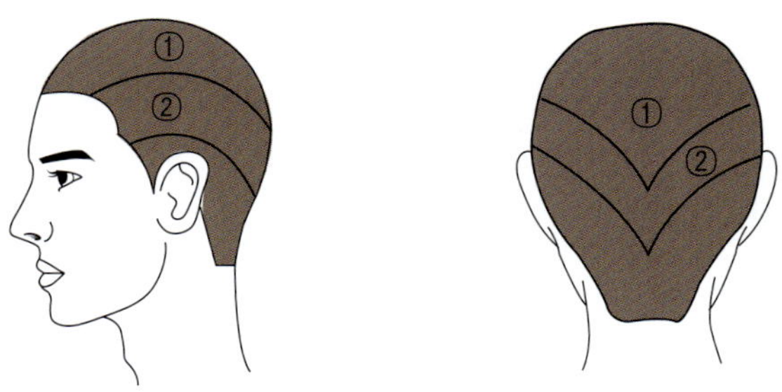</td></tr>
<tr><td>①</td><td>브라운, 브라운 빛 바이올렛, 아주 연한 바이올렛,
아주 연한 그레이</td></tr>
<tr><td>②</td><td>브라운</td></tr>
<tr><td colspan="3">브라운, 브라운 빛 바이올렛, 아주 연한 바이올렛, 아주 연한 그레이</td></tr>
<tr><td>Select Color</td><td colspan="2"></td></tr>
<tr><td colspan="3">브라운 빛 바이올렛: 산성 컬러(브라운) 5: 산성 컬러(바이올렛) 5= 5:5 비율
아주 연한 바이올렛: 산성 컬러(바이올렛) 3: 산성 컬러(투명) 7= 3:7 비율
아주 연한 그레이: 산성 컬러(블랙) 1: 산성 컬러(투명) 9=1:9 비율</td></tr>
</table>

<table>
<tr><td></td><td>① 2의 네이프의 스크래치 부분에 브라운 컬러를 도포한다.
② 1은 전체적으로 모근 부위의 1cm는 브라운 컬러로 도포한다. 베이스는 브라운 빛 바이올렛, 아주 연한 바이올렛, 아주 연한 그레이 컬러로 단차가 생기지 않도록 자연스럽게 그라데이션하여 도포한다.
③ 60분 자연 방치 후 깨끗하게 샴푸한 다음, 트리트먼트한다.</td></tr>
<tr><td>Styling Process</td><td>Blow Dry
</td></tr>
</table>

Styling Process	① 핸드 드라이로 디자인에 맞춰 모근에 볼륨을 넣는다. ② 백에서부터 사이드 방향으로 모발을 위로 올리면서 회오리치는 듯한 느낌을 표현하기 위해 아웃 컬로 방향을 잡아 준 후, 모발을 움켜쥐며 드라이한다. ③ 볼륨 아이론으로 전체적으로 모발 끝부분은 아웃 컬과 C컬을 혼합하여 웨이브의 흐름에 맞춰 디자인한다. ④ 앞머리는 사선으로 섹션을 나눠 시술 후, 전체적으로 매트한 왁스를 사용하여 스타일을 만든다. ⑤ 광택제와 스프레이를 사용하여 마무리한다.

4. 비대칭 스타일/스포티 이미지

앞머리 비대칭과 골덴 포인트의 가벼운 메시의 혼합형 디자인이다. 골덴 포인트의 불꽃의 형태로 활동적인 스포티한 이미지와 남성적인 강렬한 느낌으로 연출하였다.

라인이 형성되는 백 부분은 베이스를 밀착시켜 매끄럽게 하고 안정적인 무게감이 되도록 하였다. 골덴 포인트의 메시는 방사선으로 끝부분을 뾰족하게 하여 가볍고 자연스러운 느낌을 내포하고 있으며, 앞머리는 모발이 앞으로 뻗치는 모습으로 스타일링하여 다이나믹하고 경쾌한 스타일로 표현하였다.

컬러는 레드와 그린 컬러를 사용하여 서로 대립되는 대비의 기법으로 남성적이고 스포티한 이미지를 더욱 부각시켰다.

1) DESIGN CONCEPT

[주요 분석 자료]

① 스포티 이미지는 엘레강스와 반대되는 이미지 개념으로 활동적이고 역동적인 이미지

② 기능성, 편안함, 건강함 따위를 연상하게 하는 이미지

③ 활동적인 이미지인 보색 컬러(레드와 그린 컬러 사용)

④ 좌·우측의 대칭을 맞추지 않고 비대칭으로 커트한 언밸런스 스타일

⑤ 헤어는 활동성을 강조하기 위에 골덴 포인트의 모발을 위로 쭉 뻗게 하여 밝고 쾌활한 이미지

⑥ 모티브는 스포츠, 젊음, 불꽃놀이, 창의적

[디자인의 요소]

<table>
<tr><td rowspan="3">디자인의 요소</td><td>형태</td><td>• 컨백스 라인의 그래쥬에이션과 레이어의 혼합형 커트</td></tr>
<tr><td>질감</td><td>• 두정부는 그래쥬에이션 커트의 무거운 질감
• 골덴 포인트의 메시 부분을 가볍게 하기 위해 질감 처리</td></tr>
<tr><td>컬러</td><td>• 서로 대립되는 레드와 그린 컬러를 사용하여 남성적인 이미지 부각
• 레드와 그린 컬러의 경계를 하이라이트로 처리하여 더욱 스포티하고 활동적인 이미지 표현</td></tr>
</table>

2) DESIGN PROCESS

<table>
<tr><th colspan="2">DESIGN PROCESS</th></tr>
<tr><td>Mind Map</td><td>
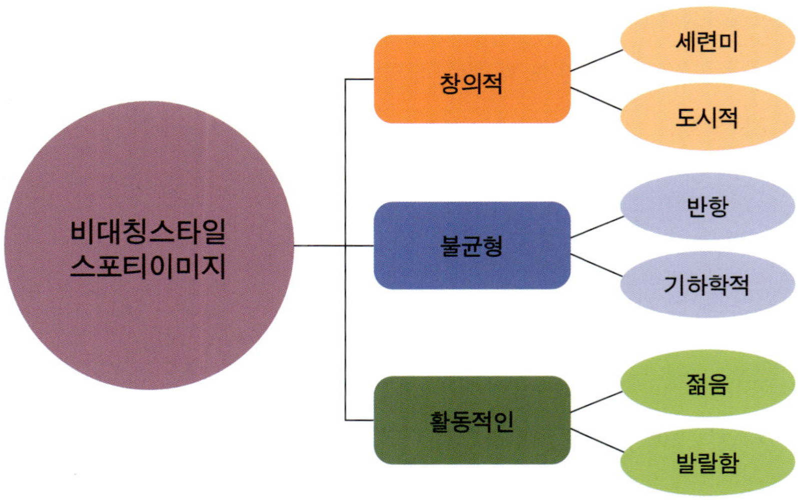

</td></tr>
<tr><td>Image Map</td><td>

</td></tr>
</table>

<table>
<tr><td rowspan="3">Cut Process</td><td colspan="2">Layer Cut+ Graduation Cut(컨백스 라인)= 혼합형 커트</td></tr>
<tr><td>Structure</td><td>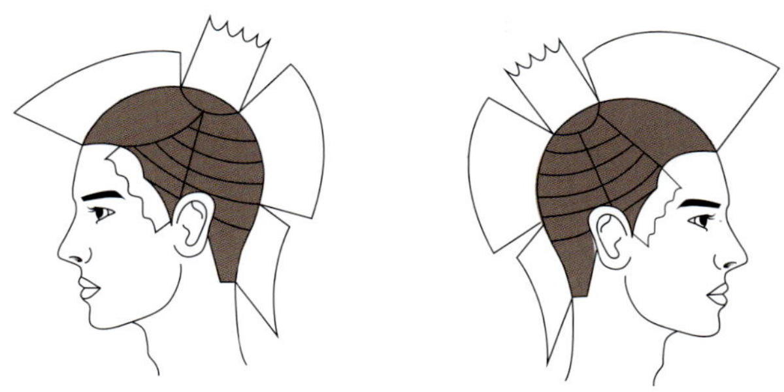</td></tr>
<tr><td colspan="2">① B.P 아래는 인크리스 레이어 커트를 시술하여 가볍게 질감 처리한다.
② B.P는 위는 중간 시술각, 직각 분배, 컨백스 라인의 형태가 되도록 그래쥬에이션 커트를 레이저 에칭 기법으로 시술한다.
③ 골덴 포인트는 10cm로 가이드라인을 설정하여 동일한 길이로 커트한다. .
④ 앞머리는 사선 섹션으로 나눈 다음, 가이드를 설정하여 섹션과 비평행으로 옆머리와 자연스럽게 연결한다.
⑤ 전체적으로 모발 끝부분은 가볍게 질감 처리한다.</td></tr>
<tr><td rowspan="9">Color Process</td><td rowspan="6">Structure</td><td colspan="2">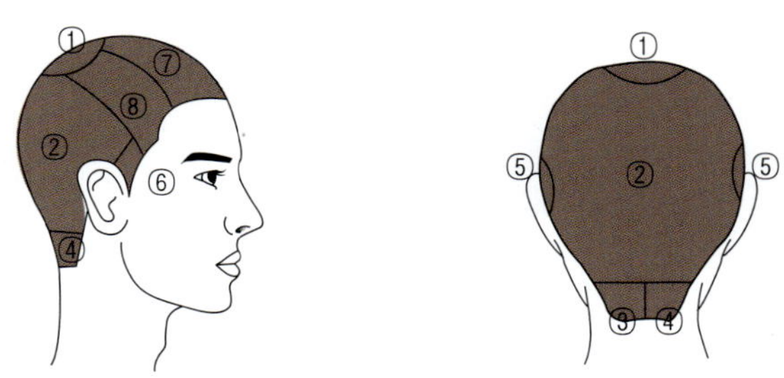</td></tr>
<tr><td>①</td><td>레드, 하이라이트(니베아 크림), 어두운 그린</td></tr>
<tr><td>②, ⑦</td><td>블랙</td></tr>
<tr><td>③, ⑤</td><td>블랙, 레드</td></tr>
<tr><td>④, ⑥</td><td>블랙, 어두운 그린</td></tr>
<tr><td>⑧</td><td>레드, 어두운 그린</td></tr>
<tr><td colspan="3">하이라이트, 레드, 어두운 그린, 블랙</td></tr>
<tr><td>Select Color</td><td colspan="2"></td></tr>
</table>

Color Process	어두운 그린: 산성 컬러(그린) 9: 산성 컬러(블랙) 1= 9:1 비율 산성 컬러: 레드, 블랙
	① 네이프의 좌측은 블랙과 레드, 우측은 블랙과 어두운 그린 컬러를 도포한다. ② 2의 두정부는 수평 섹션으로 1cm 슬라이스하여 전체적으로 블랙 컬러를 도포한다. ③ 1의 골덴 포인트의 10cm는 레드, 니베아 크림, 어두운 그린 컬러를 사용하여 하이라이트 부분에 컬러가 섞이지 않도록 주의하면서 시술한다. ④ 좌측 앞머리는 레드, 어두운 그린 컬러를 사용하여 자연스럽게 그라데이션 한다. ⑤ 사이드는 좌측은 블랙과 레드, 우측은 블랙과 어두운 그린 컬러를 도포한다. ⑥ 60분 자연 방치 후 깨끗하게 샴푸한 다음, 트리트먼트한다.
Styling Process	In-Curl, Out-Curl/ Blow Dry 

Styling Process	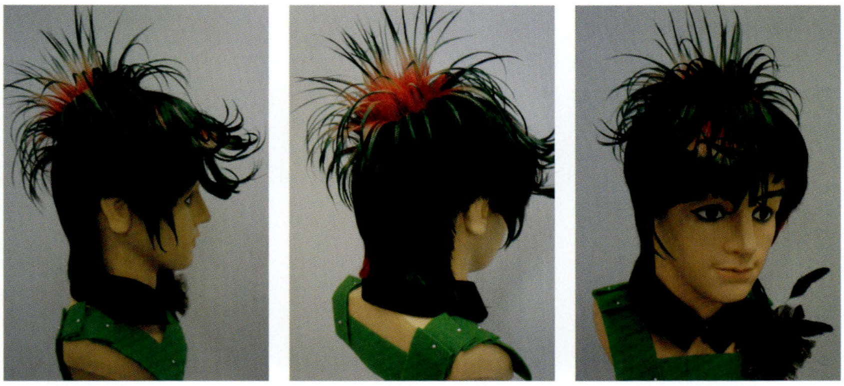
	① 드라이를 사용하여 네이프는 디자인에 맞춰 모발 결을 정리 정돈한다. ② 두정부는 브러시를 롤링하여 반원을 그리면서 디자인에 맞춰 볼륨을 준다. ③ 골덴 포인트의 메시는 모발 끝부분을 얇게 펴준 후, 광택제와 스프레이로 고정한다. ④ 사이드는 각도를 낮춰 힘 조절을 하면서 모발을 펴준 후, 반원을 그리며 롤링하면서 포워드 방향으로 브러시를 빼준 후 스타일링한다. ⑤ 앞머리는 아웃 컬로 시술하여 옆머리와 자연스럽게 연결한다. 전체적으로 광택제와 스프레이를 사용하여 마무리한다.

5. 특수머리 스타일(핑 파마)/로맨틱 이미지

Special은 독특한, 특수한이라는 사전적 의미로서 Hair와 어우러졌을 때 특수한 헤어라고 지칭할 수 있다. 기존의 아리칸-아메리칸 헤어의 특징으로 흑인들의 강한 곱슬머리에만 할 수 있었던 고유한 헤어스타일이다. 최근에는 다양한 표현 기법이 응용되면서 대중화되고 있다.

컬러는 사랑스럽고 부드러운 이미지에 걸맞게 핑크 계열과 오렌지 계열을 주조색으로 사용함으로써 달콤하고 사랑스러운 느낌을 표현하였다. 또한, 핑 파마를 시술하여 천진난만하고 발랄한 이미지와 잘 어울려 로맨틱한 이미지를 연출하였다.

1) DESIGN CONCEPT

[주요 분석 자료]

① 로맨틱 이미지는 19세기 초 프랑스의 왕정 복고 시대의 과장되고 우아한 장식으로 표현
② 컬러는 부드럽고 사랑스러운 이미지의 연한(Pale) 톤, 밝은(Light) 톤, 밝은 회색(Light Grayish) 톤
③ 특수머리는 기존의 아프리칸-아메리칸 헤어
④ 모티브는 연애(프로포즈), 달콤한 사탕, 장미꽃과 선물

■ **특수머리 (Special Hair)**

특수머리는 기존의 아프리칸-아메리칸 헤어의 특징으로 흑인들의 강한 곱슬머리에서 시술되였으며, 특수머리의 종류는 드레드락(Dreadlocks), 아프로(Afro) 스타일, 콘로우(Cron Rows), 브레이드(Braids), 헤어 익스텐션(Extension) 등이 있다.

[디자인의 요소]

디자인의 요소	형태	• 비대칭 커트 • 컨백스 라인의 그래쥬에이션과 인크리스레이어의 혼합형 커트
	질감	• 그래쥬에이션 커트의 무거운 질감 • 모발 끝부분을 가볍게 하기 위해 레이저 커트 시술
	컬러	• 핑크 계열과 오렌지 계열 컬러를 사용하여 로맨틱한 이미지 표현 • 달콤하고 사랑스러운 이미지를 표현하기 위해 위빙 기법 시술

2) DESIGN PROCESS

DESIGN PROCESS	
Mind Map	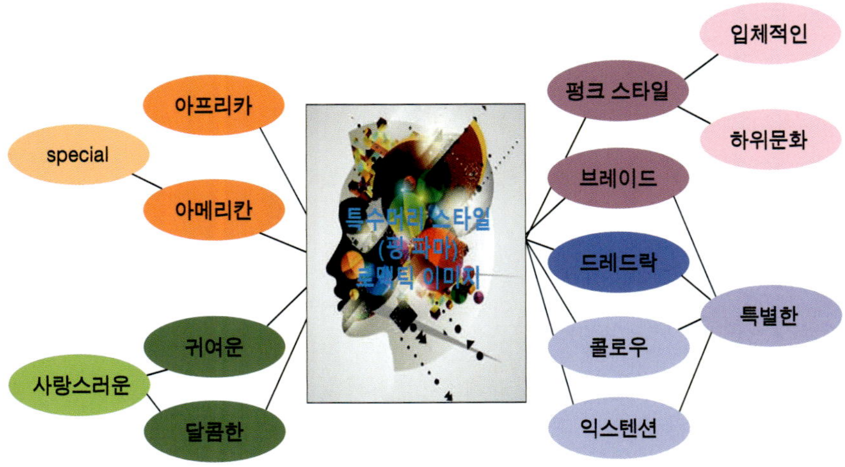
Image Map	  

<table>
<tr><td rowspan="3">Cut Process</td><td colspan="2">Graduation Cut(컨백스 라인)+ Layer Cut=혼합형 커트</td></tr>
<tr><td>Structure</td><td>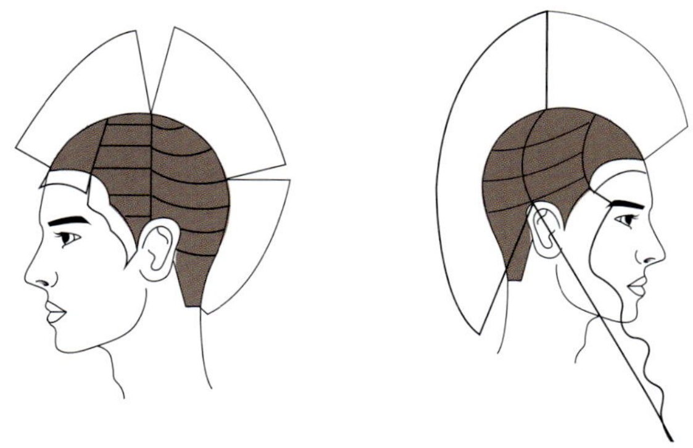</td></tr>
<tr><td colspan="2">① 좌측은 그래쥬에이션 중간 시술각, 직각 분배, 이동 가이드 라인으로 레이저를 사용하여 커트를 시술한다.
② 우측은 90° 이상의 인스리스 레이어 커트를 시술한다. B.P는 위는 높은 시술각, 직각 분배, 컨백스 라인의 그래쥬에이션 커트를 레이저 에칭 기법으로 시술한다.
③ 앞머리는 삼각 섹션으로 나눈 다음, 낮은 시술각으로 시술한다. 옆머리는 자연스럽게 연결한다.
④ 모발 끝부분은 가볍게 질감 처리한다.</td></tr>
<tr><td rowspan="7">Color Process</td><td rowspan="5">Structure</td><td colspan="2">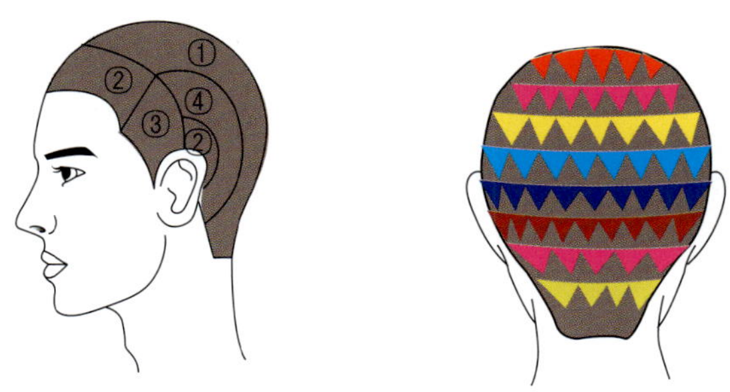</td></tr>
<tr><td>①</td><td>아주 연한 옐로우, 연한 핑크, 연한 바이올렛,
아주 연한 바이올렛, 연한 오렌지</td></tr>
<tr><td>②</td><td>아주 연한 옐로우, 연한 오렌지</td></tr>
<tr><td>③</td><td>연한 바이올렛, 아주 연한 그레이, 연한 핑크,</td></tr>
<tr><td>④</td><td>아주 연한 그레이, 아주 연한 옐로우, 연한 핑크</td></tr>
<tr><td colspan="3">아주 연한 그레이, 아주 연한 옐로우, 연한 핑크, 연한 바이올렛,
아주 연한 바이올렛, 연한 오렌지</td></tr>
<tr><td>Select Color</td><td colspan="2"></td></tr>
</table>

Color Process	아주 연한 그레이: 산성 컬러(블랙) 1: 산성 컬러(투명) 9=1:9 비율 아주 연한 옐로우: 산성 컬러(옐로우) 2: 산성 컬러(투명) 8= 2:8비율 연한 핑크: 산성 컬러(핑크) 3: 산성 컬러(투명) 7= 3:7비율 연한 바이올렛: 산성 컬러(바이올렛) 3: 산성 컬러(투명) 7= 3:7비율 연주 연한 바이올렛: 산성 컬러(바이올렛) 2:산성 컬러 (투명) 8= 2:8비율 연한 오렌지: 산성 컬러(오렌지) 3: 산성 컬러(투명) 7= 3:7비율
	① 1의 부위에 위빙기법으로 네이프부터 아주 연한 옐로우, 연한 핑크, 연한 바이올렛, 아주 연한 바이올렛, 연한 오렌지 컬러를 지그재그로 전체 도포한다. ② 앞머리는 세로 섹션으로 아주 연한 옐로우, 연한 오렌지 컬러로 포인트 색을 넣어준다. ③ 사이드는 아주 연한 옐로우, 연한 오렌지 컬러를 도포 후 세로 섹션으로 아주 연한 그레이, 아주 연한 옐로우, 연한 핑크를 도포한다. ④ 60분 자연 방치 후 깨끗하게 샴푸한 다음, 트리트먼트한다.
Styling Process	C-Curl + 아웃-Curl/ Dry, Iron 

Styling Process	
	① 앞머리는 드라이를 사용하여 디자인에 맞춰 볼륨을 넣은 후 각도를 낮춰 C컬을 만든다. ② 두정부와 전두부의 핑 파마는 헤어 무스를 도포 후 얇은 철사를 사용하여 스파이럴식으로 모근부터 와인딩한다. ③ 15분 열 가열, 2시간 방치한 다음, 철사를 아웃시켜 디자인에 맞게 백콤을 넣어 스타일링 한다. ④ 광택제와 스프레이를 사용하여 마무리한다.

6. 댄디 스타일/클래식 이미지

평범한 속에서 자신만의 독특함을 표출하여 개성을 표현하였다. 유행의 변화에 민감하고 자신을 돋보이게 하고 싶은 마음을 앞머리 비대칭 뱅으로 표현하였다.

커트의 형태선은 그래쥬에이션 컨백스 라인으로 우연함을 표현하였으며, 동일 계열의 컬러의 명도 변화로 모근 부위에 안정감을 주기 위해 아주 어두운 레드 컬러를 도포하고 모발 끝으로 갈수록 어두운 레드를 도포하였다.

스타일링은 핸드 드라이로 전체적으로 볼륨을 살리면서 손으로 모발을 움켜쥐며 드라이하여 율동감을 부여하였다. 매트한 왁스을 사용하여 한 올 한 올 모발의 결에 따라 손으로 가닥을 스타일링하여 전체적인 볼륨감과 바람의 흐름을 보는 듯한 느낌의 샤프하고 세련된 클래식한 이미지를 표현하였다.

1) DESIGN CONCEPT

[주요 분석 자료]

① 클래식은 고대 로마의 최상층 계급인 클라시쿠스에서 유래

② 고전적인, 모범적인, 보수적 의미

③ 투 톤 컬러 기법으로 어두운 레드와 레드 사용

④ '영국 신사 머리'인 댄디 헤어스타일

⑤ 모티브는 클래식한 가구, 세련되고 심플한 디자인

[디자인의 요소]

디자인의 요소	형태	• 앞머리 뱅의 비대칭 커트 • 두정부는 컨벡스 라인의 형태선
	질감	• 그래쥬에이션 커트의 무거운 질감으로 혼합형 • 모발 끝부분은 가볍게 질감 처리 • 핸드 드라이로 전체적으로 볼륨을 살리면서 한 올 한 올 모발의 결에 따라 가닥을 스타일링
	컬러	• 컬러의 명도 변화 • 모근 부위에 무게감을 주기 위해 아주 어두운 레드 컬러 사용 • 모발 끝부분은 어두운 레드 컬러를 사용하여 클래식한 이미지 표현

2) DESIGN PROCESS

DESIGN PROCESS	
Mind Map	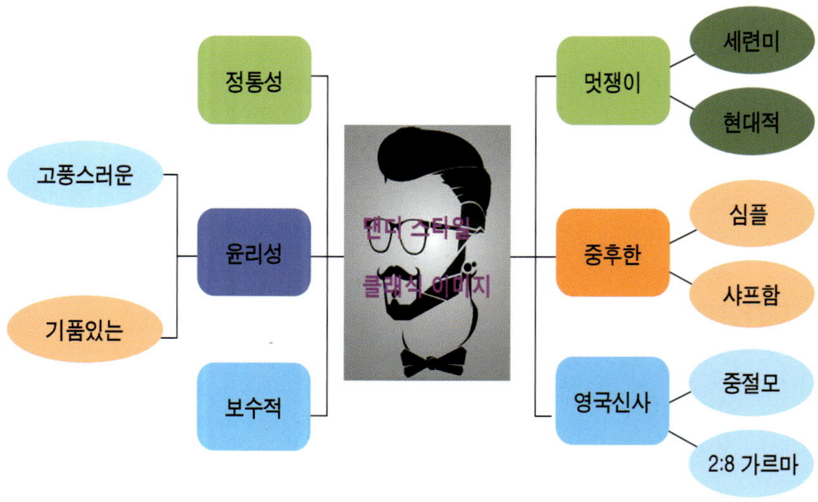
Image Map	  

<table>
<tr><td rowspan="3">Cut Process</td><td colspan="2">Square Cut+ Graduation Cut(컨백스 라인)= 혼합형 커트</td></tr>
<tr><td>Structure</td><td>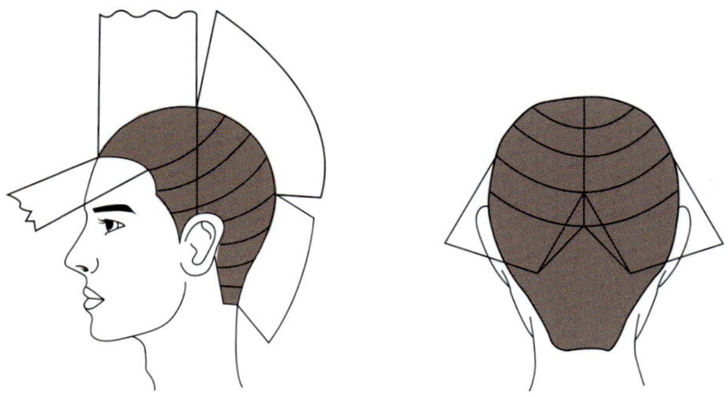</td></tr>
<tr><td colspan="2">① 장가위를 사용하여 떠올려 깎기로 네이프의 모발을 자연스럽게 커트를 시술한다.
② 백 부분부터는 컨백스 라인, 높은 시술각, 직각 분배, 이동 가이드 라인으로 그래쥬에이션 커트를 시술한다.
③ 사이드는 45°로 층의 흐름을 연결시키면서 각도를 조절하여 시술한다.
④ 인테리어 부위은 T.P의 가이드 라인에 맞춰 스퀘어 커트로 연결한다.
⑤ 모발 끝부분은 틴닝 가위를 사용하여 모발이 뭉쳐 있는 부분의 모량을 조절한다.</td></tr>
<tr><td rowspan="8">Color Process</td><td rowspan="3">Structure</td><td>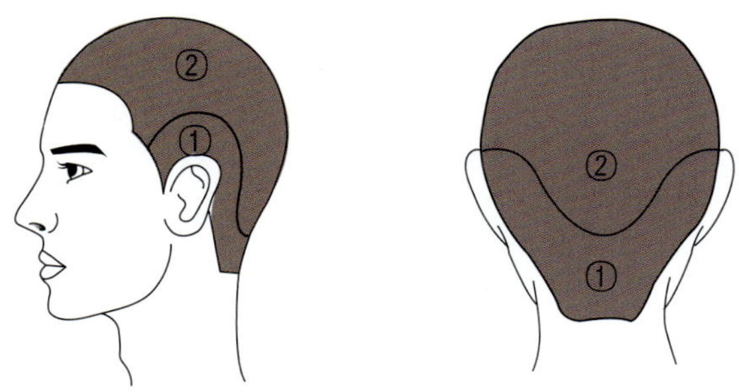</td></tr>
<tr><td>① 아주 어두운 레드</td></tr>
<tr><td>② 아주 어두운 레드, 어두운 레드,</td></tr>
<tr><td colspan="2">아주 어두운 레드, 어두운 레드</td></tr>
<tr><td>Select Color</td><td></td></tr>
<tr><td colspan="2">아주 어두운 레드: 산성 컬러(레드) 7: 산성 컬러(블랙) 3= 7:3 비율
어두운 레드: 산성 컬러(레드) 9: 산성 컬러(블랙) 1= 9:1 비율</td></tr>
<tr><td colspan="2">① 1의 부위을 아주 어두운 레드를 도포한다.
② 2의 부위는 전체적으로 모근 부위의 2cm는 아두 어두운 레드 컬러로 도포하고, 모발 끝으로 갈수록 어두운 레드 컬러를 도포한다.
③ 60분 자연 방치 후 깨끗하게 샴푸한 다음, 트리트먼트한다.</td></tr>
</table>

<table>
<tr><td rowspan="3">Styling Process</td><td>C-Curl / Hand Dry, Dry</td></tr>
<tr><td>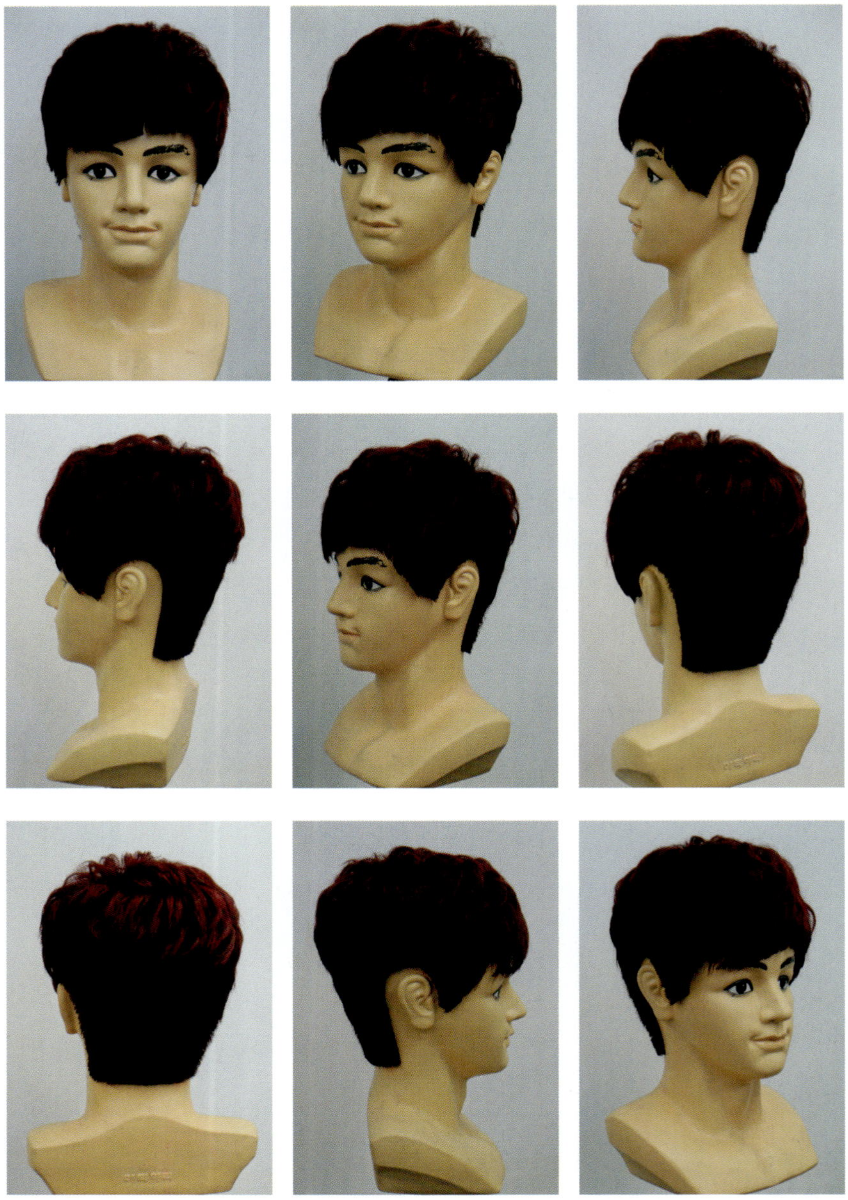</td></tr>
<tr><td>① 드라이를 사용하여 네이프는 모발 결에 따라 정리 정돈하고 볼륨을 넣지 않고 밀착시켜 시술한다.
② 백 부분부터는 두상 형태에 따라 적절하게 볼륨을 넣어 준 다음, 모발 끝부분은 C컬을 넣어 웨이브의 흐름에 맞춰 디자인한다.
③ 앞머리는 사선으로 섹션을 나눠 드라이 시술을 한다.
④ 손으로 모발을 움켜 쥐면서 스타일링을 만든다.
⑤ 매트한 왁스을 사용하여 모발 가닥 가닥을 스타일링을 한다.
⑥ 광택제와 스프레이를 사용하여 마무리한다.</td></tr>
</table>

7. 인디 스타일/매니시 이미지

현대인들은 사회 관념과 인식을 떠나 좀 더 자유로워지고 싶어 한다. 다른 사람들로부터 간섭받고 싶지 않으며 혼자만의 개인주의를 추구한다. 대중에게 익숙한 인디 스타일을 컬러 변화로 평범한 것 같지만 대담한 골드 빛과 연한 블루 컬러를 도포하여 세련된 헤어스타일을 연출하였다.

커트는 후두부와 측두부를 짧게 싱글링하고 T.P와 G.P의 모발을 길게 한 다음, G.P에서 B.P까지 자연스럽게 연결한다. 컬러는 골드 빛 브라운 컬러와 아주 연한 블루 컬러를 사용하였다.

스타일링은 덴맨 브러시를 사용하여 볼륨과 모류 방향을 잡으면서 디자인하였다. 왁스를 사용하여 톱 부분과 백 부분의 모발을 위로 올리면서 손으로 메시를 잡아주고 자연스러운 컬러와 스타일의 조화로 남성적인 강한 이미지를 내포한 매니시 이미지를 연출하였다.

1) DESIGN CONCEPT

[주요 분석 자료]

① 매니시는 '남성풍, 남자와 같은 여성'이라는 뜻으로 남성복 디자인을 여성복에 적용하여 여성다운 감각으로 표현한 스타일

② 인디 스타일은 앞머리와 옆머리가 짧은 인디풍의 언밸런스 스타일

③ 골드 빛 브라운 컬러와 아주 연한 블루 컬러를 사용하여 세련미 강조

④ 모티브는 기아학적인 조각상, 세련미가 넘치는 일상생활용품

[디자인의 요소]

<table>
<tr><td rowspan="3">디자인의 요소</td><td>형태</td><td>• 레이어와 그래쥬에이션의 혼합형 커트
• S.P의 귀밑머리와 F.S.P, Nape를 연결하며 짧게 싱글링 커트</td></tr>
<tr><td>질감</td><td>• 레이어와 그래쥬에이션 혼합으로 가벼운 질감 표현
• 모발 끝부분이 뭉치지 않토록 포인팅 질감 처리
• 덴맨 브러시를 사용하여 톱 부분과 백 부분의 모발을 위로 올리면서 손으로 메시를 잡아 가벼운 느낌 표현</td></tr>
<tr><td>컬러</td><td>• 모근 부위에 무게감을 주기 위해 골드 빛 브라운 컬러 사용
• 모발 끝부분은 아주 연한 블루 컬러를 사용하여 세련미 표현</td></tr>
</table>

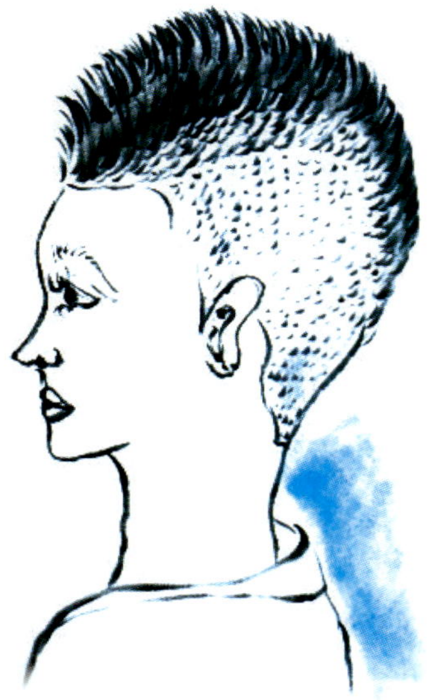

2) DESIGN PROCESS

DESIGN PROCESS	
Mind Map	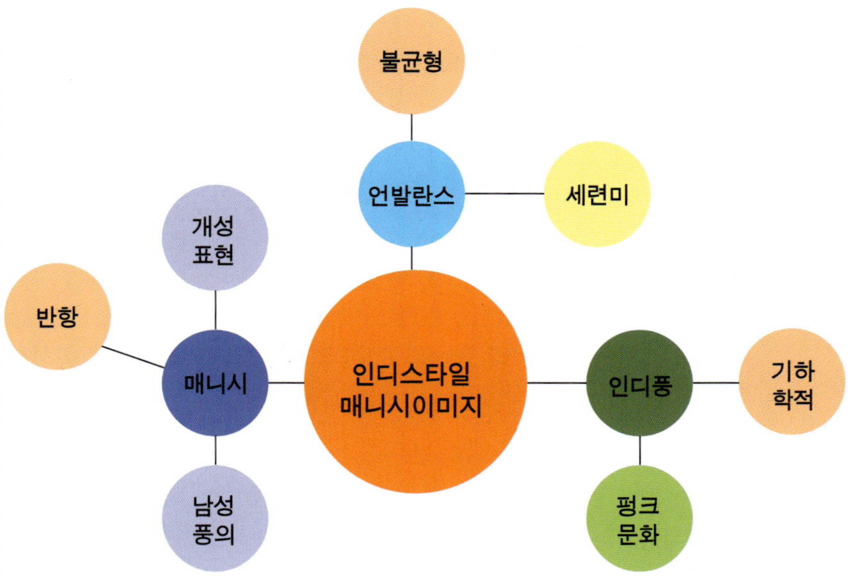
Image Map	  

Cut Process	Layer+ Graduation Cut(컨백스 라인) = 혼합형 커트	
	Structure	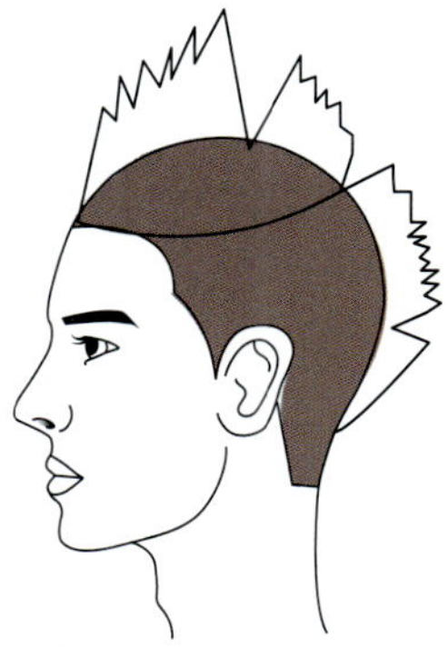
	① S.P의 귀밑머리 1cm와 F.S.P의 모발의 길이를 3cm 설정하여 연속 깎기로 네이프까지 연결하여 커트를 시술한다. ② T.P는 가이드라인을 8cm의 길이로 설정하여 90°로 F.S.P의 모발 길이와 자연스럽게 연결한다. ③ G.P와 T.P의 모발 길이를 동일하게 8cm로 90° 레이어 커트를 시술한다. ④ G.P에서 B.P까지 자연스럽게 연결하며 그래쥬에이션 커트를 시술한다. ⑤ 모발 끝부분이 뭉치지 않도록 포인팅으로 질감 처리한다. 전체적으로 튀어나온 부분을 정리한다.	
Color Process	Structure	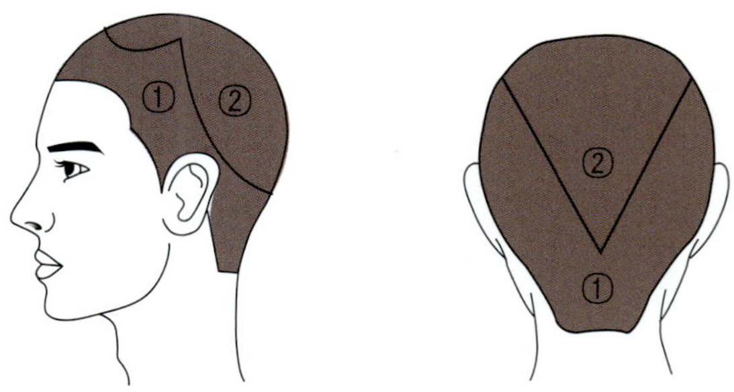 ① 골드 빛 브라운 ② 골드 빛 브라운, 아주 연한 블루
	골드 빛 브라운, 아주 연한 블루	
	Select Color	
	• 골드 빛 브라운: 산성 컬러(브라운) 7:산성 컬러(옐로우) 2:산성 컬러(오렌지)1= 7:2:1 비율 • 아주 연한 블루: 산성 컬러(블루) 2: 산성 컬러(투명) 8= 2:8 비율	

<table>
<tr>
<td></td>
<td>① 1의 부위는 골드 빛 브라운 컬러를 도포한다.
② 2의 부위는 골드 빛 브라운, 아주 연한 블루 컬러를 지그재그로 위빙 트기 기법으로 도포한다.
③ 60분 자연 방치 후 깨끗하게 샴푸한 다음, 트리트먼트한다.</td>
</tr>
<tr>
<td>Styling Process</td>
<td>Dry
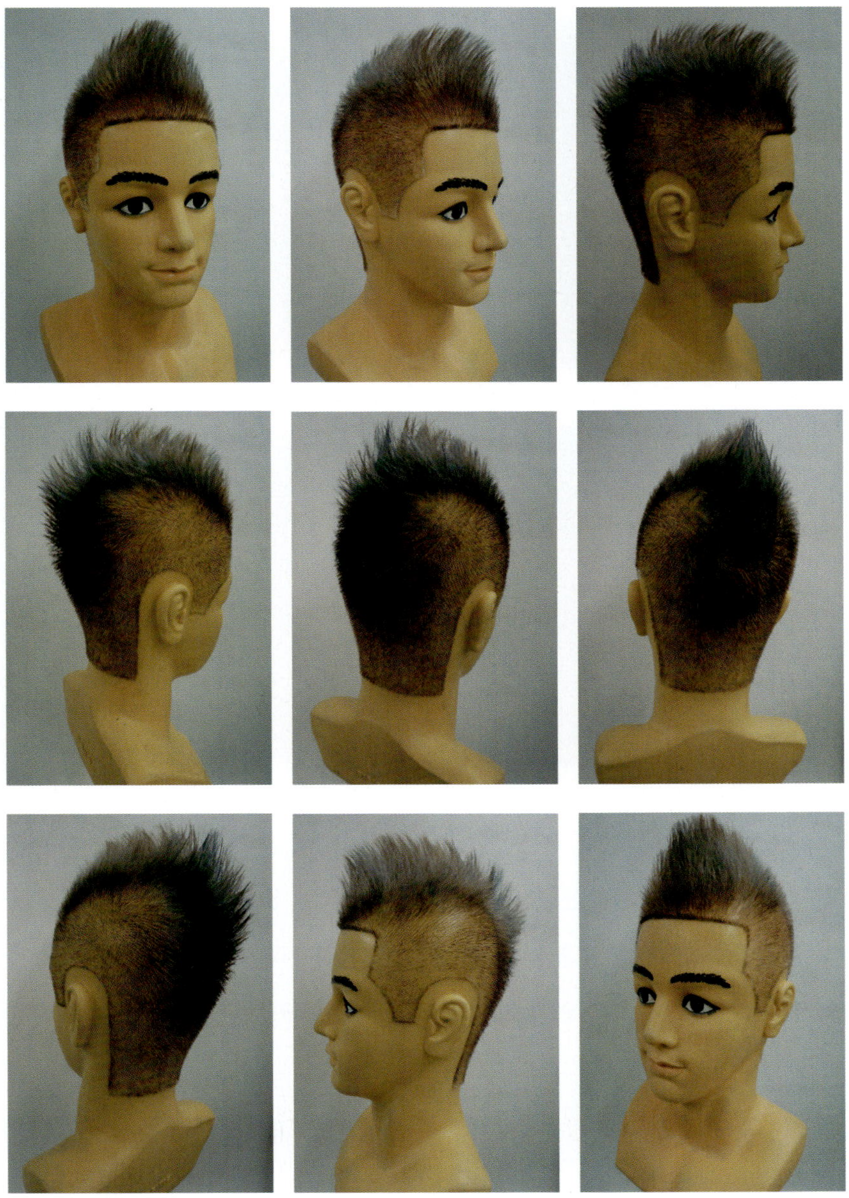
① 드라이를 사용하여 디자인에 맞춰 스타일링 한다.
② 모발이 중앙(톱 부분과 백 부분)에 모이도록 덴맨 브러시를 사용하여 볼륨과 모 류방향을 잡으면서 디자인한다.
③ 형태를 만들기 위해 전체적으로 왁스를 바른 후, 톱 부분과 백 부분의 모발을 위로 올리면서 손으로 메시를 잡아준다.
④ 전체적으로 광택제와 스프레이를 도포한다.</td>
</tr>
</table>

8. 울프 스타일/네추럴 이미지

현대 생활의 개인주의 성향에서 벗어나 가공하지 않고 꾸밈없이 친근감이 느껴지는 자연에서 찾을 수 있는 컬러들로 내추럴 이미지를 표현하였다.

커트는 인크리스레이어와 그래쥬에이션 혼합형 커트로 가볍게 질감 처리를 하여 자연스러운 이미지를 표현하였다.

컬러는 자연이 가지고 있는 온화함, 정다움 등 꾸미지 않은 이미지를 표현하기 위해 그린 계열, 카키 계열, 바이올 계열을 사용하였다.

스타일링은 모근에 볼륨과 모류 방향을 잡으면서 디자인하고 볼륨 아이론을 사용하여 전체적으로 모발 끝부분을 아웃 컬과 C컬을 혼합하여 웨이브의 흐름에 맞춰 디자인을 연출하였다.

1) DESIGN CONCEPT

[주요 분석 자료]

① 네추럴 이미지는 자연이 가지고 있는 편안함, 정다움, 인공적이지 않는 자연스러움이 묻어나는 이미지

② 울프 스타일은 톱 부분에서부터 심하게 층이진 커트로 야성적이고 터프한 이미지

③ 내추럴 컬러를 사용하여 자연스러움, 편안함 이미지 표현

④ 헤어는 굵은 웨이브 컬을 시술하여 청순한 느낌의 이미지를 연출

⑤ 모티브는 명상, 자연주의, 친환경, 자연스런 웨이브 건축물

[디자인의 요소]

디자인의 요소	형태	• 혼합형 커트 • 두정부는 컨백스 라인의 그래쥬에이션과 레이어의 혼합형 커트 • 네이프는 레이어 커트 후 조각 커트 시술
	질감	• 그래쥬에이션 커트 후 가볍게 질감 처리 • 모발 끝부분을 가볍게 하기 위해 레이저 커트 시술
	컬러	• 부드럽고 친근감 있는 네추럴 이미지를 표현하기 위해 카키, 그린, 바이올렛 계열의 파스텔 컬러 사용

2) DESIGN PROCESS

<table>
<tr><th colspan="2">DESIGN PROCESS</th></tr>
<tr><td>Mind Map</td><td>
</td></tr>
<tr><td>Image Map</td><td>  </td></tr>
</table>

Cut Process

Layer+ Graduation Cut(컨백스 라인)= 혼합형 커트

Structure

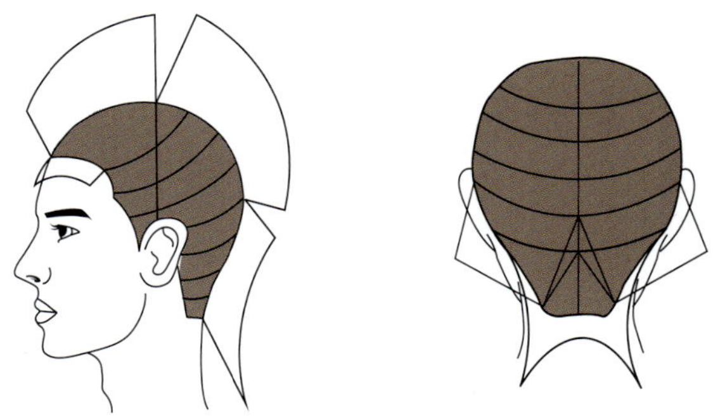

① B.P 아랫부분는 90° 이상의 인크리스레이어 커트를 시술한 다음, 라운드 형태로 조각 커트를 시술한다.
② B.P는 윗부분은 중은 시술각, 직각 분배, 컨백스 라인의 그래쥬에이션 커트를 레이저 에칭 기법으로 시술한다.
③ 인테리어는 두상 90°로 레이어 커트를 시술한다.
④ 앞머리는 T.P의 가이드라인에 맞춰 자연스럽게 연결한다.
⑤ 모발 끝부분은 가볍게 질감 처리한다.

Color Process

Structure

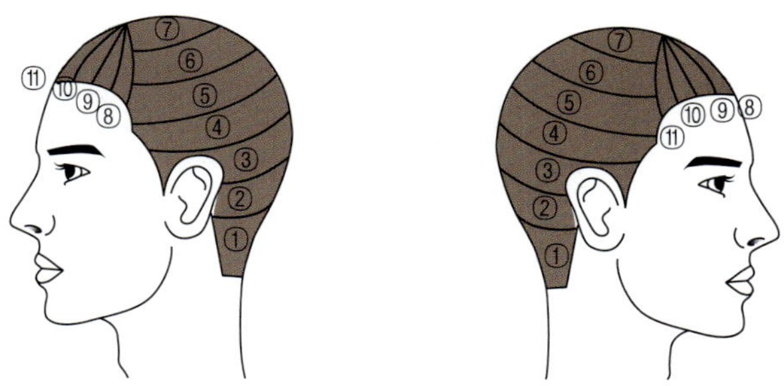

①	블랙, 카키, 청색 빛 바이올렛
②	청색 빛 바이올렛
③, ⑤, ⑦, ⑨	카키
④, ⑥, ⑧	청색 빛 그린
⑩	카키, 청색 빛 바이올렛, 블랙
⑪	카키, 블랙
⑫	카키, 바이올렛, 블랙

블랙, 카키, 청색 빛 바이올렛, 바이올렛, 청색 빛 그린

Select Color

Color Process	• 카키: 산성 컬러(그린) 6:산성 컬러 (투명) 3: 산성 컬러(블랙) 1= 6:3:1 비율 • 진한 바이올렛: 산성 컬러(바이올렛) 7: 산성 컬러(투명) 2: 산성 컬러(블랙) 1= 7:2:1 비율 • 연한 청색 빛 바이올렛: 산성 컬러(바이올렛) 4: 산성 컬러(블루) 1:산성 컬러(투명) 5 = 4:1:5 비율 • 연한 청색빛 그린: 산성 컬러(그린) 4: 산성 컬러(블루) 1: 산성 컬러(투명) 5= 4:1:5 비율 ① B.P 아랫부분은 블랙 컬러를 도포하고 코너는 블랙, 카키, 청색 빛 바이올렛 컬러로 그라데이션으로 자연스럽게 연결한다. ② 다음 단은 청색 빛 바이올렛 컬러로 도포한다. ③ 다음 단은 카키색 컬러로 도포한다. ④ 청색 빛 그린, 청색 빛 바이올렛, 카키 컬러를 교차로 도포한다. ⑤ 앞머리는 모발 끝으로 갈수록 어두워지는 그라데이션 기법으로 카키, 청색 빛 바이올렛, 청색 빛 그린, 블랙 컬러를 디자인에 맞춰 도포한다. ⑥ 60분 자연 방치 후 깨끗하게 샴푸한 다음, 트리트먼트한다.
Styling Process	C-Curl / Iron, Dry 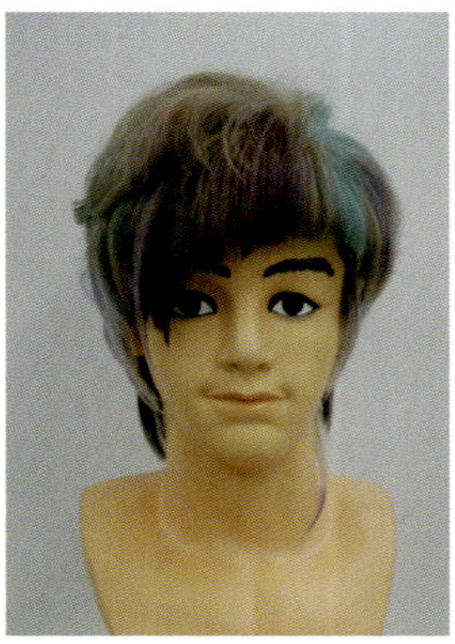   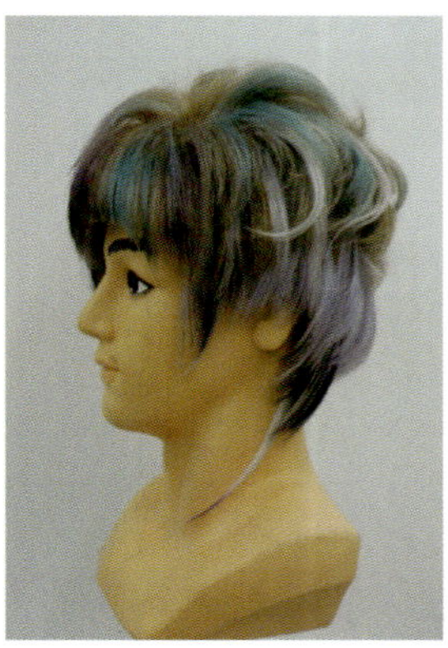 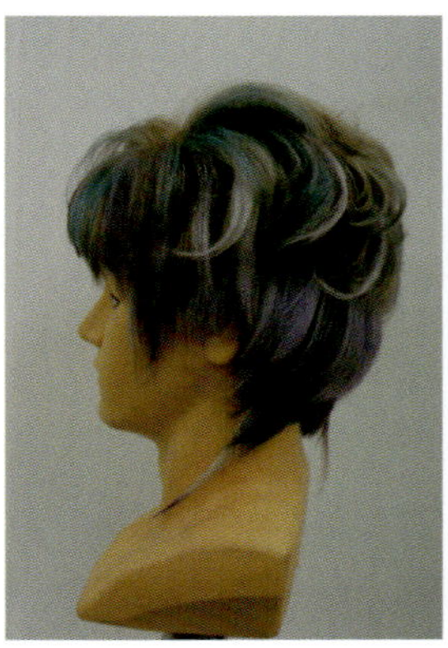 

Styling Process	  
	① 드라이를 사용하여 디자인에 맞춰 볼륨을 넣어 시술한다. ② 볼륨 아이론으로 전체적으로 모발 끝부분은 아웃 컬과 C컬을 혼합하여 웨이브의 흐름에 맞춰 디자인한다. ③ 앞머리는 사선으로 섹션을 나눠 C컬로 스타일링 한다. ④ 광택제와 스프레이를 사용하여 마무리한다.

Portfolio

교과목명	
학 교 명	
학 과 (전 공)	
이 름	
학 번	
담당 교수	
제 출 일	
점 수	

남성헤어 캡스톤 디자인 계획서

<table>
<tr><td rowspan="3">제 출 자</td><td rowspan="3">성명</td><td rowspan="3" colspan="2"></td><td>학과</td><td></td></tr>
<tr><td>학번</td><td></td></tr>
<tr><td>E-mail</td><td></td></tr>
<tr><td>프로젝트
과 제 명</td><td colspan="5"></td></tr>
<tr><td rowspan="2">프로젝트
개 요</td><td colspan="5">[내 용]</td></tr>
<tr><td colspan="5">[개념도]</td></tr>
<tr><td rowspan="6">공 동
참 여 자</td><td colspan="2">성 명</td><td>학 번</td><td>학년</td><td>E-mail</td></tr>
<tr><td colspan="2"></td><td></td><td></td><td></td></tr>
<tr><td colspan="2"></td><td></td><td></td><td></td></tr>
<tr><td colspan="2"></td><td></td><td></td><td></td></tr>
<tr><td colspan="2"></td><td></td><td></td><td></td></tr>
<tr><td colspan="2"></td><td></td><td></td><td></td></tr>
<tr><td>담당교수</td><td colspan="2"></td><td>확 인</td><td colspan="2">(인)</td></tr>
</table>

<table>
<tr><th colspan="3">DESIGN PROCESS</th></tr>
<tr><td rowspan="3">PLAN PROCESS</td><td>DESIGN CONCEPT</td><td></td></tr>
<tr><td>SUBJECT</td><td></td></tr>
<tr><td>MIND MAP</td><td></td></tr>
</table>

PLAN PROCESS	IMAGE MAP	
	ILLUST	

<table>
<tr><td rowspan="4">CUT
PROCESS</td><td>STRUCTUR</td><td></td><td></td></tr>
<tr><td rowspan="3">WORK</td><td></td><td></td></tr>
<tr><td></td><td></td></tr>
<tr><td colspan="2"></td></tr>
</table>

COLOR PROCESS	STRUCTUR		
	SELECT CLOLR		
	WORK		

STYLING PROCESS	WORK		
COMPLETION			

(참고문헌)

- NCS기반 헤어트렌드 분석 및 개발 "헤어 캡스톤 디자인", 최은정. 맹유진, 광문각, 2019년
- 실전 남성커트 & 이용사 실기 실습서, 최은정. 진영모, 광문각, 2017년
- 응용 디자인 헤어커트, 최은정. 문금옥 외, 광문각, 2017년
- 그림에서 표현된 근세 서양 복식, 조진애, 경춘사 , 2002년
- 현대 패션과 서양 복식 문화사, 배수정 외, 수학사, 2008년
- 세계패션사 2, 윤길순 역, 자작아카데미, 1997년
- 디자인 방법론, 에릭 카르잘루오토, 정보문화사, 2014년
- 현대패션 110년, 금기숙 외 9인, 교문사, 2012년
- 캡스톤 디자인 Work book 현장실습형 문제해결, 이유태, 주)시그마프레스, 2018년
- NCS학습모률, 헤어디자인 분석 및 개발, 한국직업능력개발원, 2018년
- 드렌드 와칭(일상에서 트렌드를 발견하는 방법), 김선주, 안현경, 21세기 북스, 2013년
- 축구선수 헤어스타일 유형화에 관한연구, 용인대학교 경영대학원 석사학위논문, 장은진, 2005년
- 21세기 남성 헤어스타일 연구, 한성대학교 예술대학원 석사학위논문, 권미숙, 2013년
- 한국 남성 헤어스타일 변천에 관한 연구, 동덕여자대학교 패션전문대학원 석사학위논문, 이영미, 2004년
- 국제기능올림픽 헤어디자인 종목 이용부문 작품을 응용한 남성 헤어스타일 연구, 서경대학교 미용예술대학원 석사학위논문, 정명호, 2016년
- 한국 이용업에 관한 고찰, 서경대학교 미용예술대학원 석사학위논문, 주동인, 2012년
- 에드워드 호퍼 작품의 색채적 특성을 활용한 뷰티 일러스트 연구, 한성대학교 예술대학원, 김나영, 2016년,
-헤어일러스트레이션의 미용교육개선에 관한 연구, 경원대학교 경영대학원, 권옥주, 2010년
-전문대학 시각디자인 분야 캡스톤디자인 평가체계 개발, 부경대학교 대학원, 송지영, 2017년

(사진 자료)

http://blog.daum.net/yjh999/1273
https://blog.naver.com/pscilsan/220457917629
https://blog.naver.com/meer2004/50136038912
https://blog.naver.com/horong95/130029812831
https://blog.naver.com/yeoseon08/10168694230
https://blog.naver.com/doojjaes/220661221766
https://m.post.naver.com/viewer/postView.nhn?volumeNo=17610611&memberNo=4177174&vType=VERTICAL
https://m.post.naver.com/viewer/postView.nhn?volumeNo=17622155&memberNo=4177174&vType=VERTICAL
https://blog.naver.com/ellapiano/220089791459
https://blog.naver.com/mint_yummy/140169348121
https://search.naver.com/search.naver?sm=tab_sug.top&where=image&query=
https://search.naver.com/search.naver?sm=tab_hty.top&where=image&query=
https://blog.naver.com/babydoll03/50126235353
https://blog.naver.com/jiwoo245/220447878455
https://blog.naver.com/scarletarts2/130073451223
https://www.astro.com/astro-databank/File:Stieler_-_Amalie_Auguste_of_Bavaria_-_Galerie_Neue_Meister.jpg
https://blog.naver.com/scarletarts2
https://blog.naver.com/beclondon/120178524413
https://search.naver.com/search.naver?sm=tab_hty.top&where=image&query=
https://blog.naver.com/babydoll03/50126276527
https://terms.naver.com/entry.nhn?docId=290635&cid=42822&categoryId=4282
https://search.naver.com/search.naver?sm=tab_hty.top&where=image&query=
https://cafe.naver.com/conceptartworkshop/2808
https://search.naver.com/search.naver?sm=tab_hty.top&where=image&query=1920
https://search.naver.com/search.naver?sm=tab_hty.top&where=image&query=1930
https://search.naver.com/search.naver?sm=tab_sug.top&where=image&query=
https://blog.naver.com/taeng0221/40206466795
https://blog.naver.com/dmsql_0105/220862905941
https://blog.naver.com/dibrary1004/30125538694
https://blog.naver.com/minsun602/80017708552

http://blog.daum.net/minug2/57
http://cafe.daum.net/thishistory/Fzsq/35?q=%EC%8B%A0%EB%9D%BC%EA%B7%B8%EB%A6%BC&re=1
http://blog.daum.net/dd522/19
https://blog.naver.com/naruluiha/220376779703
https://blog.naver.com/chatelain/221481013002
http://blog.daum.net/523456778/16116651
http://blog.daum.net/wldnjs701/8073424
https://blog.naver.com/jative/220930054083
https://blog.naver.com/tkdwon_blog/140197143295
https://blog.naver.com/cheongbong99/220101944579
https://search.naver.com/search.naver?where=image&sm=tab_jum&query=
https://search.naver.com/search.naver?sm=tab_hty.top&where=image&query=
https://historia.tistory.com/2981?category=290042
https://m.post.naver.com/viewer/postView.nhn?volumeNo=2126120&memberN
https://cafe.naver.com/dieselmania/9258172
https://entertain.naver.com/read?oid=001&aid=0001611670
https://blog.naver.com/solomall/140148939237
https://m.post.naver.com/viewer/postView.nhn?volumeNo=7847819
https://entertain.naver.com/read?oid=081&aid=0002005019
https://m.post.naver.com/viewer/postView.nhn?volumeNo=11136002&member
https://search.naver.com/search.naver?sm=tab_hty.top&where
https://blog.naver.com/syou_me/220093328601
https://blog.naver.com/whdfla12345/220135052580
https://blog.naver.com/katudonn/60163242693
http://news.tf.co.kr/stars/read/starwars/1685305.htm
https://blog.naver.com/dkdud8147/170920549
https://blog.naver.com/tpflsalswo/60163168498
https://search.naver.com/search.naver?where=image&sm=tab_jum&query
https://search.naver.com/search.naver?where=image&sm=tab_jum&query
https://search.nver.com/search.naver?sm=tab_hty.top&where=image&query=
https://terms.naver.com/entry.nhn?docId=3387817&cid=60487&categoryId
https://m.post.naver.com/viewer/postView.nhn?volumeNo=13575768&memberNo=40685660&vType=VERTICAL

- 국립중앙박물관<www.museum.go.kr>
- 행정안전부:국가기록원 역사기록관<http://www.archives.go.kr>
- 국사편찬위원회(한국사 데이터베이스)<http://db.history.go.kr>
- 고용부:한국산업인력공단 마이스터Net 숙련기술인포털<http://meister.hrdkorea.or.kr>
- 통계청:조선총독부연감<http://www.kostat.go.kr>
- 한국언론진흥재단<www.kpf.or.kr>
- 이용스타일<www.koreamovie.or.kr/html>
- 고려대학교박물관<http://museum.korea.ac.kr>
- 국립민속박물관<http://www.nfm.go.kr>
- 한국민족문화대백과사전<https://encykorea.aks.ac.kr>
- 네이버 지식백과<https://terms.naver.com>
- 매일신보.1930. 05. 02.

NCS 기반

남성헤어커트&캡스톤디자인

2020년 2월 17일 1판 1쇄 발 행
2023년 8월 20일 1판 2쇄 발 행

지 은 이: 최은정 · 진영모 · 김광희
펴 낸 이: 박정태

펴 낸 곳: **광 문 각**

10881
경기도 파주시 파주출판문화도시 광인사길 161
광문각 B/D 4층
등 록: 1991. 5. 31 제12-484호
전 화(代): 031) 955-8787
팩 스: 031) 955-3730
E - mail: kwangmk7@hanmail.net
홈페이지: www.kwangmoonkag.co.kr

ISBN: 978-89-7093-977-3 93590

값: 28,000원